实用服装裁剪制板与成衣制作实例系列

童装篇

TONGZHUANG PIAN

徐　军　王晓云　编著

化学工业出版社
·北京·

《童装篇》主要介绍了童装的裁剪变化原理与缝制。本书从儿童人体结构规律和童装基本结构原理出发，系统、详尽地对童装的裁剪进行了分析讲解，归纳总结出一套原理性强、适用性广、科学准确、易于学习掌握的纸样原理与方法，能够很好地适应各种童装款式的变化，还加入了大量童装成品的裁剪缝制实例，方便读者阅读和参考。

本书条理清晰、图文并茂，是服装高等院校及大中专院校的理想参考书。同时由于其实用性强，也可供服装企业技术人员、广大服装爱好者参考。对于初学者或是服装制板爱好者而言，不失为一本实用而易学易懂的工具书，可作为服装企业相关工作人员、广大服装爱好者及服装院校师生的工作和学习手册。

图书在版编目（CIP）数据

童装篇/徐军，王晓云编著. —北京：化学工业出版社，2013.10（2016.11重印）
（实用服装裁剪制板与成衣制作实例系列）
ISBN 978-7-122-18575-4

Ⅰ.①童… Ⅱ.①徐…②王… Ⅲ.①童服-服装量裁 Ⅳ.①TS941.631

中国版本图书馆CIP数据核字（2013）第237573号

责任编辑：朱 彤　　文字编辑：王 琪
责任校对：蒋 宇　　装帧设计：刘丽华

出版发行：化学工业出版社（北京市东城区青年湖南街13号 邮政编码100011）
印　　装：大厂聚鑫印刷有限责任公司
787mm×1092mm 1/16 印张13 字数321千字 2016年11月北京第1版第6次印刷

购书咨询：010-64518888（传真：010-64519686） 售后服务：010-64518899
网　　址：http://www.cip.com.cn
凡购买本书，如有缺损质量问题，本社销售中心负责调换。

定　价：39.00元

前 言

《实用服装裁剪制板与样衣制作》一书在化学工业出版社出版以来，受到读者广泛关注与欢迎。在此基础上，编著者重新组织和编写了这套《实用服装裁剪制板与成衣制作实例系列》丛书。

本分册《童装篇》是该套《实用服装裁剪制板与成衣制作实例系列》分册之一。童装的造型变化多种多样，在重视个性的时尚流行中，不仅单品造型变化丰富，并且随着季节和穿着场合的变化，产生不同形式和风格的着装变化，深受儿童的青睐，加上各种材料、结构造型等的变化，使得童装在衣着中更加丰富多彩。

本书共分为七章：第一章概述，介绍了童装的基础知识，主要包括儿童的体型特征与分析、不同年龄段儿童体型特征、童装量体与参考尺寸及号型规格设计等；第二章童装裁剪基础，详细讲解了童装原型简介、制作、衣身与衣袖的变化规律等内容；第三章童装变化原理，主要详细讲解了衣领变化原理、衣袖变化原理以及童装结构特点与放松量设计等内容；第四章婴儿装裁剪实例,介绍了婴儿体型特征及婴儿装分类、廓型变化原理及各式婴儿装的应用制图；第五章幼儿装裁剪实例，主要从幼儿装的面料、色彩、款式等方面讲解了幼儿装裁剪缝制流程等内容；第六章童装裁剪与制作实例，主要介绍了童装中的裤装、上衣、裙装、外套、背心等的制作流程；第七章童装设计与制作实例，总结性地对童装设计进行了完整的流程总结，为童装的设计制作提供了完整的设计和制作方案。

本书在编写过程中得到了众多专家及化学工业出版社相关人员的大力支持，在此深表感谢。由于水平所限，本书难免存在不足之处，敬请广大读者批评指正。

编著者

2013年11月

目 录

第一章　概述

第一节　儿童特征与体型分析

一、童装基础知识

儿童是人类发展的必经阶段，也是一个相对极其特殊的阶段。处于该时期的儿童没有或者缺乏自我审美和自我安全保护意识，导致该时期的服装必须由其监护人代为选择。一般的选择标准为：既要体现儿童天真活泼阳光的一面，又要充分考虑舒适安全的需求；还要充分体现流行和审美的趋势。随着21世纪新概念的逐渐深入，时尚环保、阳光健康成为当今家长对童装选择的重要标准，此理念应被今天的设计师作为创作的原创要素和灵感来源。

从回顾中国服饰发展史来看，我国童装产业起步相对较晚，观念相对比较落后。本土的童装季节区分性不强，时代流行因素体现感较弱，儿童服装过于成人化、简单化，这些都是童装市场存在的普遍问题。因此，业内专家指出，生产童装应在把握款式、结构和花色等外观设计的同时，更要充分遵循儿童心理特征，以高标准、严要求满足儿童的生理需求，而不是单纯地将成人服装缩小几个尺码进行童装制作。因此，在进行童装设计时应对儿童的生理、心理、日常的文化背景、生活习惯、身体状况等进行全方位研究，让服装成为帮助儿童成长发育的保健品和培养良好生活习惯的忠实亲密伙伴。

童装是人在儿童时期各年龄段穿着服装的总称，包括婴儿、幼儿、学龄儿童、少年儿童等各年龄段儿童的着装。童装要求：穿着方便；舒适性强；款式变化大；并且符合儿童心理和生理的特点等。

广义的童装设计包括外观设计、结构设计和工艺设计三个板块，分别指童装的外观造型设计、童装板型和纸样设计以及童装制作工艺设计。狭义的童装设计仅仅指外观设计，它包括三个要素：款式造型、色彩和面料。由于儿童各个阶段的生理和心理特征有所不同，因此各个时期的童装对款式造型、色彩和面料有不同的标准要求。

根据儿童生理及生长特点，童装色彩应多采用偏向明亮、活泼的色系。其中婴儿视觉神经未发育完全，因此不可用大红、大绿等刺激性强的色彩，以免伤害宝宝的视觉神经，所以此阶段童装通常采用白、嫩绿、淡蓝、粉红、浅黄等浅色系。幼儿善于捕捉鲜亮的色彩，服装可多采用明快、丰富的色彩组合。学龄儿童阶段是儿童心理发育的重要阶段，可利用服装色彩调节儿童的心理状态。少年儿童的日常着装，应降低色彩的纯度和明度，趋向成人装。

童装面料的选用以功能性为主。婴儿新陈代谢旺盛，易出汗，而且长时间处于睡眠状态，易发生湿疹、斑疹，所以婴儿装宜选用吸湿排水透气性好、保暖性强的天然植物纤维面料，如纯棉织物。幼儿装和学龄期童装面料，要求选用透气性好、吸湿性好、舒适性强、保暖性佳、结实耐洗的面料，如棉织物、针织织物等。

二、不同年龄段儿童体型特征

童装是针对儿童设计的，因此要全面详细了解儿童在各生长时期的体型特征和生理需求。而儿童与成人不同的重要之处在于，儿童是不断成长发育的，体型在不断变化，所以童装设计也要依儿童成长阶段的不同而有所差异。例如，从出生到1岁的婴儿，其身体发育特别显著，睡眠时间长，那么服装的设计重点应该放在吸湿与保温方面；而1～6岁的幼儿，其身体成长与运动技能发育显著，则要求服装方便穿脱且强调服装的功能性；6～12岁的学龄儿童，运动功能与智能发育显著，男女的体格差异也变得明显，此时的服装通常是容易活动而又可以调节温度的上下装或分开装；12～16岁的少年儿童，因为体型逐渐接近成人体型，所以此阶段服装与成人服装的结构已经没有太大差别。

儿童的体型处于生长发育阶段，衣服越穿越小，使用寿命一般定为1～3年。周岁以前的婴儿装，其使用寿命不超过一年（这是人类生长最快的阶段）；其次是发育阶段的中小学生装，其使用寿命不超过两年（这是人类长高的关键时期）；其他阶段的儿童服装，使用寿命平均为2～3年。图1-1为不同年龄段儿童正面体型图，图1-2为不同年龄段儿童侧面体型图。

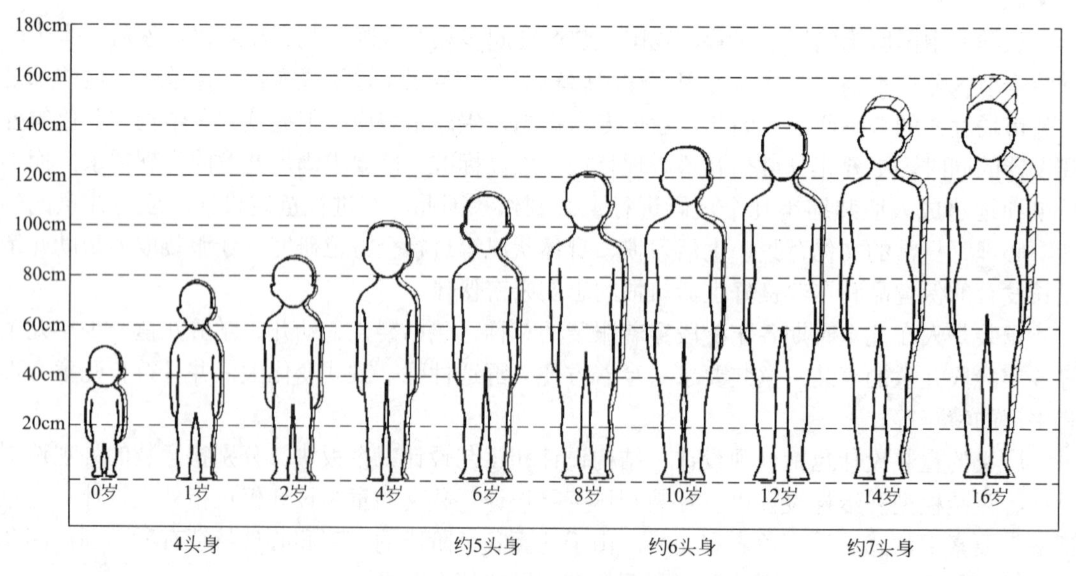

图1-1　不同年龄段儿童正面体型图

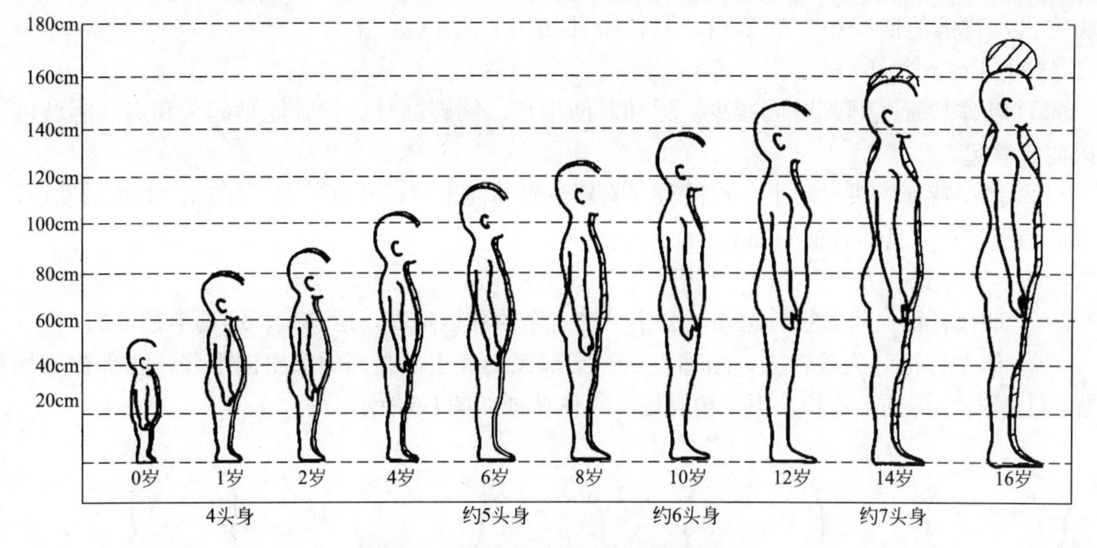

图1-2　不同年龄段儿童侧面体型图

下面就不同时期的儿童特点做如下归纳。

1．婴儿期

婴儿是指0～12个月阶段的儿童。婴儿的主要活动就是吃和睡，由于活动量少，因而这一阶段的身体发育是不平衡的。其中0～3个月的婴儿称为新生儿，这个时期的婴儿头大、脸小，颈极短，肩圆且小，胸部与腹部较突出，背的曲率小，虾米腿。新生儿醒的时间少，多数时间在睡觉，基本是仰卧姿势，运动时间较少，上肢与躯体接近垂直状态。服装要求容易穿脱、前面开口，方便大人给孩子哺乳、换尿布等。4～6个月的婴儿醒的时间与运动的时间增加，能够翻身，俯卧能举起头和肩，上肢可向前方举起，下肢能弯曲，手脚不停运动。7～12个月的婴儿可以做扭转运动，会坐，扶着东西可以站起来，运动量与活动范围急速增加，胸部突出仍然明显，因此前襟要弯曲，以免裸露胸脯，服装款式最好能做成坐、立都容易穿脱的样式，短裤前面挖得要比后面深，以方便清洁工作。该时期的体型特征是头大、肚大、肩窄、颈短、四肢短。

大多数婴儿"胖"、"肉感"、生长快、皮肤嫩、骨质软。对童装的要求：内衣以棉质为主，宽松柔软，透气性好。外衣宽而不松，保温性好，有利于婴儿活动。嫌小的衣服不要硬穿，不利于小孩生长，常换常新，该时期的服装尽量不用硬质纽扣，因为婴儿抓到东西，都喜欢往嘴里送。为了避免意外，衣服用绑带固定为最好。

具体又可分为以下几个阶段。

（1）0～3个月

① 动作特征　睡眠时间长，运动时间少，基本上是仰态，上肢与躯干接近垂直状态。

② 体型特征　头大脸小，颈极短，肩圆而小，胸与

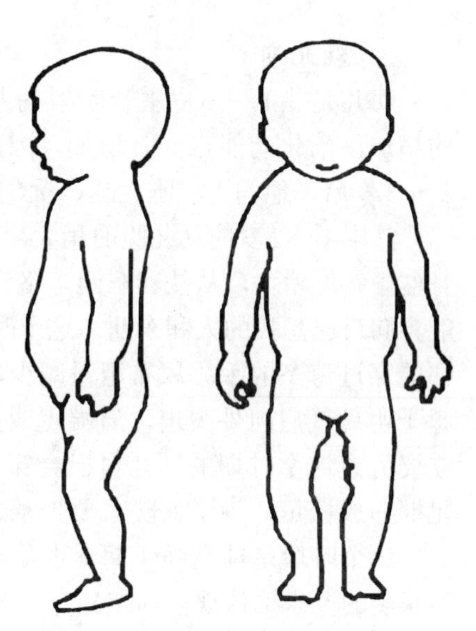

图1-3　0～3个月的婴儿形体特征图

腹突出，背部的曲率小，虾米腿。具体特征如图1-3所示。

（2）4 ～ 6个月

① 动作特征　睡眠时间减少，运动时间增加，能够翻身，俯卧能举起头和肩，上肢可以向前举起。

② 体型特征　头大脸小，颈极短，胸部突出并向下移，背部的曲率增加，上肢稍发达，下肢趋于平行。具体特征如图1-4所示。

（3）7 ～ 12个月

① 动作特征　可做扭转运动，会坐，扶着东西可以站立，运动量、运动半径增加。

② 体型特征　头还较大，颈部直立，胸部突出减小，腹部的突出向下移，背部曲率增加，上臂与小臂几乎等长，下肢稍发达。具体特征如图1-5所示。

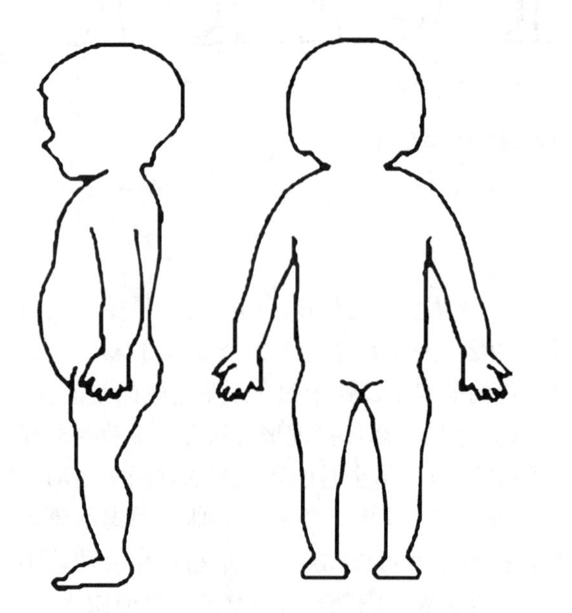

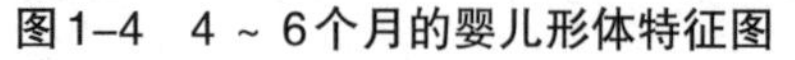

图1-4　4 ~ 6个月的婴儿形体特征图

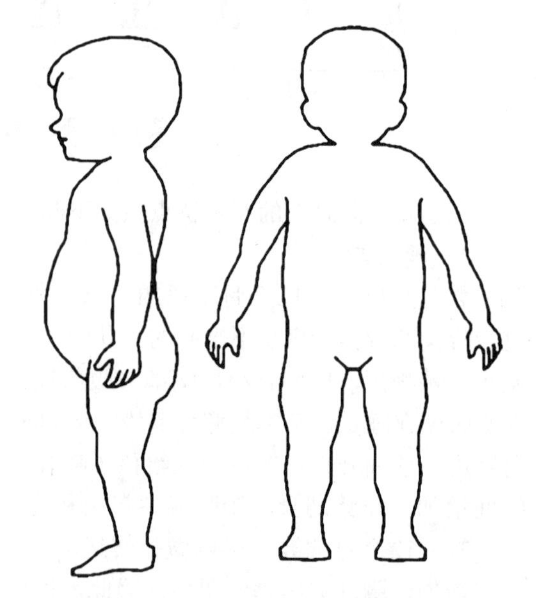

图1-5　7 ~ 12个月的婴儿形体特征图

2. 幼儿期

幼儿是指1 ～ 6岁生长阶段的儿童。从婴儿到幼儿的初期，随着食物的改变和活动量的增加，消化功能也同时增加，因此凸肚状逐渐消失，腹部与胸部的大小基本相同。到了2 ～ 3岁后，他们不仅吃、睡、玩，还学会了走、跑、跳等。

其中1 ～ 2岁的幼儿脸面稍大，肩稍向外突出，胸部与腹部的突出开始减小，下肢健壮，骨盆倾斜度增大，从扶着东西走路到完全独立走路，能跑，能跨越东西，也会投东西，并且能奔向自己想找的人和东西。这个时期的幼儿还不能自己穿衣服，因此要把袖口做宽些，以便能穿过母亲的手。尿布用量减少，多采用吸水性好的运动裤。2 ～ 3岁的幼儿身体长高，脖子明显，肩向外突出，肩端点明显，胸部与腹部突出继续减小，上肢有力，下肢成为直立姿势。这个时期的幼儿自己会穿衣服，手指较灵活，能拉拉链，能系大扣子，上衣要有足够的放松量，为了保暖，要把袖口做窄些，裤子和裙子装松紧带或用弹性的背带。

这个阶段是性别强化期，也是人出生后第一个平稳成长期。十个小孩九个腰圆肚子挺。对童装的要求：体现性别差异，男孩要穿出“酷”，女孩要穿出“俏”。

具体又可细分为以下几个阶段。

（1）13 ～ 24个月

① 动作特征　从扶着东西走路到独立行走，能跑，能跨越障碍物，会扔东西，能奔向想要的东西和人。

② 体型特征　脸稍大，胸部突出再减小，腹部的突出开始减小，肩稍向外突出，下肢健壮，骨盆倾斜度增加。具体特征如图1-6所示。

（2）25 ～ 36个月

① 动作特征　可以四处奔跑，平衡感觉日益发达起来。

② 体型特征　头身比例增加，颈部形状明显，胸部曲率变小，腹部的突出继续减小，肩向外突出，下肢健壮，股沟明显。具体特征如图1-7所示。

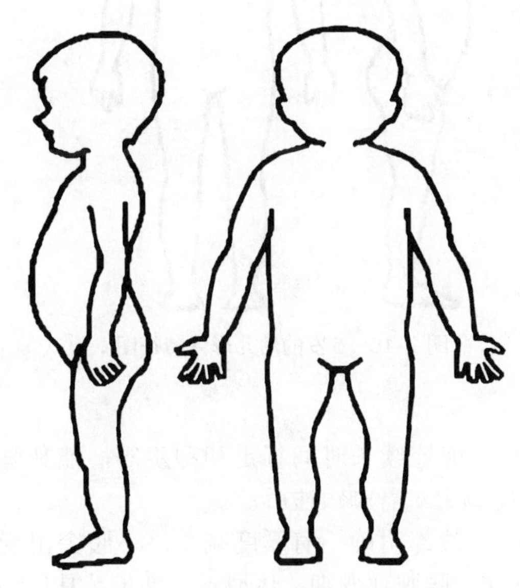

图1-6　13 ~ 24个月的幼儿形体特征图

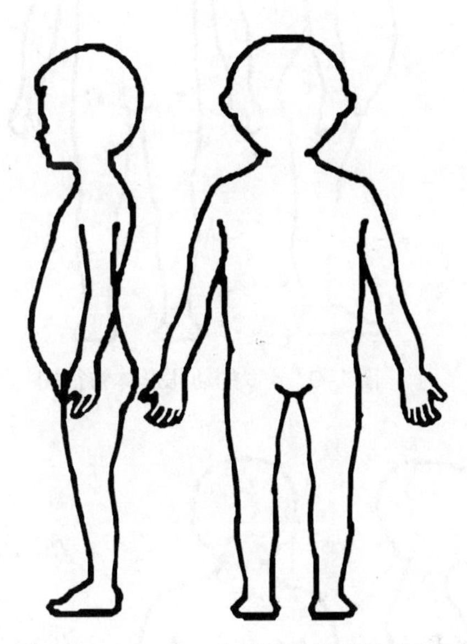

图1-7　25 ~ 36个月的幼儿形体特征图

（3）3岁

① 动作特征　能到处任意活动，能跑跳，能两脚交替上下楼梯，会独脚站立5s左右。

② 体型特征　头身比例为4 ∶ 7，颈部比例增大，胸部横竖比例接近成人，肩突出，肩端点明显，上肢变得细而长，下肢健壮，成为直立姿势。具体特征如图1-8所示。

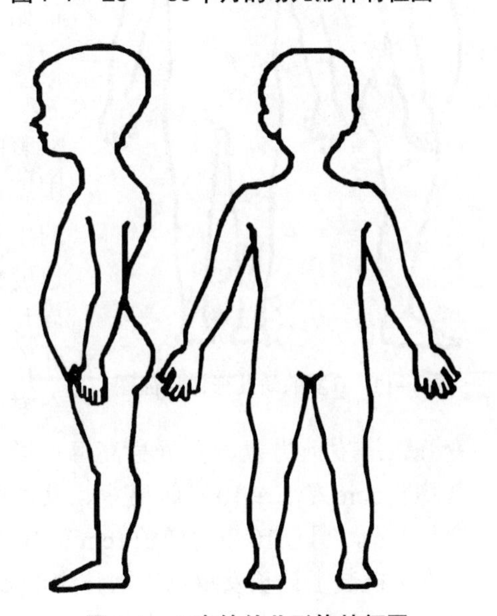

图1-8　3岁的幼儿形体特征图

（4）4岁

① 动作特征　能单脚跳跃，能抓住跳跃的球，平衡功能有了发展，能脚尖对着脚跟直线向前走，能玩跷跷板、滑滑梯等。

② 体型特征　颈向前倾斜，突出倾角，肩向外突出，胸变宽，背部曲率增大，上肢更长而有力，下肢继续发达。具体特征如图1-9所示。

（5）5岁

① 动作特征　能迅速自如地奔跑，而且跑得协调、平衡能力较好，会拍球、踢球，还能边跑边踢。

② 体型特征　头身比例为5 ∶ 2，颈变长，脸有了立体感，肩向外突出，厚度减小，背部曲率增大，小腹突出变小，前后面、侧面明确，下肢变细。具体特征如图1-10所示。

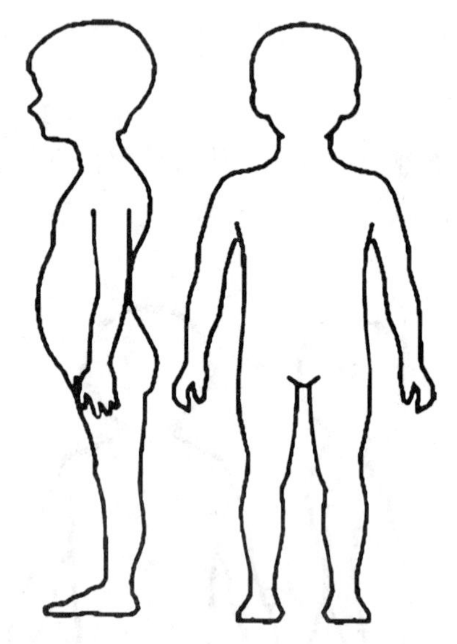

图1-9　4岁的幼儿形体特征图

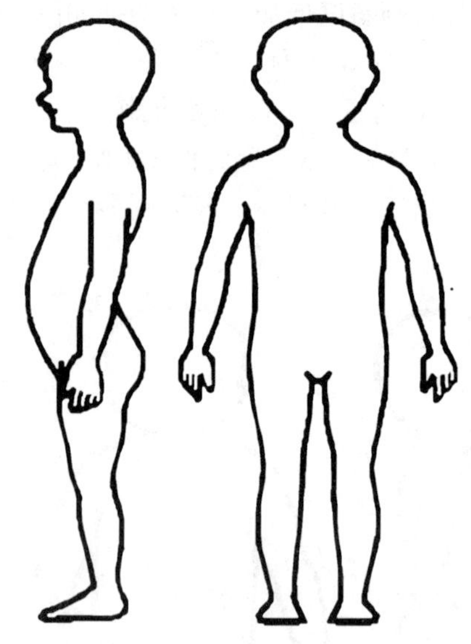

图1-10　5岁的幼儿形体特征图

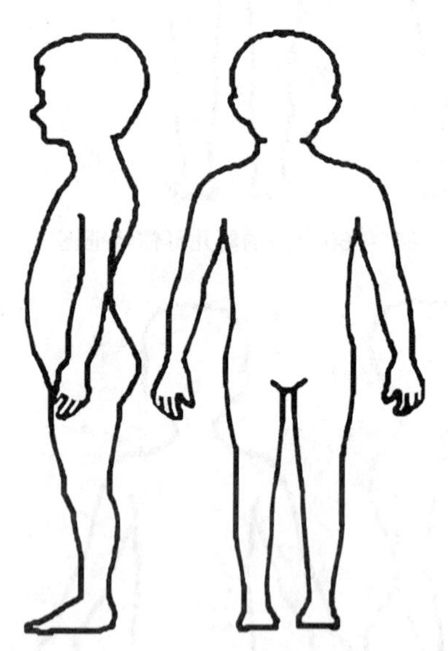

图1-11　6岁的幼儿形体特征图

（6）6岁

① 动作特征　能连续长时间行走和跑步等，能独脚站立10s左右，能脚尖对着脚跟往后走。

② 体型特征　颈部明确，肩厚度减小，小腹突出变小，背部曲率稍减，腰腹部变细，体型感觉细长。具体特征如图1-11所示。

3. 学龄期

学龄期是指6 ～ 12岁，该阶段是运动技能和智力发育显著的时期，儿童的生长发育速度非常迅猛，身高及身体围度都在迅速地增长。男童与女童发育的共同特征是四肢的生长速度快于躯干的生长速度。这一时期，女童的发育速度大于男童，其身高、体重都会略高于男童，男童的宽肩与女童的细腰宽臀逐渐形成鲜明的对比。女童的臀围尺寸在一年之间会增长3 ～ 4cm；男童的胸围会变厚，肩部会变宽，筋骨和骨骼会发育，变成耸肩，肩胛骨的挺度也变强。10岁前男童、女童身高每年增长5cm左右，10岁后女童由5cm逐渐减少，而男童继续增长5cm左右；10岁前男童、女童胸围每年增长约2cm，10岁后增长约3cm；腰围女童增长1cm，男童10岁前增长1cm左右，10岁后增长约2cm；男童、女童手臂长每年增长2cm左右；裤装上裆长女童每年增长约0.6cm，男童每年增长约0.4cm。

该时期也是人生第二个平稳成长期，尤其是长高。腰圆肚子挺的现象有所好转，或胖或瘦分化严重（大多不是因为缺少营养，而是营养过剩或营养失衡所致）。对童装的要求：区别胖瘦进行设计，使“胖的小孩”不显得胖，使“瘦的小孩”不要显得过瘦。

4. 少年期

少年期是指12～16岁的阶段。该时期是少年儿童德智体全面发展时期，活动量逐年增大，人体发育形成正常的规律，男童、女童的体型特征已有区分，主要表现在胸部、腰部、臀部这三个部位，体型状态与成年人相仿，但比成年人的身体更为挺直、健壮。

具体来讲，从小学进入初中后，儿童进入第二个生长高峰期，身高的增长速度个体之间存在很大的差异。少年期儿童平均在13岁左右开始进入青春期发育，发育速度迅速。由于发育时间早晚的不同，这一时期身高与年龄的关系不大。女童体型在这一时期胸部发育很快，但身高的增长由每年约5cm逐渐减为1cm，胸围每年增长约3cm，腰围每年增长为1cm，手臂长每年增约2cm，上裆长每年增长约0.6cm；而男童身高每年增长约5cm，胸围每年增长约3cm，腰围每年增长约2cm，手臂长每年增长约2cm，上裆长每年增长约0.4cm。年龄与身高对应关系见表1-1。

表1-1　年龄与身高对应关系　　单位：cm

年龄	男童身高	女童身高
出生	48.2～52.8	47.7～52.0
1月	52.1～57.0	51.2～55.8
2月	55.5～60.7	54.4～59.2
3月	58.5～63.7	57.1～59.5
4月	61.0～66.4	59.4～64.5
5月	63.2～68.6	61.5～66.7
6月	65.1～70.5	63.3～68.6
8月	68.3～73.6	66.4～71.8
10月	71.0～76.3	69.0～74.5
12月	73.4～78.8	71.5～77.1
15月	76.6～82.3	74.8～80.7
18月	79.4～85.4	77.9～84.0
21月	81.9～88.4	80.6～87.0
2岁	84.3～91.0	83.3～89.8
2.5岁	88.9～95.8	87.9～94.7
3岁	91.1～98.7	90.2～98.1
3.5岁	95.0～103.1	94.0～101.8
4岁	98.7～107.2	97.6～105.7
4.5岁	102.1～111.0	100.9～109.3
5岁	105.3～114.5	104.0～112.8
5.5岁	108.4～117.8	106.9～116.2
6岁	111.2～121.0	109.7～119.6
7岁	116.6～126.8	115.1～126.2

续表

年龄	男童身高	女童身高
8岁	121.6 ~ 132.2	120.4 ~ 132.4
9岁	126.5 ~ 137.8	125.7 ~ 138.7
10岁	131.4 ~ 143.6	131.5 ~ 145.1
11岁	139.6 ~ 159.2	141.3 ~ 159.3
12岁	144.4 ~ 166.4	147.5 ~ 163.4
13岁	152.8 ~ 170.4	151.8 ~ 166.9
14岁	159.8 ~ 174.3	153.5 ~ 168.1
15岁	163.2 ~ 177.5	154.5 ~ 168.7
16岁	165.5 ~ 180.5	155.1 ~ 169.2

儿童各个阶段不同体型、姿势和比例如图1-12所示。

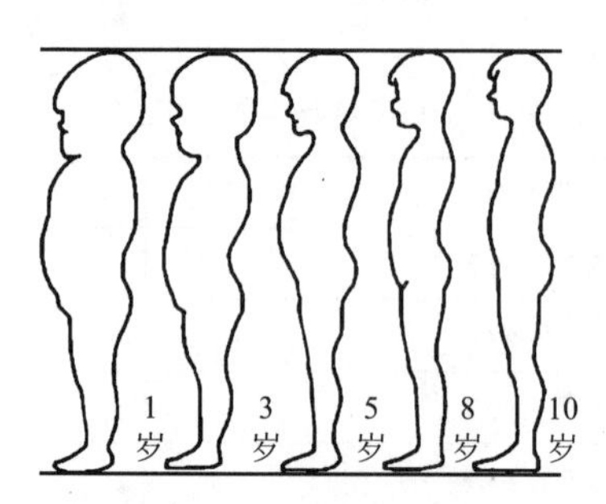

图1-12 不同阶段儿童形体

第二节 童装量体与参考尺寸

一、童装量体

怎么样才能为儿童选择一件合体的童装呢？便捷的方法是让儿童直接试穿或进行精确测量，但是如果儿童不在场或无法测量时，只知道孩子的身高仍然可以通过计算选择合体的童装。这就涉及了儿童身体测量的基本知识，为了对儿童的体型特征有正确、客观的认识，我们必须把人体各部位体型特征用精确的数据来表示。由于儿童的体型发育有快有慢，各地区的穿着习俗，家长对儿童穿着的长短、颜色、原料的选择不同，以及实用的变化、位置的分配、国内外穿着的区别无一不涉及童装的规格，所以，在造型设计方面要进行周密和慎重的考虑，应结合天时、地利、人和的实际要求灵活运用，不要脱离实际去生搬硬套。为了保证服装适合儿童体型特征，而且穿着舒适美观，在进行童装纸样设计时，必须有各部位的准确数据。人体测量是获得准确的人体尺寸的唯一途径，同时也是进行童装结构设计的前提和基础。

从上述分析可知，儿童身体测量是童装结构设计、童装生产和童装消费中十分重要的基础性工作之一，因此必须建立一套完整、科学、有序的测量方法，同时要有相应的测量工具和设备。

1. 注意事项

（1）被测者需要仰卧、自然站立或端坐，双臂自然下垂，如对较小婴儿身体测量多采用

仰卧的方法。

（2）测量时注意“软”以免弄伤儿童，并且测量时按顺序进行，一般按从前到后、从左到右、自上而下的部位顺序进行测量。

（3）由于儿童在身体测量时容易移动，所以对于较小的儿童，以主要尺寸为主，如身高、胸围、腰围、臀围等，其他部位的尺寸可通过推算获得。

（4）软尺在测量时需要有一定的放松量。在测量长度方面的尺寸时要垂直；测量围度的尺寸时软尺应随人体的起伏保持水平，松紧以平贴能转动为原则，水平围绕所测部分体表一周。并且儿童期的儿童都处于快速发育中，服装不要过分合体，要有适度的宽松量，因此给男童、女童测量时应在一层内衣外测量。

（5）应通过基准点和基准线测量。如测量袖长时应通过肩点、肘点和腕凸点。儿童的腰围不明显，测量时可以让儿童弯曲肘部，以肘点位置作为目标位。

（6）要观察被测者体型，对特殊体型者应加测特殊部位，并且做好记录，以便调整。

（7）做好每一部位尺寸测量的记录，并且使记录规范化。必要时附上说明或简单示意图，并且注明其体型特征及款式要求。

2. 测量的部位及方法

儿童身体测量的部位由测量的目的决定，根据服装结构设计的需要，进行通体测量的主要部位有15个，如图1-13所示。

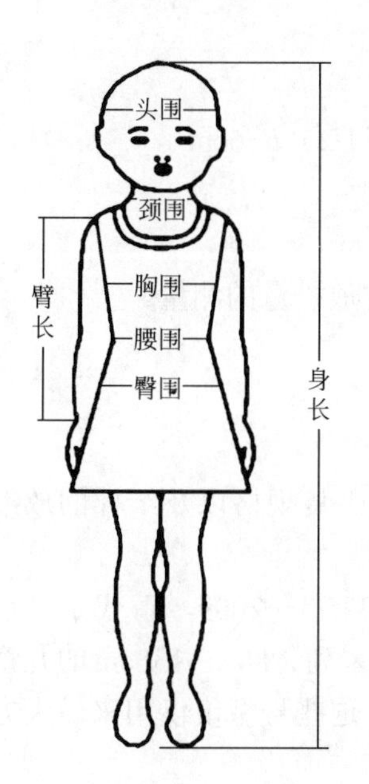

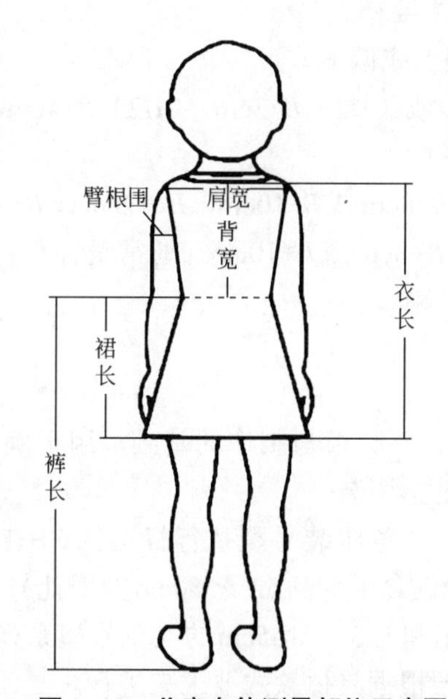

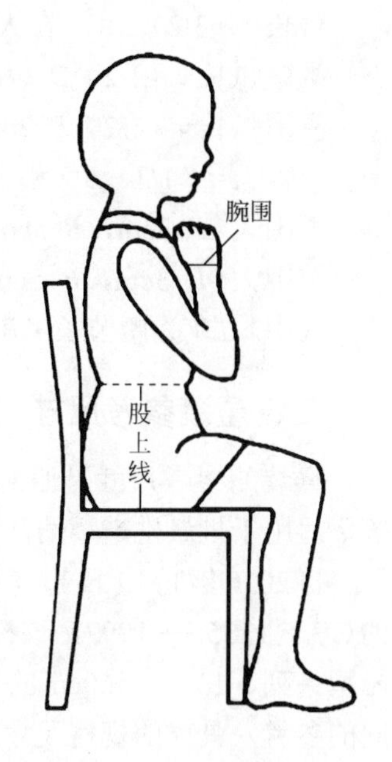

图1-13　儿童身体测量部位示意图

（1）身高　被测人自然赤足站立，双脚并拢，脸向正前方，微微抬起下颚，自头顶到地面所测得的垂直距离。

（2）胸围　在胸部最丰满处水平围绕测量一周所得到的尺寸。

（3）腰围　在腰部最细位置水平围绕测量一周所得到的尺寸。

（4）臀围　在臀部最大位置夹进两指水平围绕测量一周所得到的尺寸。

（5）头围　在头部最大位置夹进两指环绕一周进行测量所得到的尺寸。

（6）肩宽　经过后颈点测量左右肩端点之间的距离。

（7）颈围　将脖子的根部环绕一周进行测量所得的尺寸。

（8）臂根围　从腋下经过肩端点与前后腋点环绕手臂根部一周测量所得到的尺寸。

（9）腕围　经过腕凸点将手腕部环绕一周测量所得到的长度。

（10）背长　从后颈点随背形量至腰围线的长度，应考虑一定的肩胛骨凸出的放松量。

（11）衣长　从后颈点量至腰围线，停下按住软尺，再按儿童的年龄及服装的种类量至所需长度。

（12）臂长　手臂自然下垂，自肩端点经肘点至腕凸点的长度。

（13）裙长　自腰围线量至裙装所需的长度。

（14）裤长　自腰围线量至裤装所需的长度。

（15）股上线　坐姿时，从腰围线到椅面的距离。

常用儿童身体比例关系如下。

胸宽＝*LW*

背宽＝*LW*，或稍大些

肩宽＝（1/3）*LW*（或者背宽*BW*/胸宽*CW*）

臀高（从腰围线到臀围线）＝（1/2）*LW*

膝长（从腰围线至膝盖）＝（3/2）*LW*

腿长（从腰围线至脚踝骨）＝（5/2）*LW*

臂长＝（3/2）*LW*，在大号中要稍大些

袖窿弧长＝（1/2）*B*（稍偏上或偏下）

领围弧长＝（1/2）*B*−2cm，或（1/2）*B*−3cm，（1/2）*B*−4cm，（1/2）*B*−6cm

上臂长＝（1/3）*B*（稍大些）

腰围大=*B*−3cm，*B*−5cm，*B*−8cm或*B*−10cm，*B*−12cm或*B*−15cm

臀围大=*B*+3cm，*B*+5cm，*B*+8cm或*B*+10cm（通常是含有一定放松量的测量）

式中，*LW*为腰节长；*B*为胸围。

二、童装参考尺寸

童装的参考尺寸是服装设计、制板与制作的基础，用于确定服装规格以及纸样的放缩等，适用于批量生产婴幼儿和儿童服装。

自2010年1月1日起，我国儿童服装号型执行标准为GB/T 1335.3—2009，替代了之前的GB/T 1335.3—1997。该标准包含了身高52～80cm的婴儿号型系列、80～130cm的儿童号型系列、135～160cm的男童和135～155cm的女童号型系列。这些号型仅仅用来做大方向的参考，具体的规格尺寸还要根据具体款式要求来进行。

1. 号型的定义和标志

（1）号型的定义

① 号　是指人体的身高，是设计和选购服装长短的依据。

② 型　是指人体的胸围和腰围，是设计和选购服装肥瘦的依据，通常以cm表示。

（2）号型标志　童装号型标志与成人号型标志一致，都是“号/型”的标志方法，只是后面不带“Y”、“A”、“B”、“C”体型分类符号。上装的号型是指“身高/胸围”，下装的号型是指“身高/腰围”，表明所采用该号型的服装适用于身高、胸围、腰围与此号型相近似的儿童。例如，上装标志“140/58”，表示该服装适合身高140cm左右、胸围58cm左右的儿童

穿着。

在一般情况下，儿童的头部约占总身高的20%，体高约占总身高的80%。常规为儿童选择服装时，通常以体高为标准。儿童短裤约等于体高的30%；儿童衬衫约等于体高的50%：儿童长裤约等于体高的75%；儿童夹克衫约等于体高的49%；儿童西装约等于体高的53%；儿童长大衣约等于体高的70%；女童连衣裙约等于体高的75%。

例如，身高为100cm的女童，体高为100cm的80%，约80cm。如果选购一件连衣裙，衣长为80cm的75%，即60cm长。如果选购一件衬衫，衣长为80cm的50%，即40cm。

2. GB/T 1335.3—2009儿童号型系列

（1）身高52～80cm的婴儿号型系列　身高52～80cm的婴儿，身高以7cm分档，胸围以4cm、腰围以3cm分档，分别组成7·4和7·3系列，见表1-2。

表1-2　身高52～80cm的婴儿号型系列　单位：cm

号		型			
上装	52	胸围（*B*）	40		
	59		40	44	
	66		40	44	48
	73			44	48
	80				48
下装	52	腰围（*W*）	41		
	59		41	44	
	66		41	44	47
	73			44	47
	80				47

（2）身高80～130cm的儿童号型系列　身高80～130cm的儿童，身高以10cm分档，胸围以4cm、腰围以3cm分档，分别组成10·4和10·3系列，见表1-3。

表1-3　身高80～130cm的儿童号型系列　单位：cm

号		型					
上装	80	胸围（*B*）	48				
	90		48	52	56		
	100		48	52	56		
	110			52	56		
	120			52	56	60	
	130				56	60	64
下装	80	腰围（*W*）	47				
	90		47	50			
	100		47	50	53		
	110			50	53		
	120			50	53	56	
	130				53	56	59

（3）身高135～160cm的男童号型系列　身高135～160cm的男童，身高以5cm分档，胸围以4cm、腰围以3cm分档，分别组成5・4和5・3系列，见表1-4。

表1-4　身高135～160cm的男童号型系列　　单位：cm

号		型						
上装	135	胸围（B）	60	64	68			
	140		60	64	68			
	145			64	68	72		
	150			64	68	72		
	155				68	72	76	
	160					72	76	80
下装	135	腰围（W）	54	57	60			
	140		54	57	60			
	145			57	60	63		
	150			57	60	63		
	155				60	63	66	
	160					63	66	69

（4）身高135～155cm的女童号型系列　身高135～155cm的女童，身高以5cm分档，胸围以4cm、腰围以3cm分档，分别组成5・4和5・3系列，见表1-5。

表1-5　身高135～155cm的女童号型系列　　单位：cm

号		型						
上装	135	胸围（B）	56	60	64			
	140			60	64			
	145				64	68		
	150				64	68	72	
	155					68	72	76
下装	135	腰围（W）	49	52	55			
	140			52	55			
	145				55	58		
	150				55	58	61	
	155					58	61	64

3. 儿童服装号型系列控制部位数值

控制部位数值是人体主要部位的数值，是设计服装规格的依据，包括长度方向的4个数值和围度方向的5个数值。在我国服装号型中，身高80cm以下的婴儿是没有控制部位数值的。在儿童服装号型控制部位中，身高是指自然站立姿态下从头顶到地面的高度，坐姿颈椎点高是指坐立时颈椎点到椅面的高度，臂长是指手臂自然垂直状态下肩端点到腕凸点的距离，腰围高是指站立时从地面到腰围的高度，而围度取值在前面已经介绍过了，这里就不再另做介绍。控制部位数值及分档数值见表1-6～表1-8。

（1）身高80～130cm的儿童控制部位数值　见表1-6。

表1-6　身高80 ～ 130cm的儿童控制部位数值及分档数值　　单位：cm

项目		80	90	100	110	120	130	分档数值
长度	身高	80	90	100	110	120	130	10
	坐姿颈椎点高	30	34	38	42	46	50	4
	臂长	25	28	31	34	37	40	3
	腰围高	44	51	58	65	72	79	7
围度	胸围	48	52	56	60	64		4
	颈围	24.2	25	25.8	26.6	27.4		0.8
	肩宽	24.4	26.2	28	29.8	31.6		1.8
	腰围	47	50	53	56	59		3
	臀围	49	54	59	64	69		5

（2）身高135 ～ 160cm的男童控制部位数值　见表1-7。

表1-7　身高135 ～ 160cm的男童控制部位数值及分档数值　　单位：cm

项目		135	140	145	150	155	160	分档数值
长度	身高	135	140	145	150	155	160	5
	坐姿颈椎点高	49	51	53	55	57	59	2
	臂长	44.5	46	47.5	49	50.5	52	1.5
	腰围高	83	86	89	92	95	98	3
围度	胸围	60	64	68	72	76	80	4
	颈围	29.5	30.5	31.5	32.5	33.5	34.5	1
	肩宽	34.6	35.8	37	38.2	39.4	40.6	1.2
	腰围	54	57	60	63	66	69	3
	臀围	64	68.5	73	77.5	82	86.5	4.5

（3）身高135 ～ 155cm的女童控制部位数值　见表1-8。

表1-8　身高135 ～ 155cm的女童控制部位数值及分档数值　　单位：cm

项目		135	140	145	150	155	分档数值
长度	身高	135	140	145	150	155	5
	坐姿颈椎点高	50	52	54	56	58	2
	臂长	43	44.5	46	47.5	49	1.5
	腰围高	84	87	90	93	96	3
围度	胸围	60	64	68	72	76	4
	颈围	28	29	30	31	32	1
	肩宽	33.8	35	36.2	37.4	38.6	1.2
	腰围	52	55	58	61	64	3
	臀围	66	70.5	75	79.5	84	4.5

4. 童装制图常用符号及主要部位代号

童装的结构制图可以传达设计师的设计意图，是沟通设计、生产、管理部门的技术性图纸，是组织和指导生产的重要技术语言之一，对于标准模板的绘制、系列样板的缩放起到指导作用。结构制图的规则和符号有严格的规定和统一的格式，从而保证制图格式的规范和各个部门以及不同人员之间对纸样的理解相同。

（1）童装常用符号　童装的常用制图符号是使图纸规范便于识别、避免识图差错而统一制定的标记，在形式上具有粗细、断续等的区别。其在纸样制作、服装生产及产品检验中发挥着举足轻重的作用，是服装行业的从业人员必须熟悉和掌握的一项重要内容。其中童装常用制图符号及其含义见表1-9。

表1-9　童装常用制图符号及其含义

序号	名称	符号	含义
1	直角		两部位相互垂直
2	经向		箭头表示布料的经纱方向
3	合并		表示相关布料拼合一致
4	重叠		两者交叉重叠及长度相等
5	拉链		表示该处为装拉链的位置
6	等分线		表示某一段尺寸中平均分成若干等份
7	对位记号		表示相关衣片两侧的对位
8	按扣		一按即合的扣子
9	剪切		表示该部位需要剪开加量
10	明线		缉明线的标记
11	锁眼位		两短线间距离表示锁眼大小
12	钉扣位		表示钉扣的位置
13	正面标记		表示服装面料正面的符号
14	反面标记		表示服装面料反面的符号
15	花边		花边的部位及长度
16	斜料		用有箭头的直线表示布料的经纱方向
17	等量号		尺寸相同符号
18	单阴裥		裥底在下的褶裥
19	扑裥		裥底在上的褶裥
20	特殊放缝	2	符号上的数字直线表示所需缝份的尺寸
21	对花号		表示相关裁片之间

续表

序号	名称	符号	含义
22	对格号		表示相关符号之间对格的符号
23	归拢		将某部位归拢变形
24	衬布		表示衬布
25	对合褶裥		表示对合褶裥自高向低的折倒方向
26	褶裥的省道		斜向表示省道的折倒方向
27	单向褶裥		表示顺向褶裥自高向低的折倒方向

（2）童装制图部位简称　在纸样制作过程中，为了清楚地标明结构线或点的位置，常常在相应的线或者点上进行标注，如前中线、胸围线、腰围线等。为了书写的方便，也为了制图的整洁，通常采用英文缩略的形式表示。表1-10列出了童装制图主要部位简称。

表1-10　童装制图主要部位简称

序号	简称	英文	中文	序号	简称	英文	中文
1	B	bust girth	胸围	9	EL	elbow line	肘线
2	W	waist girth	腰围	10	KL	knee line	膝盖线
3	H	hip girth	臀围	11	SL	line	袖长
4	N	neck girth	领围	12	BP	bust point	胸点
5	BL	bust line	胸围线	13	SNP	neck point	颈肩点
6	WL	waist line	腰围线	14	AH	arm hole	袖窿
7	HL	hip line	臀围线	15	L	length	长度
8	NL	neck line	领围线	16	HS	head size	头围

5. 童装制图基本术语

（1）各种线条

① 基础线　是指服装结构制图过程中使用的纵向、横向的基础线条。上衣常用的横向基础线有衣长线、落肩线、胸围线、袖窿深线等线条；纵向基础线有止口线、搭门线等。下装常用的横向基础线有腰围线、臀围线、横裆线、中裆线等；纵向基础线有侧缝直线、前裆直线、后裆直线等。

② 轮廓线　是指构成服装部件或成形服装的外部造型的线条，如领部轮廓线、袖部轮廓线、底边线等。

③ 结构线　是指能引起服装造型变化的服装部件外部和内部缝合线的总称，如领窝线、袖窿线、袖山弧线、腰缝线、上裆线、底边线、省道等。

（2）示意图　示意图是指为了表达服装零部件的结构组成、加工时的缝合形态、缝迹类型以及成形的外部和内部形态而制定的一种解释图，在设计、加工部门之间起着沟通和衔接作用。

三、绘图工具与设备

俗话说得好，“工欲善其事，必先利其器”，对于初学者来说，最好能准备一套完整的制板工具，并且要熟悉掌握其内在的使用方法和技巧。

1. 必备工具

（1）工作台　必须准备一个平坦的工作台。由于拓板时齿轮会在工作台表面留下划痕，粘合衬会弄脏工作台表面，因此采取一些保护措施也是十分必要的。

（2）打板纸　铅笔和白纸是打板的必备工具，牛皮纸和薄卡纸在制作裁片时也是必备的物品。

（3）铅笔　2H等硬笔芯对于打板比较合适，彩色铅笔可用于描绘衣片的复杂结构。

（4）纤维笔　用于描绘衣片清晰的结构。

（5）橡皮　用于修改作业。

（6）软尺和直尺　用来测量和绘图。

（7）曲线尺　用于绘制较长的曲线。

（8）三角板　用于精确确定不同的角度。

（9）圆规　用于制板时绘制圆形。

（10）剪刀　裁衣料的剪刀与裁纸的剪刀必须分开，因为裁纸会磨钝刀片。

（11）透明胶带　用于固定纸型。

（12）大头针　用于固定面料或纸型。

（13）1/4或1/5的比例尺　这是制图的必备工具。

（14）划粉　用于最后在布料上画板型，并且在试衣时画修改线迹。

（15）样衣布　白棉布常代替成衣布料制作样衣，但是要保证白棉布的重量与所选择的面料重量尽可能地接近。

2. 其他非必备工具

（1）计算器　在任何技术领域计算器都是普及型的工具，它可以减少大量烦琐的计算工作，而且比较准确。

（2）法式曲线尺　曲线尺可弯曲的形状在尺寸变换中是十分有用的，它能够画出优美的曲线并易于操作，特别适合初学者使用。

（3）记号剪　制作用于保证各裁片之间准确度的标记。

（4）制板打孔器　服装裁剪、打板、纸样放码、制板必备工具。

（5）制板压铁　使裁片或纸样保持在原有位置不滑动。

（6）人体模型　对于设计的试穿和造型具有重要作用。

（7）计算机设备　用于裁剪和推板的计算机系统。

第二章　童装裁剪基础

第一节　童装原型简介

一、原型纸样简介

随着童装式样变化的丰富，童装原型样板的合理运用就成为服装设计界众人关注的焦点。下面就以一个儿童2～12岁成长所经历的4个阶段归纳童装原型的制作规律，示范4个均码衣身原型，不同号型童装可以通过纸样放缩得到，如图2-1、表2-1所示。

① 小号　平均年龄为3岁的儿童。

② 中小号　平均年龄为6岁的儿童。

③ 中号　平均年龄为9岁的儿童。

④ 大号　平均年龄为12岁的儿童。

表2–1　四个号型的腰节长与胸围数据　　单位：cm

号型	腰节长	胸围	号型	腰节长	胸围
1	24	56	3	32	72
2	28	64	4	36	80

二、服装原型的含义

原型是指各种实际变化应用之前的基本形态，可以应用于多个领域。

服装原型是针对服装造型而言，是指服装平面裁剪中使用的基本纸样，即简单的不带任何款式变化因素的服装纸样，简称为原型纸样。原型纸样是以人体尺寸为基础，加以理想化、标准化而得出的，是覆盖人体表面的最基本纸样，是制作纸样的依据和基础。我国服装原型的运用，主要是在借鉴日本文化式原型的基础上发展起来的，由于日本在这方面先进于其他国家，其标准也符合国际标准，所以采用日本的规格为代表。

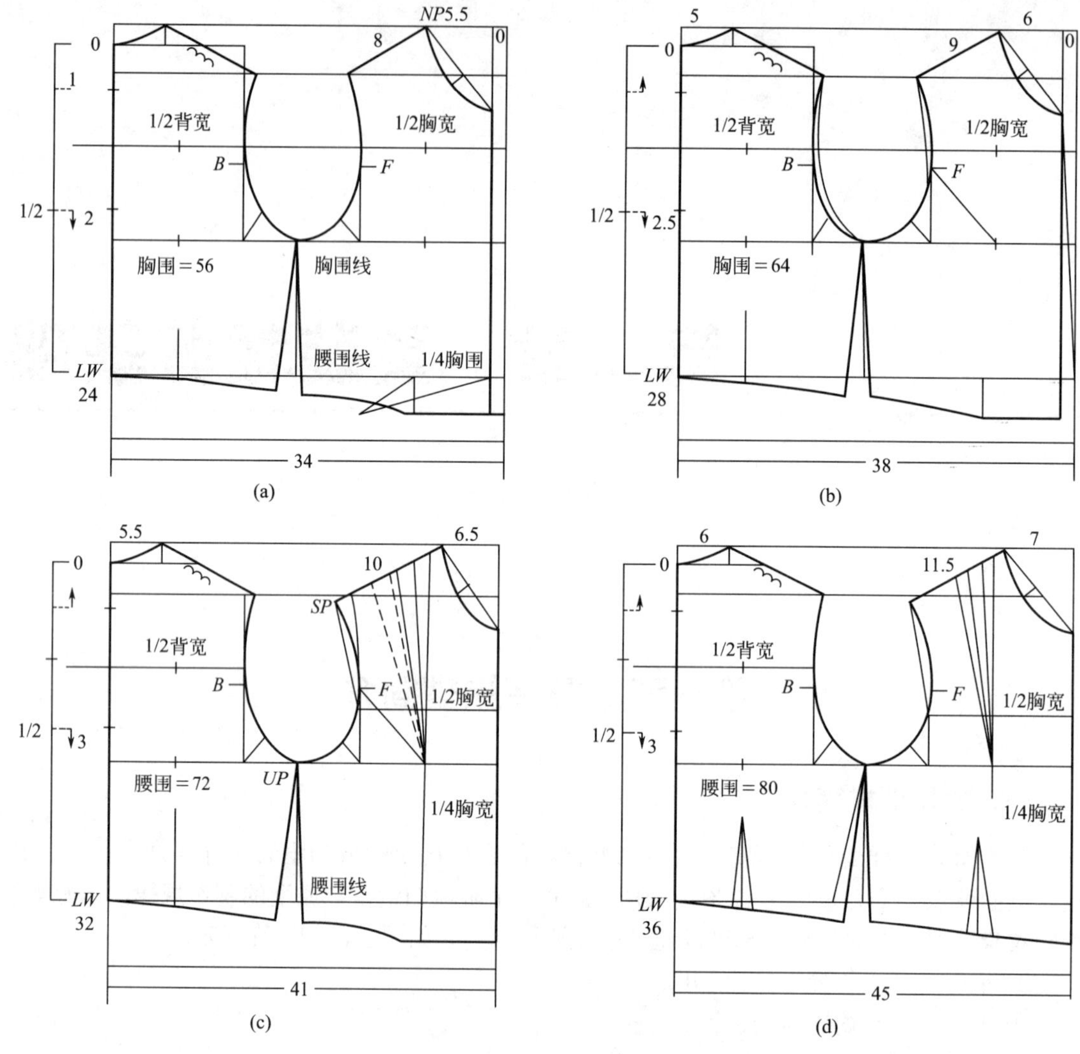

图2-1　四个均码衣身原型裁剪图

三、童装原型及其应用

根据童装原型的不同内涵，可以将原型按照体型的差异分为1～12岁儿童原型和13～16岁儿童原型。1～12岁儿童原型多采用间接法，如原型法或基型法进行板型制图，而13～16岁儿童原型则更接近成人体型。

根据服装板型各部位分布在人体的不同位置，其结构线有着不同的术语名称以及代号。童装上衣原型各部位名称及代码如下。

（1）后衣片　后领围线、后肩线、后中心线、后袖窿弧线、后侧缝线、后背宽线、腰围线等，如图2-2所示。

（2）前衣片　前领围线、前肩线、前中心线、前袖窿弧线、前侧缝线、前背宽线、腰围线等，如图2-2所示。衣身原型纸样放缝图如图2-3所示。

（3）袖片原型纸样局部名称　袖山曲线、前袖缝、后袖缝、袖山顶点、袖山弧线、袖缝线、袖口线、袖山高、袖中线、肘线等，如图2-4所示。

（4）裙片原型纸样局部名称　前腰围线、后腰围线、前侧缝线、后侧缝线、后裙摆线、

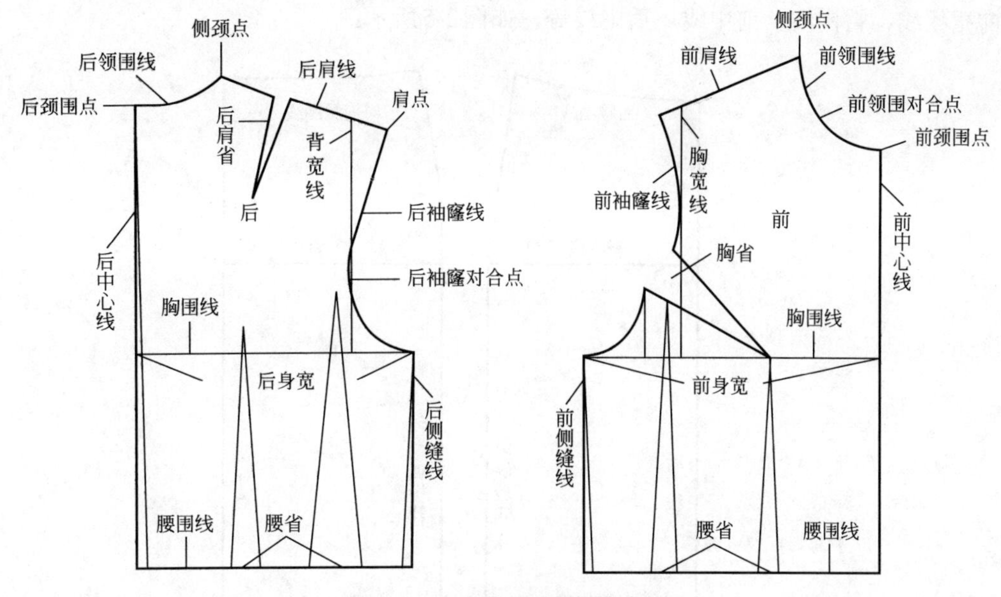

图2-2　衣身原型纸样局部名称

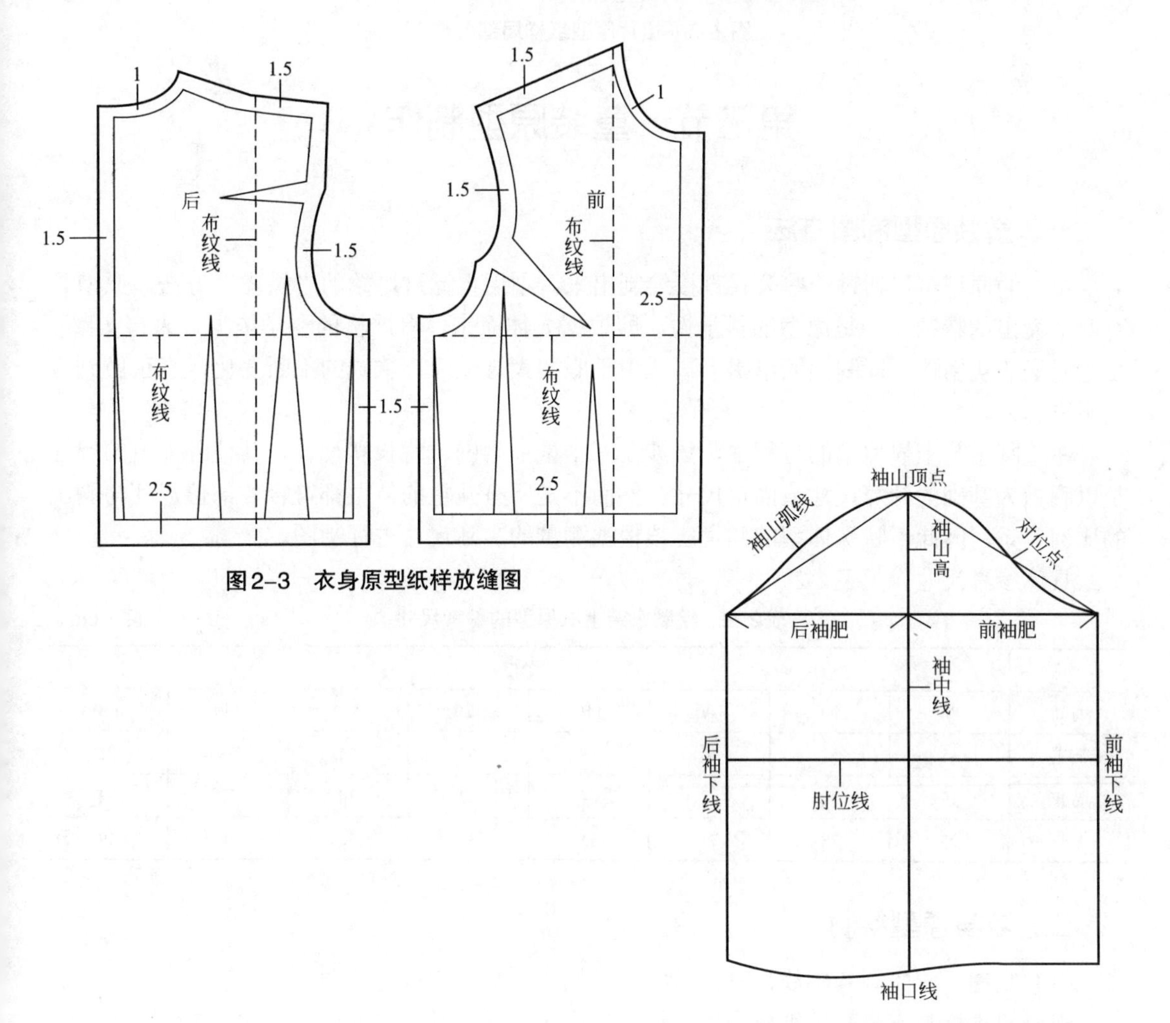

图2-3　衣身原型纸样放缝图

图2-4　袖片原型纸样局部名称

前裙摆线、臀围线、前中线、后中线等，如图2-5所示。

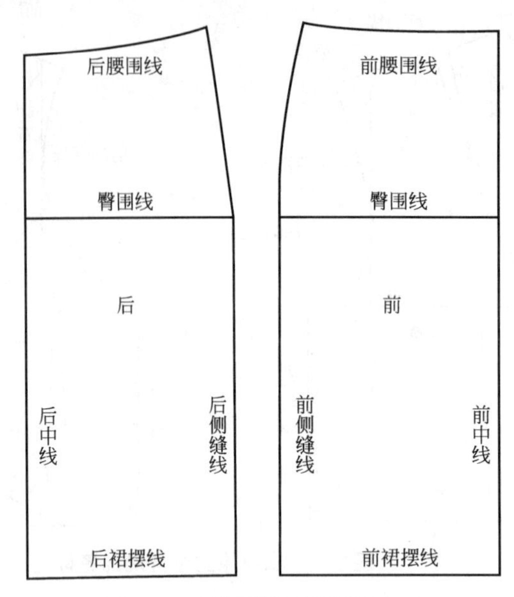

图2-5 裙片原型纸样局部名称

第二节 童装原型制作

一、童装原型制图方法

今天的原型可以通过一些公式直接绘制出来，不用再通过原始的“扒皮”方法。原型具有两个突出的特征：一是原型的科学性，即根据人体而来，有严格的科学依据，来自实践；二是原型的实用性，即制图简单明了，适用于服装大规模流行款式的不断变化，真正做到万变不离其宗。

在绘制童装上衣原型的过程中，只涉及三个量：胸围、背长和袖长，其他各部位的尺寸是以胸围为基础的计算尺寸或固定尺寸。然而不是所有儿童的体型都符合各部位尺寸与胸围的比例关系，因此，特殊体型的儿童应该根据测量的实际尺寸进行制图。

具体参考尺寸，见表2-2。

表2-2 绘制童装上衣原型的参考尺寸 单位：cm

部位	尺寸							
身高	80	90	100	110	120	130	140	150
胸围	48	52	54	58	62	64	68	72
背长	19	20	22	24	28	30	32	34
袖长	25	28	31	35	38	42	46	49

二、衣身原型绘制

（1）制图 应先画基础线，再作其中的结构线，最后完成轮廓线。

现以日本标准衣身基础纸样为例，绘制标准衣身基础纸样的基础线，如图2-6所示。

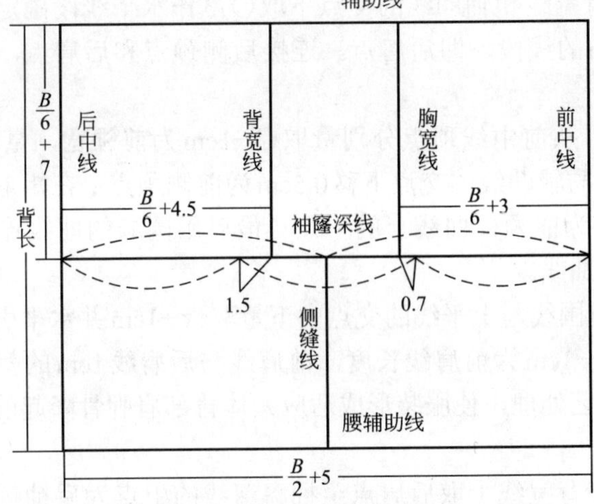

图2-6　标准衣身基础纸样

具体制图步骤如下。

① 作长方形　作长为B/2+5cm、宽为背长的矩形。其中，B为净胸围量，5cm为放松量，因此整个童装上衣衣身原型的胸围放松量为10cm，属于合体但较为宽松的设计造型，基本上符合儿童生长发育的需要。

② 作基本分割线　从后中线顶点向下取B/6+7cm为袖窿深，画出胸围线。其中7cm是一个可变的调节量，可根据具体的儿童胖和瘦进行适当调节修改。

③ 作侧缝线　过胸围线中点作底边线的垂线。

④ 作胸围线　有两种方法：一是在袖窿深线上，分别从后、前中线起取B/6+4.5cm和B/6+3cm作垂线交于辅助线，两线即为背宽线和胸宽线；二是三等分胸围线，从两个等分点，分别向侧缝方向量取1.5cm和0.7cm，并且作胸围线的垂线，得到背宽线和胸围线。

（2）标准衣身基础纸样的完成线　如图2-7所示。

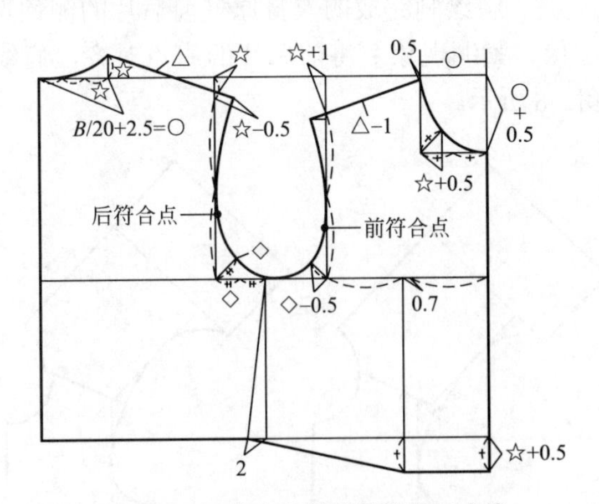

图2-7　标准衣身基础纸样的完成线

① 作后领口曲线　在辅助线上，从后中线顶点取B/20+2.5cm为后横开领宽，标为○。在后领宽上取○/3为后领深，至此确定了后颈点和后侧颈点，最后用平滑的凹曲线连接两点，完成后领口。

② 作后肩线　从背宽线和辅助线的交点下取○/3作水平线段确定一点，从该点水平向右作一长度为☆-0.5cm的线段，即后肩点。连接后侧颈点和后肩点，圆顺完成后肩线。并且用△标记后肩线。

③ 作前领口曲线　从前中线顶点分别量取○-1cm为前领宽，量取○+0.5cm为前领深并作矩形。从前领宽线与辅助线的交点下移0.5cm为前侧颈点；在矩形左下角平分线上取线段为☆/2+0.5cm作点，为前领口曲线上的一点。最后用圆顺的曲线连接前颈点、辅助点和前侧颈点，完成前领口曲线。

④ 作前肩线　从胸围线与上平线的交点向下量取☆+1cm并水平引出射线，在射线与前侧颈点之间取后肩线长-1cm为前肩线长度，前肩线与后肩线1cm的差量，在服装制作中可以通过收省或吃量的工艺处理，使服装形成适应人体背部肩胛骨隆起的生理特征，最终形成省道中的肩胛省。

⑤ 作袖窿弧线　在背宽线上取后肩点至袖窿深线的中点为后袖窿与背宽线切点；在胸宽线上取前肩点到袖窿深线的中点为前袖窿与胸宽线切点。分别在胸宽线、背宽线与袖窿深线的外夹角平分线上，取背宽线到前、后片交界线间距离的1/2处为前袖窿弯点；在此线段上增加0.5cm即为后袖窿弯点。连接以上各点得到圆顺的袖窿曲线，在绘制前袖窿曲线时，要考虑由于手臂运动幅度的不同，在胸宽线与胸围线的角平分线上，取◇-0.5cm作辅助点，以确保前袖窿挖得深一些，方便人体的运动功能。

⑥ 作腰线和侧缝线　在胸围线上中分胸宽，向后身方向移动0.7cm作垂线并延长。前中线向下延长☆+0.5cm的前垂量确定一点，过该点作底边线的平行线，然后，从腰辅助线与前、后片交界线的交点向后身方向移动2cm确定一点，依次连接各点得到侧缝线和腰线，其中前片的垂量是由儿童的肚凸这一生理特征现象决定的。

⑦ 确定前、后袖窿符合点　在背宽线上，肩点至袖窿深线的中点下移3cm处水平作对位标记，为后袖窿符合点；在胸宽线上，肩点至袖窿深线的中点下移3cm处水平作对位标记，为前袖窿符合点。

⑧ 领窝与袖窿对位复核　将绘制完成的衣身原型前后片的侧颈点对齐，肩线完全吻合，领窝弧线自然圆顺，无起伏、紧绷现象；将前后片的肩点对齐，肩线重合，袖窿弧线圆顺，无起伏、无压迫感，如图2-8所示。

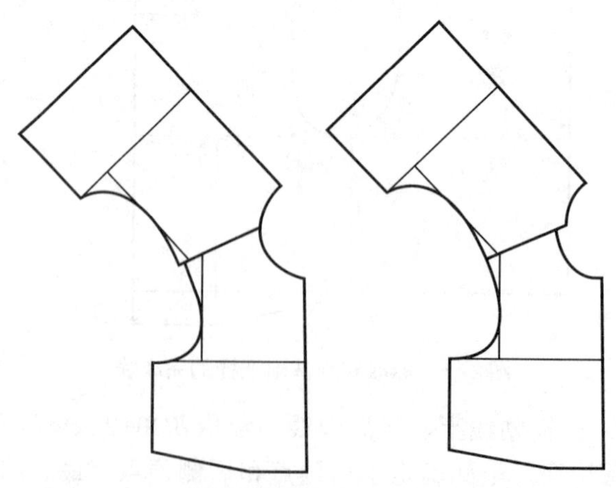

图2-8　衣身原型领窝与袖窿对位复核

三、衣袖原型制图

袖子是指服装上覆盖人体手臂的部位。袖原型是袖子制图的基础，儿童服装的袖原型是以一片袖结构为基础，其构成要素为袖长、袖山高、袖下尺寸、袖肥，因此在绘制袖原型之前，应先用软尺量取衣身得到上述数据。

1. 基础线绘制（图2-9）

（1）作十字线及确定袖肥　竖线即袖中线长，横线即袖窿深线的十字交叉线，从交叉点上取$AH/4+1.5$cm为袖山高并确定顶点，其中袖山高的计算方法根据儿童的不同年龄段有所区别，具体为幼儿期取$AH/4+1$cm，学龄期取$AH/4+1.5$cm，少年期取$AH/4+2$cm。同样的袖窿尺寸，袖山高度降低，袖肥变大，运动功能增强；袖山高度升高，袖肥尺寸变小，形状好看，但运动功能较差。基于这一原理，可以根据儿童的生长发育进行适当调节，使服装更符合不同时期儿童的生理功能和天性。

袖中线从顶点向下垂直取袖长，以袖中线顶点为基点分别向落山线作斜线，前袖山斜线长为前$AH+0.5$cm，后袖山斜线长为后$AH+1$cm，过此两点分别向袖口线作垂线得到袖肥。

（2）作肘位线　自袖山顶点量取1/2袖长+2.5cm，作水平线即得到肘位线。

（3）作袖口线　自袖山顶点向下量取袖长，作肘位线平行线即为袖口线。

2. 轮廓线绘制（图2-10）

（1）作袖山弧线　把前袖山斜线四等分，过上下1/4等分点的凸量和凹量分别为1～1.3cm和1.2cm，在后袖山斜线上，自顶点量取1/4前袖窿斜线的长度，外凸量为1～1.3cm，分别过前袖宽点、前袖窿凹点、1/2点、前袖窿凸点、袖山高点、后袖窿凸点、后袖宽点作袖山弧线。

（2）作袖口弧线　在前后袖缝线上，自袖口点分别向上量取1cm，前袖口1/2内凹1.2cm。过前袖缝线1cm点、前袖口内凹点、后袖口1/2点和后袖缝1cm点作袖口弧线。

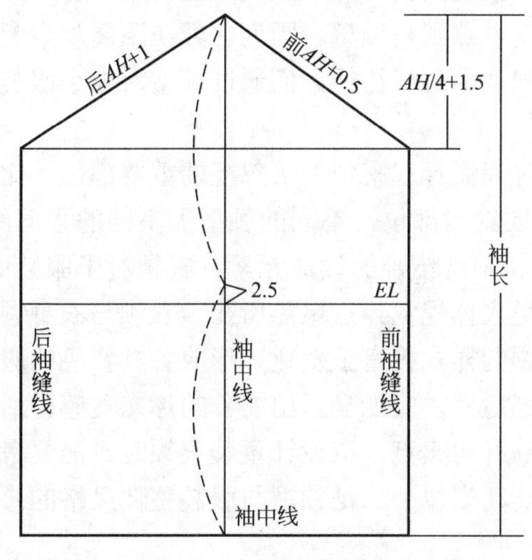

图2-9　衣袖基础线绘制

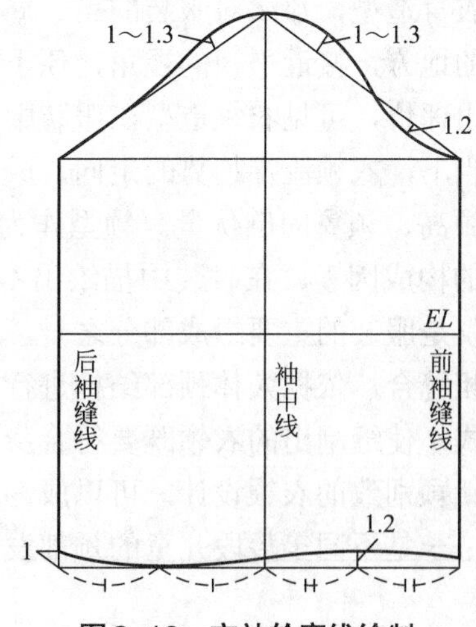

图2-10　衣袖轮廓线绘制

第三章　童装变化原理

童装的变化方式可谓是种类繁多，数不胜数，但是无论怎样变化，都要建立在充分满足儿童的体型和生理特征上，既要充分满足人体的舒适性和运动性的要求，相对成人的服装变化原理又有其独到之处和特殊之处，又要求易于实施和便于后期工艺流程操作。

第一节　衣领变化原理

领子作为服装的主要零部件之一，它的地位是举足轻重的。当人们审视一件服装的时候，领型的设计造型占据了非常醒目的位置。如果说人们对某件服装产生的第一总体印象是它的衣身造型，那么对服装的第一局部造型欣赏重点则是领型。因为它处在距离观察者眼睛最近的地方，接近平视的视角，便于形成人的视觉中心。往往人们通过领型对整个服装的效果做出评价，可见衣领造型在服装中的重要性。

当下，衣领流行趋势的走向，成为人们在时尚流行观察中不可忽视的重要部位，比如领座、领高、领翼的倒伏量。领型作为衣领的重要结构部位，不同的领型因不同的平面结构，不同的构成因素，在时装中描绘出不同的时尚和丰富传神的设计元素。衣领对于服装而言，不仅仅是服装的重要组成部分之一，更重要的是人体视觉焦点聚焦所在。衣领与衣身领口的弧线相缝合，依据人体颈部结构进行设计。衣领的样式极富于变化，形成各具特色的服装衣领款式，使缝制出的衣领既要符合身体的生理舒适性，又能显示出衣着的形态美感。活泼大方、新颖别致的衣领设计，可以成为一件童装的鲜明卖点。在设计童装衣领时，需要考虑到两点：一是不同年龄段儿童的颈部发育特点和活动规律；二是领型与服装整体风格的协调搭配性。

一、衣领的分类

领型是最富于变化的服装整体设计造型中的一个重要组成部件，领圈线的深、浅、宽、窄变化及领圈上的千姿百态形状的领子构成了丰富的衣领领型。衣领结构设计主要包括领窝线和领身两个部分的设计。具体分类标准为：按照着装方式可以分为关门领和开门领；按照领幅的大小可以分为小领、中领和大领；按照衣领的高度可以分为低领、中领和高领；按照衣领的纸样结构可以大致分为五类，一是无领，二是立领，三是翻领，四是平领，五是帽领。

1. 无领

无领又称领口领，是指只有领窝部分，无领身部分的领子。无领又分为套头式和开襟式两类。婴儿期和幼儿期的儿童脖子较短，为避免影响其运动和发育，大多选择无领结构设计。

2. 立领

工艺上没有翻折线的立领，只有领腰。其特点是立体感强，符合人体颈部结构，给人以端庄典雅、大方得体的感觉。其结构上呈直立状态围绕颈部一周或大半周的领，具体又分为直立式、内斜式和外斜式三种。立领会给人一种束缚感，限制脖子的自由活动，因此日常童装中，采用立领设计较少。

3. 翻领

翻领在童装中的运用非常广泛，领子通过翻折线被分为领面和领底两部分的翻领，既有领面，又有领腰，又分为连体领和分体领。翻领的变化丰富，因而结构也相对复杂一些。

4. 平领

底领量很少，相对于脖颈来说更多地覆盖肩部的平领，只有领面。

5. 帽领

连身风帽是将帽子与衣身相连的款式，帽子可以戴在头上，也可以披于肩上，实质上是帽身与翻领的组合，帽子上可以装饰花边、毛条等。有些婴儿或幼儿的帽子甚至设计成各种图案的造型，充分满足了儿童追求本性天真烂漫的美丽意境设计。

二、衣领结构认识

1. 衣领各部位名称（图3-1）

衣领结构主要包括衣身绱领线的形状和长度、领外口线的形状和长度、通过领子翻折线至底领线形成的底领和翻领的形状和宽度等。改变这些面的宽度和各条线的长度，就可以设计出各种不同的领型。

领子纸样主要构成线可以简单地分为领下口线、领上端线、领宽线、领角造型线几条主要线条，对领下口线的控制依靠领圈线的长度，对领上口线的控制依靠领宽的尺寸。

2. 影响衣领结构设计的因素

（1）衣身领口弧线　与领子缝合的衣身领口弧线，一般设计成与脖颈根部形态基本相吻合的结构形状。

（2）颈部形状及运动　在领子的结构设计中除了考虑脸部形状外，还必须考虑与颈部、肩部等形态因素，如颈部的长度、粗细、围度等尺寸和颈部的倾斜度、肩倾度等之间的关系。防止发生颈部在伸屈、回转等运动状态下受到领子压迫等现象。

（3）温度调节功能　领口是在衣服最上方的开口部位，随着户外空气的冷暖变化，在调节衣服内部环境温度时起重要作用。为了符合衣服的穿着目的，衣领的设计和纸样制作时必须考虑到服装穿着的季节。

（4）衣服的穿脱方便　在领子的设计过程中，还需要考虑在穿脱衣服时，如在套头衫的设计中，衣领的设计必须便于通过比颈部尺寸大得多的头部。有一些初学者常常只考虑衣领

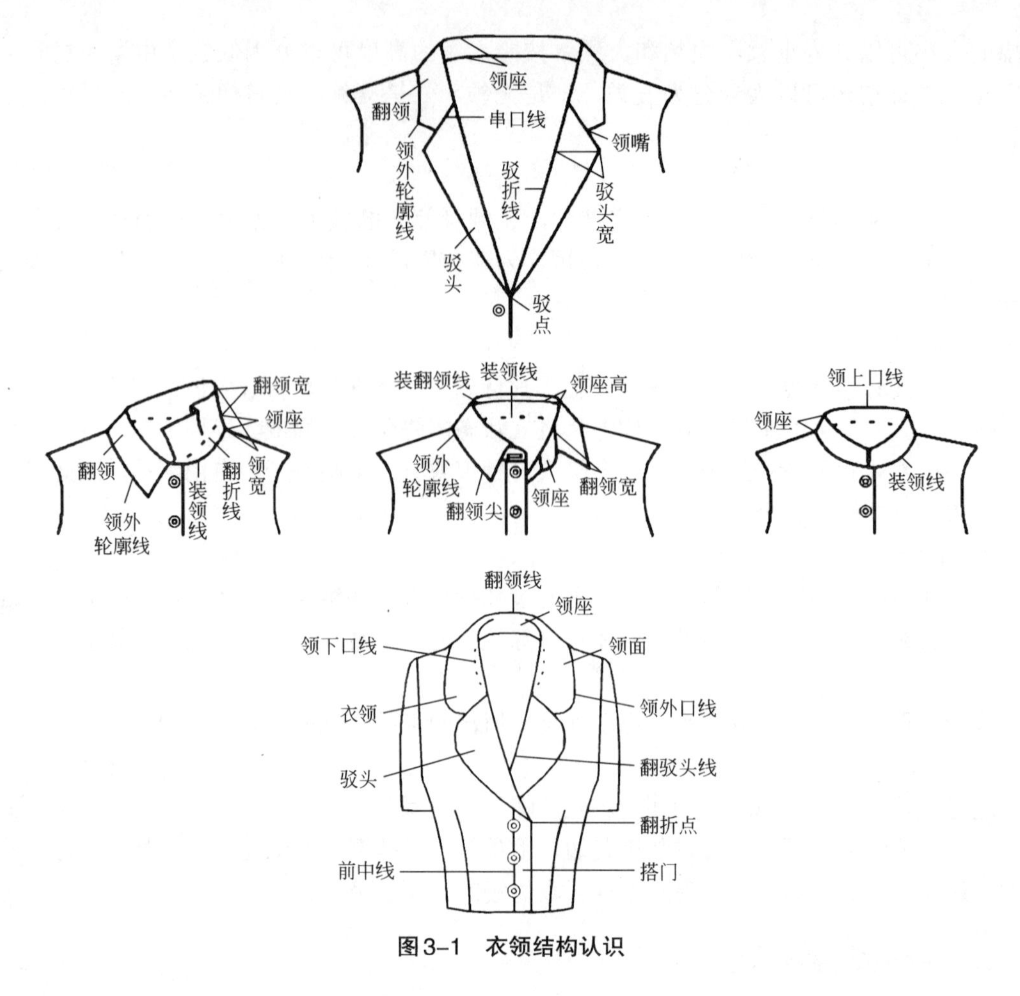

图3-1　衣领结构认识

的漂亮，有时却忽略了衣领纸样设计的最基本要求。

3. 领围尺寸的确定

人体颈部结构呈现上细下粗的圆台状，如图3-2所示，从侧面看略向前倾，上端和头骨下端截面近似桃形，所以这就导致前领深通常大于后领深，人体颈椎有七节，颈后第七颈椎点在低头时明显突出，这个部位称为后颈点*BNP*；颈前锁骨中央凹陷的部位称为前颈点*FNP*；颈根部前后颈宽度中央偏后的部位称为侧颈点*SNP*；颈根部还有一个重要的部位即肩端点*SP*（位于侧面肩端的中部），是肩和臂的转折点，这几个部位是领围线与领面造型设计的依据，千变万化的领型设计都是以这些关键点为基础。

沿着颈根部的环形领圈称为圆领圈。领圈距离脖子的尺度随着款式的不同而变化，小领圈显得有朝气，大领圈彰显华贵气派，雍容大方。

领围中的松量决定了衣领的松量。确定领围的松量有两种方法：一种是用胸围计算；另一种是用颈根围计算。后者适合做立领、衬衫和旗袍领，较为准确。一般利用胸围计算时，是先确定衣片的领孔大小，如原型领孔的计算。另外一种利用颈根围计算方法，是在净颈围加上2cm左右的松量来确定，这是最基本松度的圆领，立领的领圈围度也可采用。在净颈围上加3～4cm的松量时，可配合最基本松度的翻领和翻驳领。

衣领作为服装整体造型的一部分，在其结构设计中一方面需要考虑领口弧线要与人体脖颈根部形态基本吻合，另一方面还需要考虑人们在穿脱衣服时头部是否能够顺畅通过。因此，在领围的尺寸确定上要注意以下两个方面。

（1）领围尺寸要符合颈部的长度、粗细的大小。领围尺寸的确定如图3-2所示。

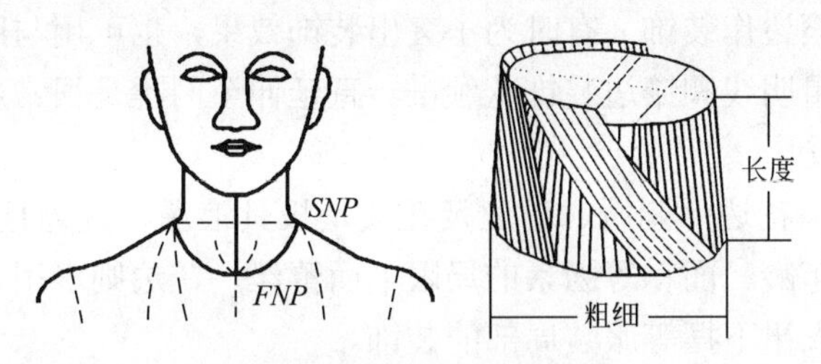

图3-2 领围尺寸的确定

（2）领围尺寸要与颈部的倾斜度和肩斜度保持相对协调的关系，避免着装者因颈部的运动而产生不适的感觉，颈部运动范围如图3-3所示。

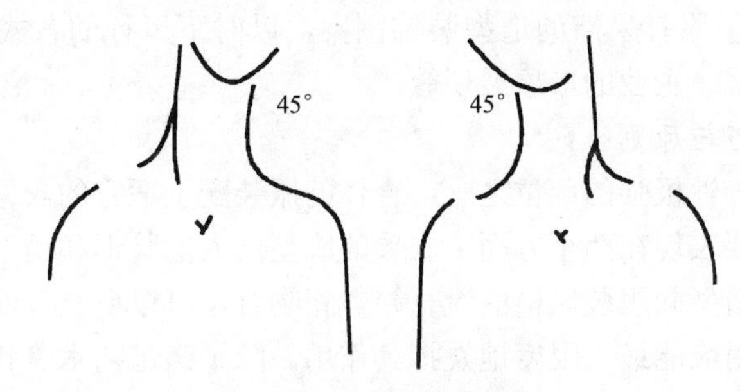

图3-3 颈部运动范围

4. 领型裁剪方法

童装领型设计的自由度比较大，它可以设计成所能想象到的任何一种形态。其中一种也是通常采用较多的是以前中线为对称轴心，两边完全对称的领型，以求得造型上的平衡美。另外一种是打破固有的平衡，采用不对称的结构设计。

领型的结构设计通常分为平面裁剪和立体裁剪两种。平面裁剪法是最常用的方法，通过制图步骤，运用纸样切、展、连等手法配上领子。

（1）领片单独绘制裁剪　常用于立领、翻领等。由领片领座底线的起翘量决定结构，起翘量越大，领片弯度就越大。

（2）领片与衣片相连　翻驳领、帽领、结带领等款式常需要这样绘制。领片向后下方倾斜的倒伏量决定领型的结构，倒伏量越大，领片幅度就越大。

（3）肩缝重叠绘制　领座较低的平领常用此法，由领片底线与领口线的曲度差异来达到配领目的。前、后衣片在肩部重叠的分量越多，领口线的曲率就越小，成形后的领型越立挺。

（4）纸样切展绘制　是通过对纸样的切割、展宽、变形及修正达到设计的效果。波浪领、褶皱领等较为特殊的领型通过这样的方法就可以实现。

（5）立体裁剪制作　是在标准人台上将面料围成所设计的领型，用针固定做标记，然后裁剪面料，称为衣领裁片。

5. 衣领的装饰美化方法

衣领的设计除了领口造型、结构的变化外，还可以运用各种装饰工艺来丰富它们的变化，通过衣领的美化，起到画龙点睛的效果，使服装无论是从整体上还是细节上都达到更加完美的境界。其中具体手法如下。

（1）缉明线或镶边装饰手法　该方法具有简洁而明快的美感，可用于服装色彩相同的单双股缉明线、镶边或滚边作装饰；有时为了突出装饰效果，也可用与服装色彩不相同的撞色线或镶边作装饰。把缉明线和镶边装饰从领子一直延伸至门襟是很常用的设计手段，能使整体风格更加统一。

（2）刺绣、蕾丝、花边　刺绣、蕾丝及花边是极具浪漫、妩媚且有女人味的装饰辅料。刺绣运用广泛且不受年龄、面料等因素的局限；而蕾丝、花边则多用于儿童、少女及少妇的衣领、门襟、袖口、衣裙下摆等服装局部的装饰。

（3）拉链、扣襻装饰　采用拉链、扣襻等装饰显得帅气，富有阳刚之美，多运用于立领、坦领上。

（4）钉珠、烫钻、亮片、铆钉　近几年的流行服饰中，钉珠、烫钻、亮片、铆钉仍然被大量运用，并且打破了原有呆滞的造型装饰图案，以时下风行的各式风格装点到服装文化中，如流行的元素体现、企业的形象展现等。

6. 衣领搭配技巧与原则

衣领是服装上装饰性极强的部位之一，合体的服装配上适宜的衣领才能恰如其分地修饰人体。衣领的作用主要表现在两个方面：衣领的廓型同人的脸形和谐地配合，可以使脸部显得更为生动；衣领的造型同服装风格的流行趋势相吻合，可以更充分地表现人的风度，给人以现代感。衣领的配用应能最大限度地发挥其作用。除了满足艺术美和实用的要求外，还可以利用面料的特性和缝制工艺中变形或定型的方法，赋予服装丰富的表现力。

在一般情况下，脸部、颈部稍长的人，使用领口开度较小的圆领、立领或褶边领等，而圆脸颈短的人却适合于开度较大的V形领、U形领等。对于流行时装，流行的领型也应使大多数人产生美感，尽管不限于脸形的差别，但是在领型的设计中要辅之以相适合的颈部装饰，如丝巾、项链等。除此之外，领型必须与服装的整体风格相一致，配领关键在于确定衣领的比例、颜色、廓型以及材料等。

衣领的比例是根据服装用料的厚度和松度来确定。一般薄型夏装可配各种宽度的衣领，但对于较高或较宽的衣领，由于面料的轻柔而出现垂坠或披肩的效果。厚型冬装应配以较高或较宽的衣领才与宽松的服装相协调并给人以温暖感，因而不宜采用过窄的领型。对于同种领型，外套的领口开度及领宽应大于内穿的套装衣领的领口开度和宽度，才能与其松度相符。

三、衣领变化原理及设计

领型从结构上划分大体可以归纳为五类。各类领型之间并不是孤立的，而是在结构中互为利用和转化，因此有时领子的类型特点不甚明确。下面就针对上述五类领型的原理与设计进行详细说明。

（一）无领原理

为了方便穿着，无领设计是广泛采用的方式之一，一般适用于所有年龄段的儿童。无领只有领圈没有领面，具有简洁的特点，利于佩戴颈饰，其造型也就是领口形状的造型，如圆形领、V形领、方形领、一字领等。其最大特点就是对颈部没有约束力，便于其自由活动。

但是无领的服装也要受到流行趋势的影响，又受服装款式的制约。并非是一种简单的去除领子的造型，而是利用领圈线的不同形态与组合对穿着者的面部进行装饰。无领服装从穿着方式上可分为两种：一种是套头式；另一种是开襟式。这两种方式非常适合婴儿期和幼儿期的儿童脖子较短的特点，所以无领更适合婴儿期和幼儿期的儿童穿着、发育和运动，是家长们挑选服装时的首选领型款式。

无领的领型设计多用于儿童的内衣和夏季服装。

1. 领围最小值

原型领口为领围的最小值，也称标准领圈。原型的领窝线已经比较合体，所以儿童服装的领围应大于标准领圈而不能小于标准领圈，以免影响儿童的运动和发育。如领口的弧长小于标准领圈，则需要加开衩来满足头部运动的需要。

2. 领口的开度

领口的开深以不过分袒露为原则，最好不要下降超过胸围线；领口开宽以肩点为极限，如图3-4和图3-5所示。

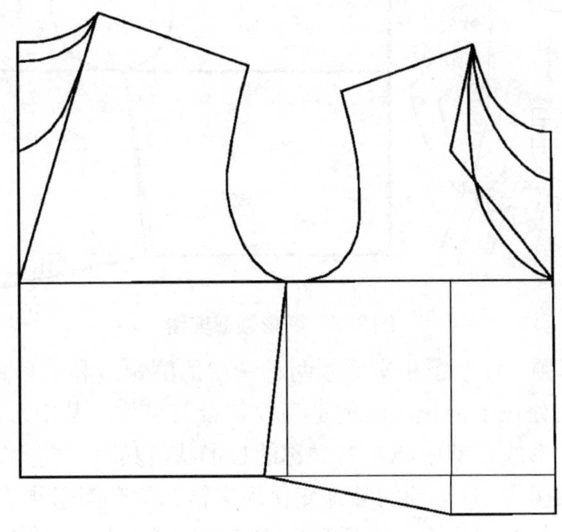

图3–4 领口开深

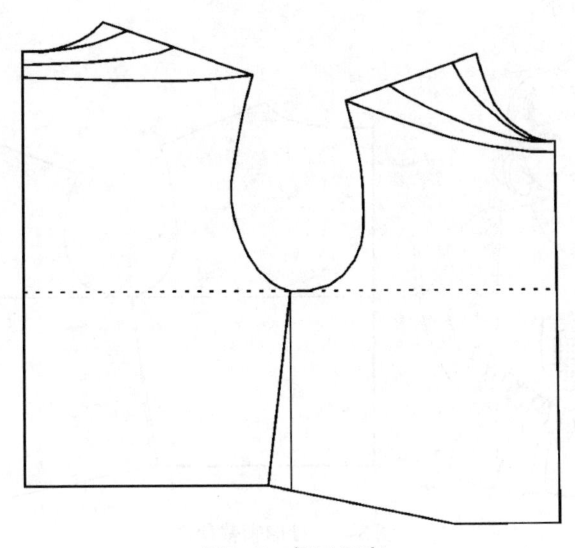

图3–5 领口开宽

3. 无领包括的领型类型

（1）圆形领 圆形领又称基本领，是指沿着颈根部的弧线弯曲度，与人体颈部自然吻合的一种领窝线造型，能表现人体的自然美，具有庄重的风格且不失活泼。圆形领与人体的脖子根部较为接近，领窝的深浅和宽窄可以根据造型任意变化，其原理就是利用前后颈中点和侧颈点的移动，在原型领窝线基础上进行调节。此款领型所适应的年龄跨度较大。经常用于衬衣、外套、T恤、针织衫等服装设计上，其领式的变化主要有留缝、打褶、加襻、加拼色布，也可添加结饰、扣饰及适合的图案装饰，还可以变化门襟搭门，如无搭门、单搭门、双搭门等，搭门处可以是明翻边，也可以是暗翻边，如图3-6所示。

图3-6 圆形领裁剪图

（2）U形领和V形领 U形领和V形领两种领型的侧颈点和前后颈中点的变化方式和圆形领是一致的，不同之处在于前领窝线的造型要符合其名称。其中，U形领为领口呈纵向深而横向相对窄的圆形，形成在前中线左右对称的U形状，具有坦荡大方的风格。主要用于夏季服装，如背心、连衣裙等。U形领的装饰变化很丰富，除在圆形领当中提到的装饰变化外，还可配合设计加深或改浅领围大小，或搭配内衣或加胸挡，构成叠穿效果，符合时下混搭的穿着方式，如图3-7所示。

图3-7 U形领裁剪图

V形领裁剪图如图3-8所示，其领型正如V字形，常用于毛衣、衬衫、背心、背心裙、弹力演出服等服装上。浅V形领较柔和，常用在较大儿童休闲服装及内衣中，深V形领在领口部位形成锐角，给人以严肃、庄重、冷漠感，多用于儿童礼服中。在儿童日常服装中，V形领一般不宜开得太深，否则与儿童天真活泼的个性不协调。V形领横开领宽窄、前中心点高低等变化可以给人以完全不同的外观造型和服装美感，在此基础上添加各种装饰成分，就会得到丰富多变的效果。

图3-8　V形领裁剪图

（3）方形领、方圆领和甜心领　这三种领型的领宽和领深处理方式同样参照圆形领，领窝线根据造型设计，例如方形领领口呈方形，方形的大小、深浅可以任意地变化。小方领口显得年轻活泼，而大开度的领口颇具高贵气质，富有罗曼蒂克气氛，能充分地展示出肩部优美的线条及颈部的装饰品，在连衣裙的设计中多有应用。方形领裁剪图如图3-9所示。方圆领裁剪图如图3-10所示。甜心领裁剪图如图3-11所示。

图3-9　方形领裁剪图

图3-10　方圆领裁剪图

图3-11　甜心领裁剪图

（4）一字领　一字领的领窝线造型与一字相似，故称为一字领。领口开宽一定要加大，一字领由于领宽增加，所以在领窝线不变小的前提下，根据造型需要，可以减小前领深。该领型具有潇洒大方、简洁高雅的优点，非常适合儿童的生理和发育特点，方便穿脱，是家长挑选童装的首选款式之一，如图3-12所示。

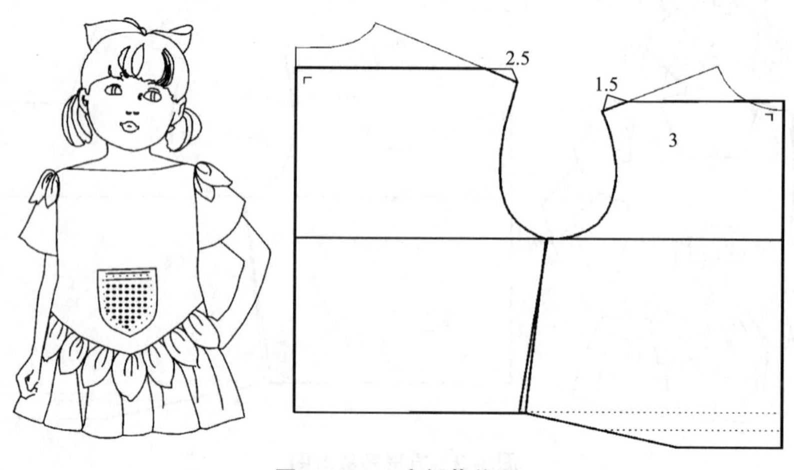

图3-12　一字领裁剪图

（5）船形领　船形领的领窝线造型与小船相似，故称为船形领。船形领横开较宽大，前领深较浅而平顺。当横开领加宽时，前片领口会出现浮起的多余面料，因此需要减小前领深的量，增加后领深的量。船形领具有简洁雅致、潇洒大方的特点，多应用于较大儿童的运动衫、休闲服、内衣等款式中。儿童着装以舒适性为主，针对儿童的年龄特点，在船形领童装中，领口横开尺寸不宜太大。船形领裁剪图如图3-13所示。

图3–13　船形领裁剪图

（6）花形领　花形领结构实际是在圆形领的基本型上改变领窝线造型设计而完成的。花形领的造型给人一种活泼可爱的外观美，其装饰变化丰富多样，可进行各种模仿设计，如模仿花的造型、动物的造型、叶子的造型等，把儿童天真活泼的天性衬托得趣味盎然、淋漓尽致。花形领裁剪图如图3-14所示。

图3–14　花形领裁剪图

（7）碎褶领　碎褶领是在圆形领的基础上变化而来的，就是通过利用省道转移，把肚省转移到领口位置，加大领窝线的长度，然后在制作中以抽碎褶的工艺手法进行处理。形成了一些特殊的肌理效果，给服装增加了较强的视觉化效果。碎褶领裁剪图如图3-15所示。

（8）垂领　垂领是利用衣身的旋转，在领口和胸前的位置加入更多的量，形成领口下垂的效果。余量可由纵向切展，也可从横向分割展开得到。在通常情况下，垂领在童装中运用得较少，但随着童装的款式越来越成人化的趋势，个别童装也采用了垂领的形式。细分垂领的构成又可得到垂浪领和倒垂领两种形式，如图3-16和图3-17所示。

图3-15　碎褶领裁剪图

图3-16　垂领结构裁剪图（一）

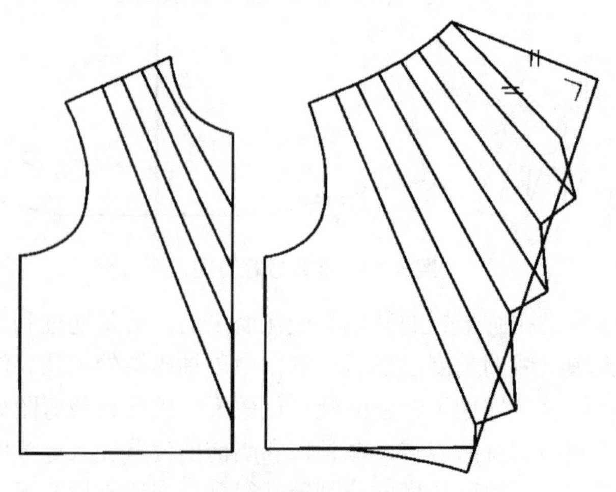

图3-17　垂领结构裁剪图（二）

（二）立领原理

衣领的结构设计是服装结构的重要部分之一，不但具有较强的装饰功能，而且具有保护和保暖功能。其结构的合理性直接影响成品的美感、外观的质量、缝制的难易及穿着的舒适程度。为了保证领型设计效果的体现，使缝制出来的领式既能符合儿童生理结构、满足合体的穿着需要，又能充分显示出美观大方的设计思路和效果，因此配领是否科学、准确，缝制工艺程序、技法等的安排是否合理也是非常重要的，这需要从认识立领的结构开始。

立领是一种只有上领口线和装领口线形成的，没有翻折出来的领面部分的领型，具有造型别致、立体感超强的特点。立领在我国的许多传统服装中有广泛的应用，其实用性强，在童装中运用既能体现出现代时尚的气息，又能呈现出新怀旧复古风情的文化品位，深受年轻父母的喜爱。立领设计图及裁剪图如图3-18所示。

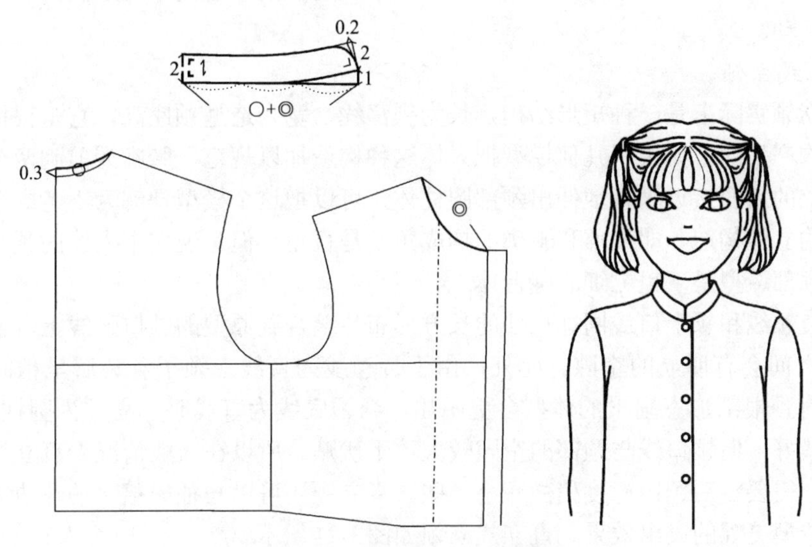

图3–18　立领设计图及裁剪图

在领型设计中，立领是最简单的结构，立领纸样的基础是立领的直角结构，它是根据颈和胸廓的连接构造产生的。实际人体的颈胸结构呈钝角，整体的颈部造型呈下粗上细的圆台体。根据这种分析，构成立领的直角结构是长方形，即忽略细微部分的立领。其制图过程：首先用尺测量领口尺寸，然后加上前搭门为立领底线长，并且作水平线，垂直该线确定领宽，立领上口和领底线呈现平衡状态。立领的立体基本型和平面基本型如图3-19所示。

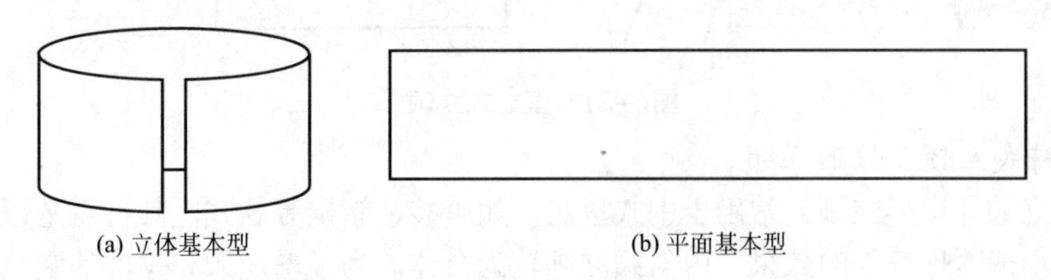
(a) 立体基本型　　(b) 平面基本型

图3–19　立领的基本型

在立领中影响领型变化的有两个因素：一是和领口相接的立领底线；二是立领的高度，而起决定作用的是前者，所以在领型设计和纸样结构中领子的宽度、领上口线的长度和装领线的长度之差，以及装领线的形状对立领的变化起着关键性的决定作用。立领的结构如图3-20所示。

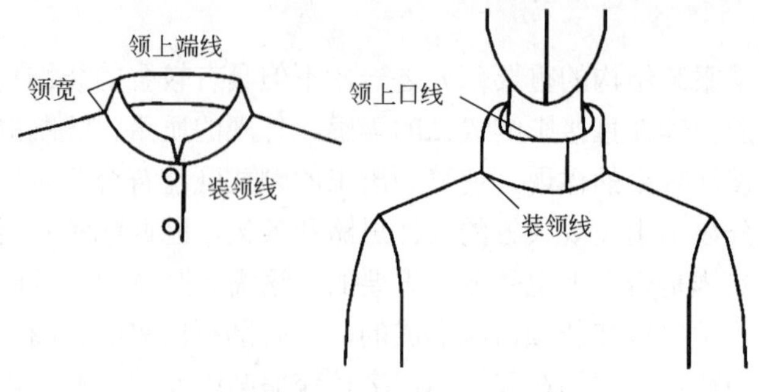

图3-20　立领的结构

由于受到领底线曲度的影响，又可把立领细分为直立式、内斜式（锥形）和外斜式（倒锥形）三种，无论哪种形式，都应特别注意童装中的立领的领座高不应过高，以免影响儿童颈部的自由活动。

1. 直立式立领

直立式立领实际上是一种矩形结构，长为领窝线，宽为造型领座高，它是根据颈部和胸廓的连接结构产生的。如果用几何模型把人体这种构造加以规范，胸廓为前胸两个斜面的六面体，在靠上的斜面接近垂直地伸出颈部圆柱体，可以把这个模型理解为不考虑细节变化的胸廓和颈部的立体构造，即颈部和胸廓的构成角度是直角。但是现实中人体的颈胸结构呈钝角，整体的颈部造型呈下粗上细的圆台体。

如果将装领线和领上口线同样尺寸的长方形布片缝合到原型的领口弧线上，整体领子的上端和颈部之间会有明显的空隙。此外，由于装领线为直线，领子着装后呈稍向后倾的状态，尤其是对颈根部形态扁平的体型会更明显。当领底线为直线时，立领为圆柱形，此时，立领的立度最好，但领口线与颈部的空隙较大，不伏贴。所以在一般情况下直立领的领口需要进行修正，需要将后领口深度稍微减小一些。直立领还可以与抽碎褶、绱花边等工艺手法结合，形成造型美观的突出效果。直立式立领如图3-21所示。

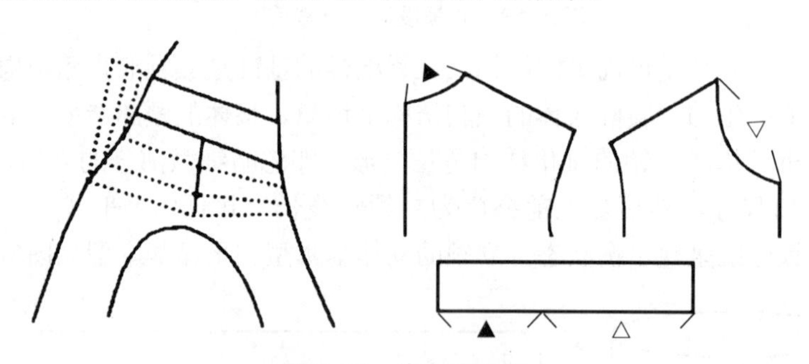

图3-21　直立式立领

2. 内斜式立领（锥形立领）

内斜式立领（锥形立领）常用于中式童装，如唐装、旗袍等款式，其特点是领外口线小于领口线，形成“抱脖”的效果。内斜式立领较为合体，为了增加领和颈部的空隙，给儿童更大的活动空间，往往会加大衣身的领宽设计。在一般情况下，童装中内斜式立领的起翘量控制在1～2cm，如超过这个量，会影响颈部的灵活度。另外，其领头部分可以是方的，也可以是圆的，可以根据造型的要求灵活运用，以立领的上口不影响颈部活动为原则。内斜式立领如图3-22所示。

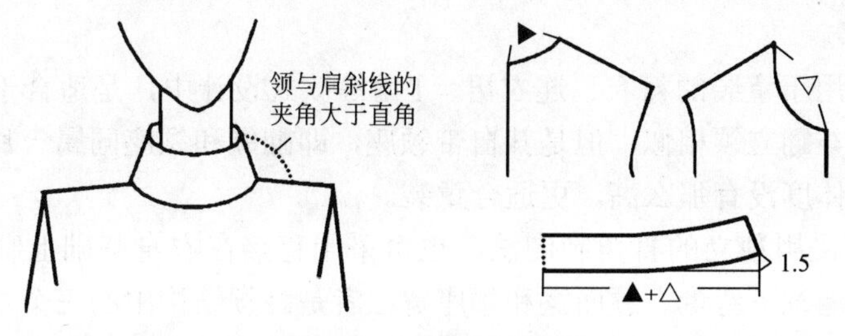

图3-22　内斜式立领

3. 外斜式立领（倒锥形立领）

外斜式立领（倒锥形立领）在日常童装中用得较少，一般用于舞台演出服。外斜式立领的领外口线大于领口线，形成了领子的上口大下口小的倒锥状，使立领看起来有向外倾斜的视觉效果，但如果领外口线过大或者面料过于柔软，立领会立不住，而形成翻领效果，这也是翻领形成的基本原理。外斜式立领如图3-23所示。

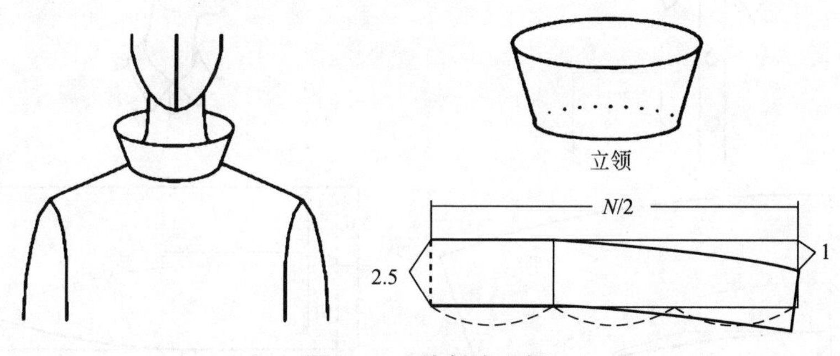

图3-23　外斜式立领

（三）翻领结构原理与设计

翻领在领型中是最富有变化、用途最广，也是最复杂的一种。这是因为翻领的结构具有领型结构的综合特点。翻领是将领片直接缝在领窝上，自然形成领座的领式。该领式不是呈直立状包住颈部，而是自然围住颈部向外顺翻并略贴在肩上的款式。翻领在童装中的运用非常广泛，适用于幼儿到中学生的女衬衫、连衣裙、长短上衣、夹克、外套、学生装等款式中，其基本领型有一片衬衣领、扁领、铜盆领、海军领、驳领、连帽领等，变化丰富，结构相对也复杂一些。

其中影响翻领造型和款式的主要因素是领窝、领底线和领外口线等因素，尤其是领底线对衣领造型影响较大。例如，领外口线尺寸不足，将导致领面绷紧，从而使领脚线外露。因此翻领的领外口线应较长一些为宜。翻领款式图如图3-24所示。

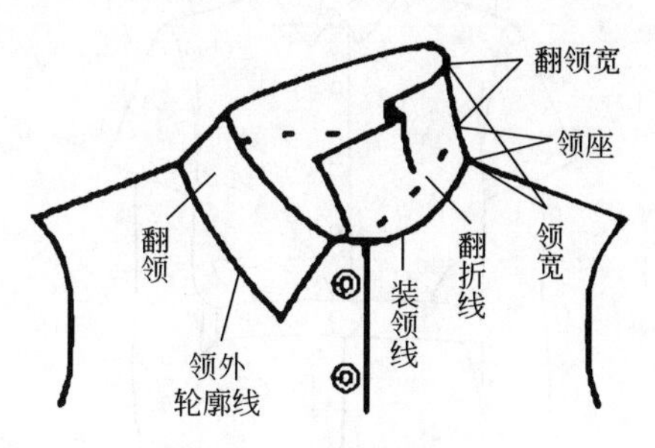

图3-24　翻领款式图

1. 一片衬衣领

一片衬衣领常用于童装的衬衣、连衣裙、T恤等款式设计中，是适合于男童与女童的普遍领式结构，造型与翻立领相似，但是其自带领座，即翻领和领座同属一片，相对于翻立领来讲，一片领的合体度没有那么高，更适合童装。

一片衬衣领可采用独立的直角制图法，也可采用直接在衣身基础上制图的方法。如图3-25所示，图中的翻领下弯量、领面宽和领座宽三者是翻领结构中的三个主要参数，直接影响领子的最后成形。下弯量决定了领子的合体程度，下弯量过小，领子不易下翻且紧贴颈部，领面过紧，给人体带来感觉上的不舒适；下弯量过大，领子下翻程度过大，领座远离颈部，穿着不美观。一片衬衣领结构原理图如图3-26所示。

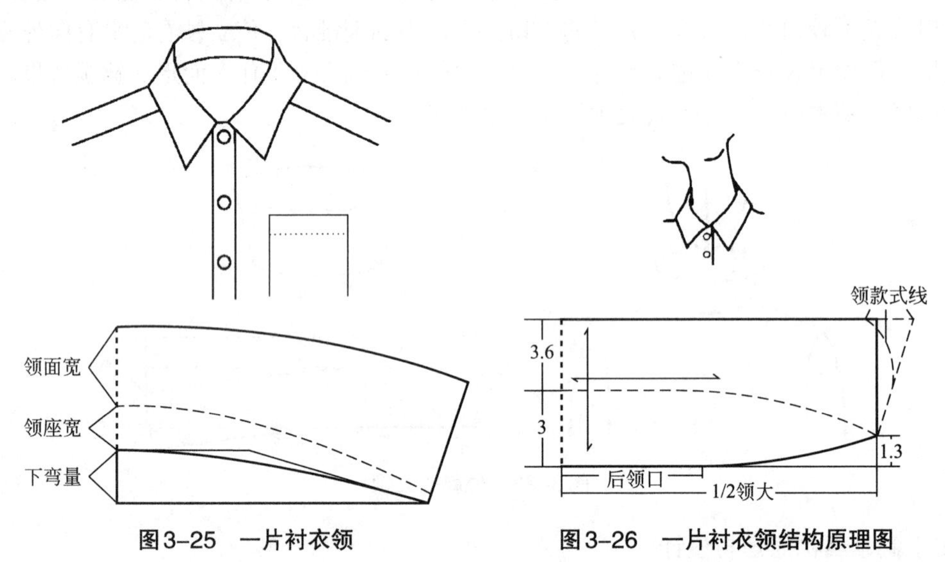

图3-25 一片衬衣领　　图3-26 一片衬衣领结构原理图

对于不同年龄段的儿童，从颈部舒适性考虑，其下弯量的数值也各不相同。根据领围值和对一片衬衣领设计的造型值，便可进行制图，领尖设计可根据款式任意变化，可以是方的、圆的或尖的。一片衬衣领设计图如图3-27所示。

图3-27 一片衬衣领设计图

由于儿童的颈部较短，领座会阻碍其颈部的自由活动，因此前后颈侧点应分别沿肩线下移0.5～1cm，以保证人体的合理舒适度，如图3-28所示。

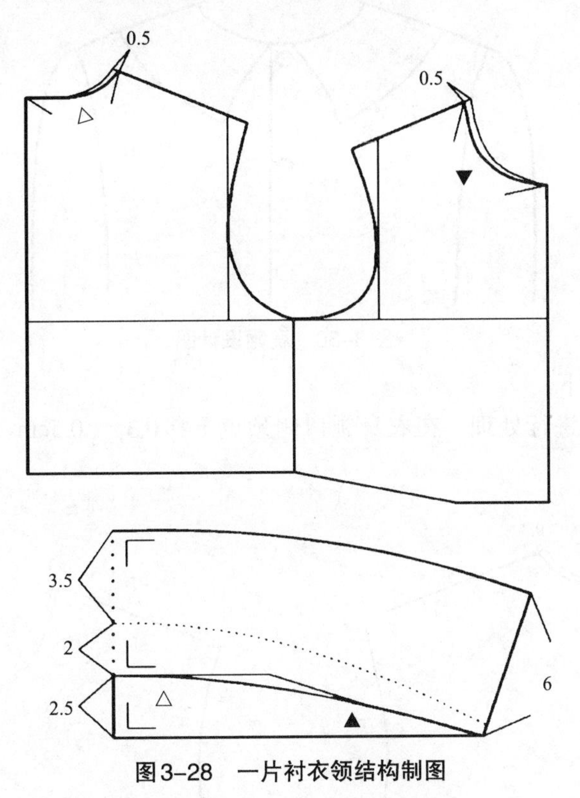

图3-28　一片衬衣领结构制图

2. 坦领

坦领的内在结构是相对稳定的，其变化主要来自于外在的造型设计。由于坦领几乎没有领座，因此颈部的活动区域无任何阻碍，具有舒展性和柔和性的造型特点，多用于童装中，特别是在衬衫的设计中，形式简单而不容易受到潮流的影响。

坦领在翻领中是变化最为丰富的一种领型，像荷叶领、扁领、铜盆领、海军领等这些耳熟能详的衣领都属于坦领。

所谓坦领就是领子翻出来的部分比普通的一片衬衣领要大一些，坦在人的肩部，正因为领子比较大，如果单独绘制衣领有时不好把握其造型，因此在进行坦领结构制图时，往往会利用衣身的板型来配置，通过领的深浅、领宽的大小、领角形状等改变造型。坦领款式设计图如图3-29所示。

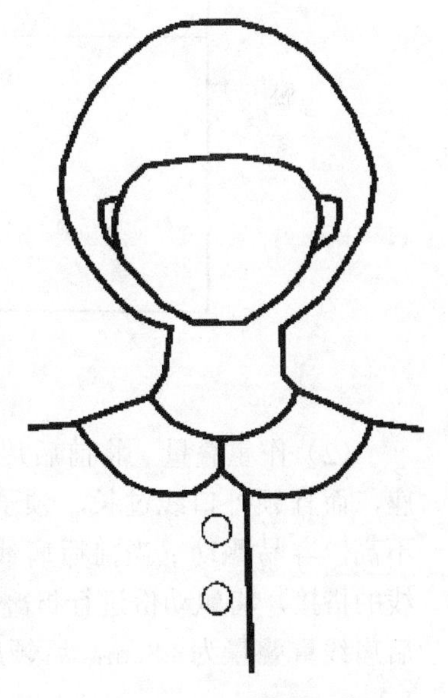
图3-29　坦领款式设计图

3. 扁领

扁领实际上是一片衬衣领的领下口线弯度与衣身领窝线的曲度相比较，较吻合时得到的领型，也称平领，其结构上的重点在于领下口线的设计。绘制扁领结构图前，首先应根据款式，调整衣身的领窝线，如款式与原型领窝线造型变化不大，应加大领宽，增加儿童的穿着舒适度。扁领设计图如图3-30所示。

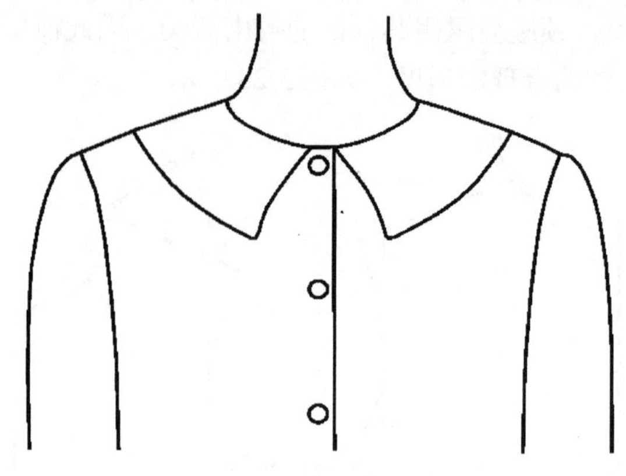

图3-30　扁领设计图

具体制图步骤如下。

（1）就衣身原型进行处理　在衣身领口侧颈点下移0.3～0.5cm，圆顺前后领口线，如图3-31所示。

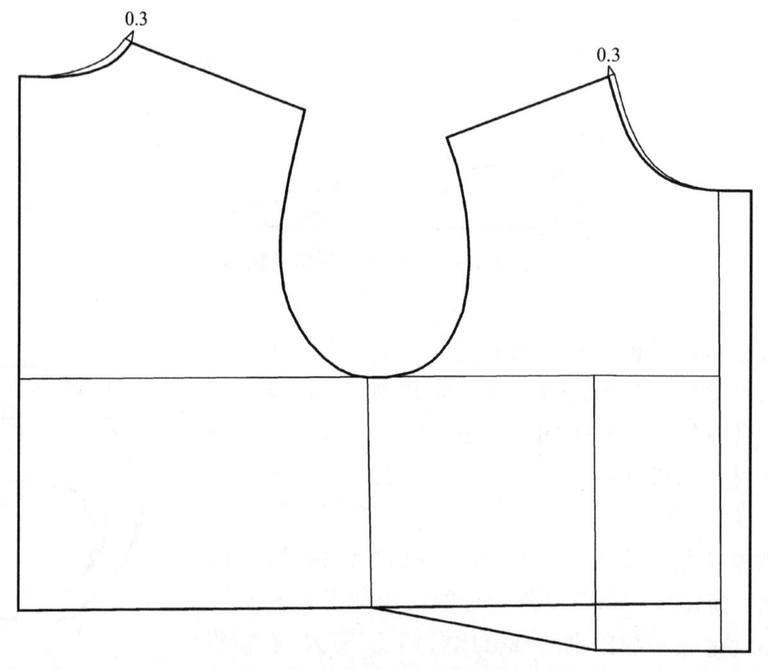

图3-31　扁领衣身领口处理裁剪图

（2）作重叠量　将前后片在侧颈点对齐，在肩端重叠设计量，当重叠量为0时，没有领座，而且领外口线过长，领子就会平服于肩上，其接缝处，摩擦颈部不舒服，领子稳定性不高，容易飘动；当前后肩线重叠量为1cm时，形成非常小的领座，这时可以通过前后肩线的搭接，将飘动份进行折叠；前后肩线重叠量为2.5cm，后领座挺起量为0.5～0.6cm；前后肩线重叠量为3.8cm，后领座挺起量为1cm；前后肩线重叠量为5cm，后领座挺起量约为1.3cm。

（3）作装领线　后中心点、侧颈点都自衣身移出0.5cm，前中心点下移0.5cm并圆顺，这样装领线小于领口弧线。原因就在于：一是坦领整体结构的弯曲过大而出现斜丝，使外围容易拉长，减小领底线曲度可以使坦领的外围减小而伏贴在肩部，使领面平整；二是领底线

的曲度小于领圈，使坦领仍保留很小一部分领座，促使领底线与领口接缝隐蔽，不直接与颈部摩擦，同时可以造成坦领靠近颈部位置微微隆起，产生一种微妙的造型效果。

（4）作领外口线　根据前后领窝线进行领下口线的设计。对于不同的领型，领下口线的设计有些细节的差别，但总的原则是使领下口线微微短于领窝线，使成衣领子形成自然下翻的趋势。坦领的领下口线设计在领窝线的基础上，后中心点和侧颈点移出0.5cm，前中心点下移0.5 ～ 1cm，连接并圆顺领下口线，使其曲度略小于领窝线，可以减小领子因斜纱而拉长变形的概率。

扁领裁剪图如图3-32所示。

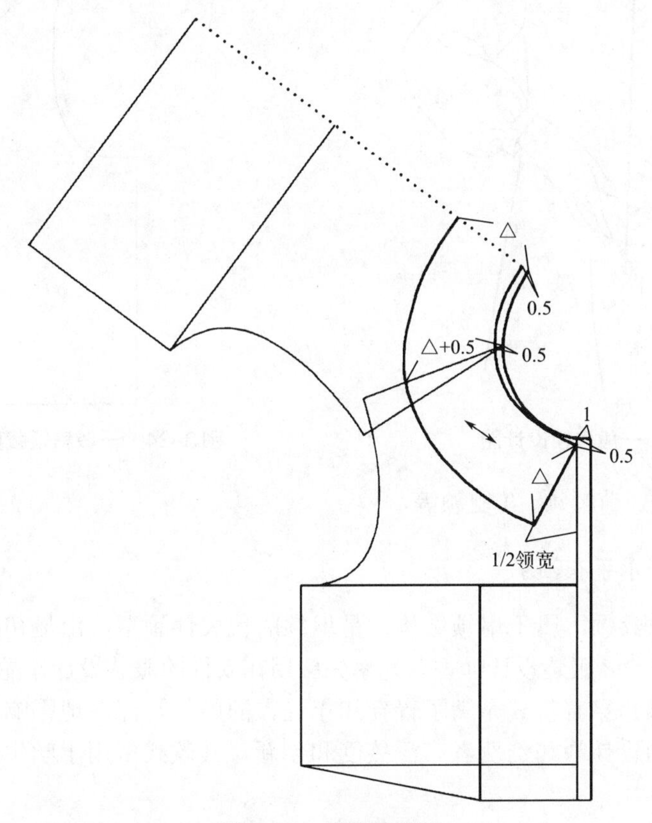

图3–32　扁领裁剪图

4. 一般扁领

一般扁领可以理解为扁领的标准结构，如图3-33所示。为了获得一般扁领底线曲度的准确性，通常借用前、后衣片纸样的领圈作为依据。图中的生产图为一般扁领，按照上述分析，扁领贴肩和接缝隐蔽的原则，是将领底线处理成偏直于领口曲线，因此借用前、后衣片领口时，应对准前、后侧颈点，将前、后肩部重叠前肩线的1/4，由此产生的领口曲线为扁领底线的曲度。最后根据领型设计，直接在已确定领底线的前、后衣片纸样上确定扁领外围线，完成一般扁领设计制作。

一般扁领裁剪图如图3-34所示。

5. 扁领的变化

扁领的内在结构是相对稳定的，否则就不称为扁领，它的变化主要是靠外在的造型设计。另外，由于扁领的领座很小，使颈部的活动区域无任何阻碍。因此，扁领多用在便装和

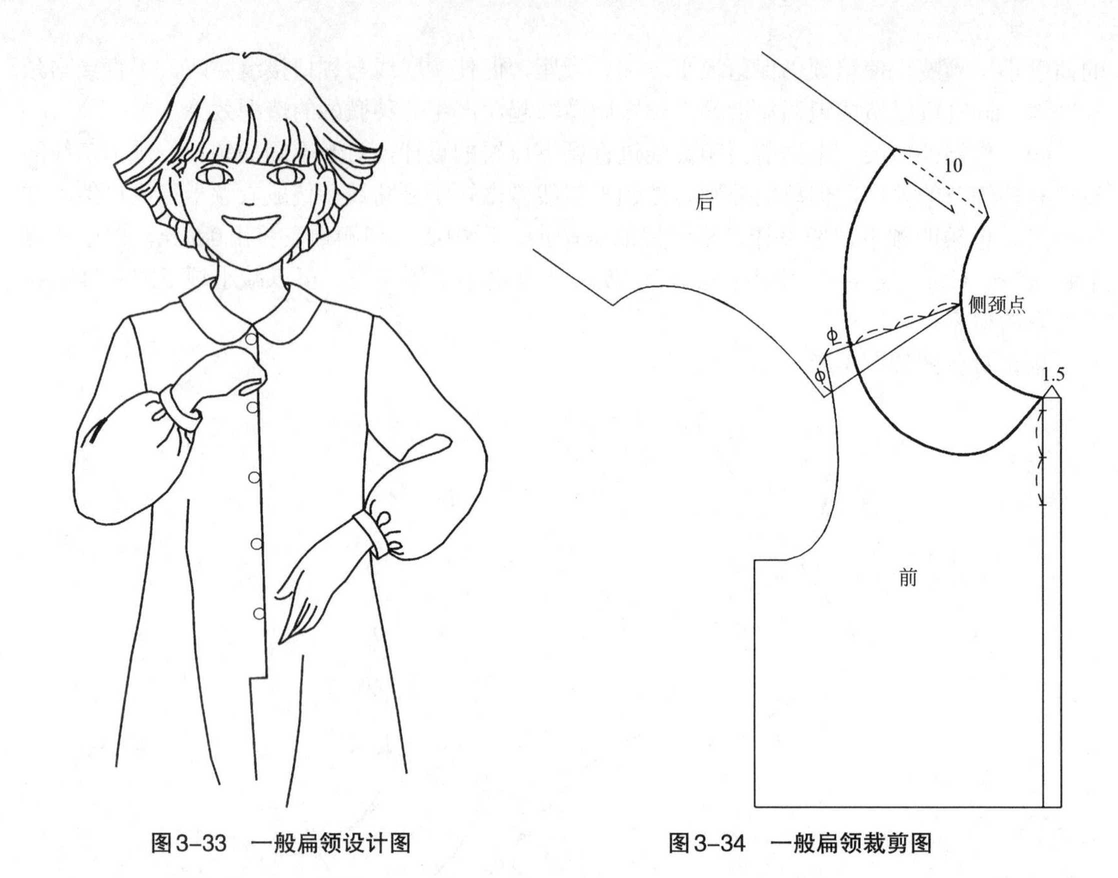

图3–33　一般扁领设计图　　图3–34　一般扁领裁剪图

夏装中，如海军领、荷叶领、T恤领等。

【实例1】海军领（水手衣领）

海军领也称水兵领，属于扁领结构，是坦领的代表性领型，由最初的水手衣领演变而来，并且经由法国著名服装设计师香奈儿率先应用在女性的服装设计作品中，获得当时世人的一致好评、追捧和穿着。其充满了青春和年轻人的朝气，深深地影响了一代人的审美趋势，并且被后世的设计师和消费者广泛接受和创新，其款式多用于学生服、青少年服和童装设计上。

图3–35　海军领设计图

海军领的设计变化主要体现在领片的宽窄、边缘造型与装饰及挡布搭配上。根据生产图理解，衣领不宜过分贴肩，为此，前、后衣片肩部重叠量较少。前衣片设套头式门襟。在纸样设计上，前、后衣片的侧颈点重合，肩部重叠1.5cm，确定领底线曲度，按设计要求，把领口修成V字形，以此为基础画出水兵领型。当然，把这种水兵领理解为领圈拱起的造型也是成立的，这就需要前、后肩的重叠部分增大，使领底线偏直于领口，重新画出水兵领型。海军领设计图和裁剪图如图3-35～图3-37所示。

具体步骤如下。

（1）将前后衣片的肩点重叠1.5cm，该领型呈平坦式，领座较小。

（2）按款式画出前开领下端点，将后领片的宽度设为12cm。

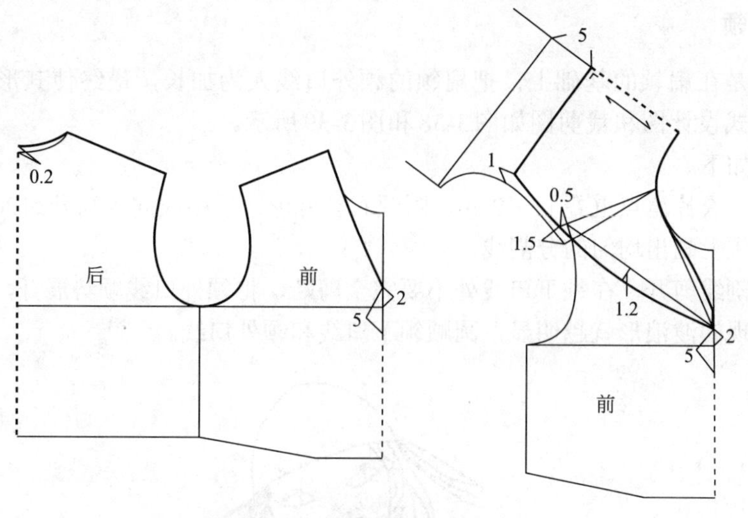

图3-36　海军领裁剪图（一）

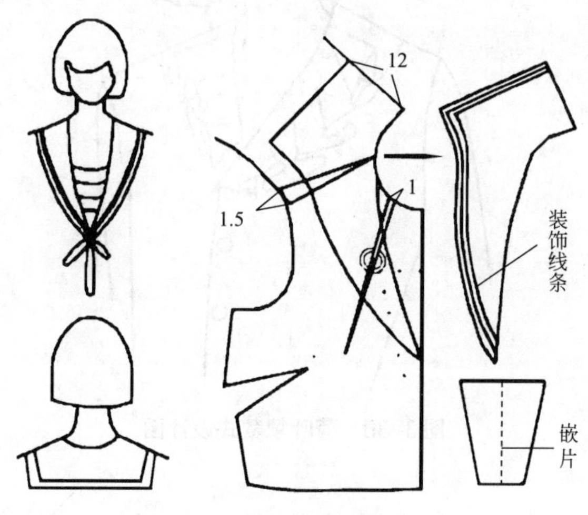

图3-37　海军领裁剪图（二）

前开领的下端点一般设在衣身的胸围线上，如果前开领的端点设在衣身的胸围线下，由于衣领口较低，为了使衣领伏贴，可在*BP*点之领口处加一个宽约1cm的省，把省闭合后画出领外口线。

（3）圆顺领外口线，保持后中线与领下口线、后领外口线为直角。衣身前中部可依据设计的要求加上嵌片。

从上述的例子可以看出，利用前、后衣片肩部重叠量的大小来把握扁领底线的曲度，肩部重叠量越大，扁领底线曲度越小，领圈拱起幅度越多，这意味着扁领的领座增加，领面相对减少，趋向连体企领结构；相反，如果领型的外容量需要增加，也可以将前、后衣片肩线合并使用。当造型需要有意加大扁领的外沿容量使其呈现波浪褶时，需要通过领底线进行大幅度的增弯处理。也就是说，领底线曲度远远超过领口曲度，促使外围增大容量。方法是通过切展使领底线加大曲度，增加外围长度。加工时，当领底线还原到领口曲度时，使领外沿挤出有规律的波浪褶，这就是所谓荷叶形扁领的纸样设计。在纸样处理中，为达到波浪褶的均匀分配，采用平均切展的方法完成，波浪褶的多少取决于扁领底线的弯曲程度。

【实例2】荷叶领

荷叶领就是在扁领的基础上，把扁领的领外口线人为加长，最终使其形成波浪形的领型。荷叶领款式设计图和裁剪图如图3-38和图3-39所示。

具体步骤如下。

（1）将前后衣片肩点重叠1～2cm，圆顺衣领外形，后中线向上高升约2cm。

（2）在衣领上画出均匀的分割线。

（3）沿分割线剪开，在领下口线处不要完全剪断，将领外口线顺势展开，展开的开度越大，成衣所呈现的波浪形就越明显，圆顺领下口线和领外口线。

图3-38　荷叶领款式设计图

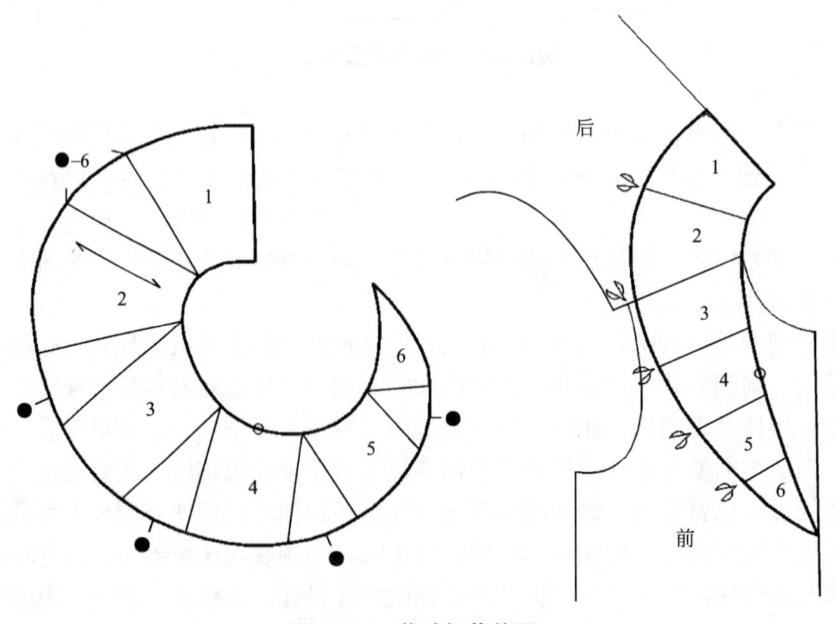

图3-39　荷叶领裁剪图

【实例3】铜盆领

铜盆领又称彼得·潘领，彼得·潘（Peter Pan）是一个苏格兰童话中的人物，他生活在梦幻岛，永远也不会长大。他总是穿着经典小翻领衬衫，领型略扁且单薄，有时候尖角被演绎成圆角，这种扁平圆领最初只是在童装设计中流行。可爱的彼得·潘领型被用在现在的时装上，清透无邪的小男孩气息令它成为不可忽略的重要元素，它和圆领背心裙是一对伴侣，密实的背心裙因为前面封闭，正好露出它的领子，使之成为视觉的重心，充满趣味。同时简洁大方的圆领也是甜美的淑女最爱的领子，以不同尺寸、大小及搭配方式，为我们表达出了彼得·潘圆领的多变特质。铜盆领款式设计图和裁剪图如图3-40和图3-41所示。

图3-40 铜盆领款式设计图

具体步骤如下。

（1）将前后衣片侧颈点对齐，肩部重叠1.5cm。

（2）前后领中心均下移0.5cm，前后领中心尺寸相同，肩部加宽0.5cm，前中心领子的开度为1/2领宽，后中心领子开度为1/3领宽，或根据造型进行调整。

（3）圆顺前后开口和领外口线，完成轮廓设计。

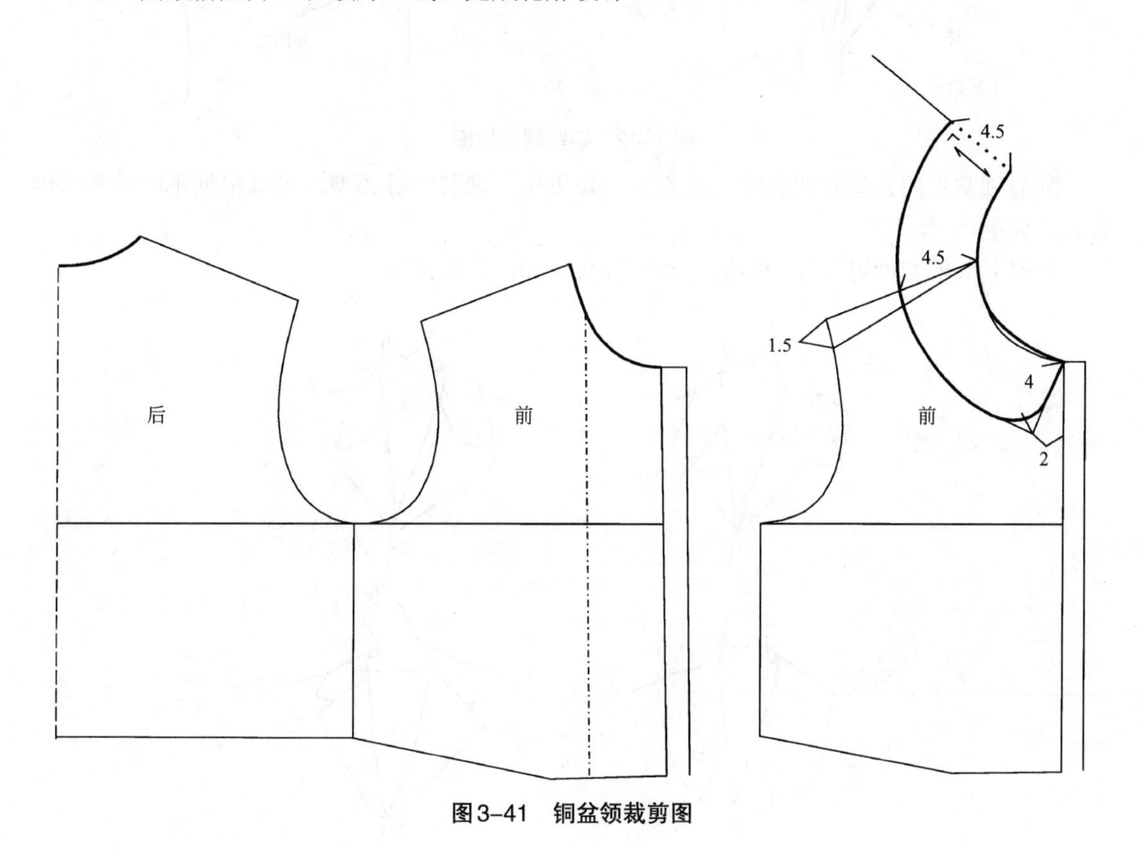

图3-41 铜盆领裁剪图

（四）翻驳领的原理与设计

翻驳领属于开门领服装，翻驳领在领型中是最富有变化、用途最广，也是最复杂的一种，该领型具有防护和遮盖的功能，前领与驳头的结合使得服装整体显得美观、大方，整体风格较为正式，常用于儿童正装的设计中。由于前门襟开敞，太过瘦弱的人穿着会显现出自身的缺陷，因此更适合较强壮、匀称的身材。由于前领深呈V字形拉长效果，对脖子较短的人具有很好的拉长修饰效果，适合脖子短且粗的人穿着。但是由于该款服装前领开敞，冬天穿着不利于保温效果。

1. 翻驳领的结构与种类

翻驳领以西装领为其典型的结构，由驳领和翻领组合而成。驳领很像扁领的外观，翻领具有企领和扁领的综合特点，它与驳领连接形成领嘴造型。整个翻领正视时似扁领造型，由于翻领由领面和领座构成，从侧面和后面观察又有企领的造型特征。其结构图如图3-42所示。

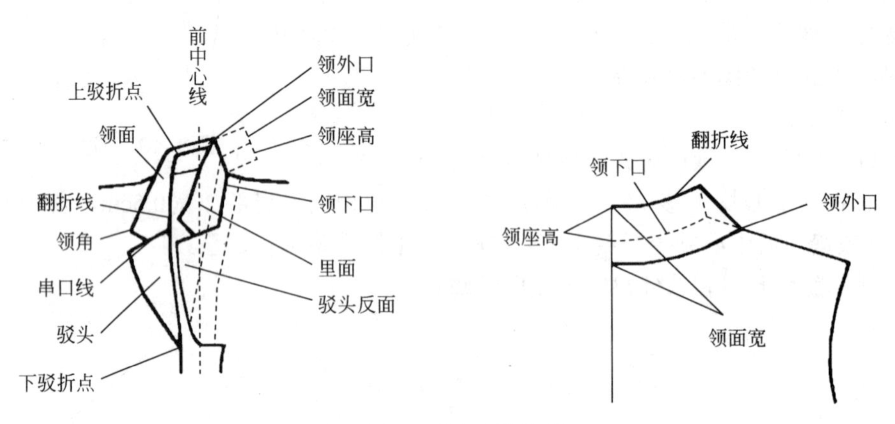

图3-42 翻驳领结构图

翻驳领常见的领型有西装领、长方领、青果领、戗驳领等领型，可以根据不同的参考因素具体分类。

依据驳头的宽度可以分为窄驳头和宽驳头，如图3-43所示。

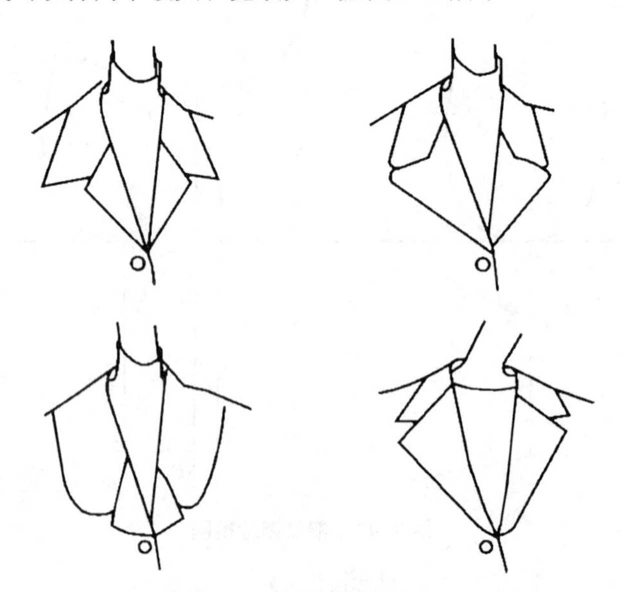

图3-43 翻驳领的宽度设计图

依据领嘴的位置可以分为高驳领、中驳领和低驳领三类，如图3-44所示。

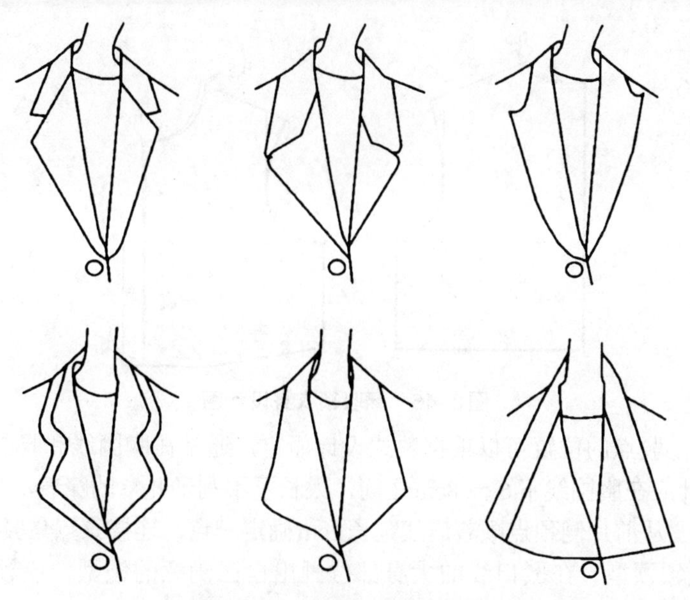

图3-44　领嘴的变化设计图

依据驳领廓型可以分为平驳领、戗驳领、连驳领、立驳领和登驳领等，如图3-45所示。

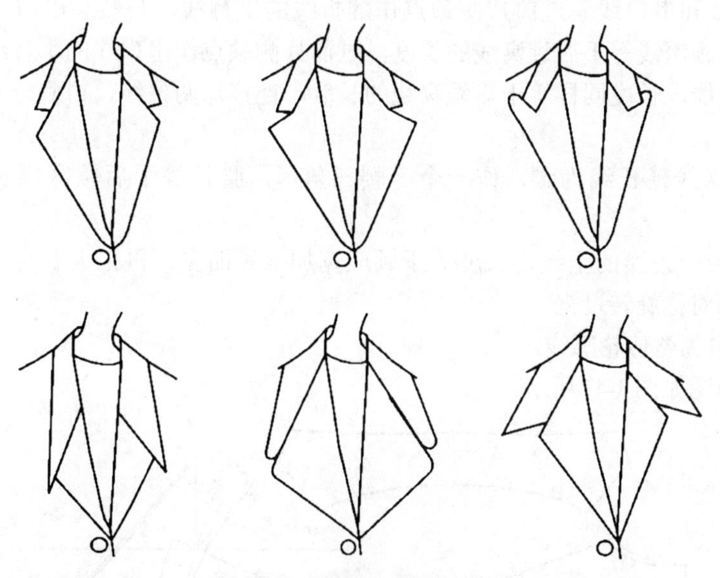

图3-45　驳领的廓型设计图

2. 翻驳领的制图分析

（1）翻驳领的构成要素分析　由驳头和翻领共同构成的翻驳领的要素有驳头的翻折止点、驳头的领宽、领子的长度、串口线的高度和倾斜度以及外领口线的长度等，它们都是翻驳领纸样设计的变化要素。

（2）翻驳领的制图　在通常情况下，翻驳领的标准是翻领前门襟开度在胸围线和腰围线之间；翻驳领宽度适中，肩部靠近胸部与翻驳领构成八字领型。具体制图步骤如下。

① 调整衣身结构　依据服装所采用的面料厚度，使用衣身基本纸样，前后领下移0.5cm，加大领宽，前片加入0.5cm撇胸量，在前片纸样中，以腰围前中心△点为中心旋转原型，并且做好叠门量的设计，通常是加2cm，如图3-46所示。

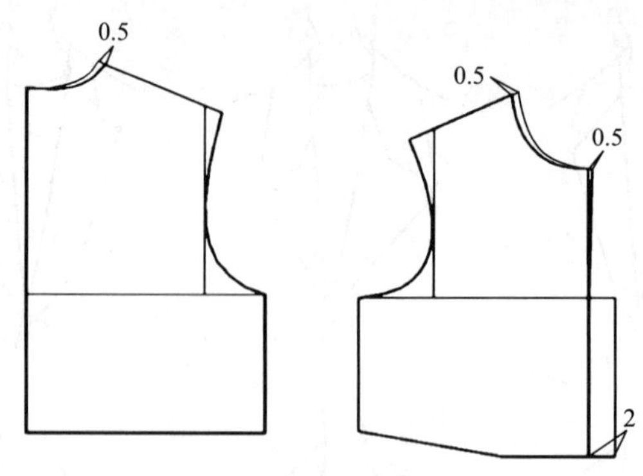

图3-46　翻驳领衣身设计图

② 确定驳头　驳点的位置可以根据款式设计而定，通常在胸围线和腰围线之间，一般用于儿童的驳点设计应在胸围线下6 ～ 8cm之间，太长了不利于儿童的穿着，冬天不利于保暖。

③ 作翻折线　从前片侧颈点顺着肩线延长2cm确定一点，连接该点与驳点，形成翻折线。

④ 设计翻驳领领型　在驳口线的大身部位画出自己满意的领型，该领型的设计与儿童的年龄、流行趋势、设计者的爱好等有关。

⑤ 画出驳头　以驳口线为轴，画出衣身上设计的驳头部分的对称部分，并且进行整理。

⑥ 作领深线和串口线　过前片侧颈点作翻折线的平行线，与驳头串口线的延长线交于一点。向上延长领深线等于后领窝线的长度，过前片侧颈点作串口线的平行线，再过侧颈点作平行线的垂直线，长度同样等于后领窝线的长度，连接这两条线，得到一个等腰三角形的底边，记作◇。

⑦ 再以领深线延长线为腰，作一个等腰三角形，腰长等于后领窝线长度，底边长为◇+1cm。

⑧ 作三角形一条腰的垂线，长度等于领座宽加上领面宽，再把大衣身上设计的翻领造型以翻折线为轴对称旋转过来。

⑨ 圆顺翻驳领整体轮廓线。

翻驳领裁剪图如图3-47所示。

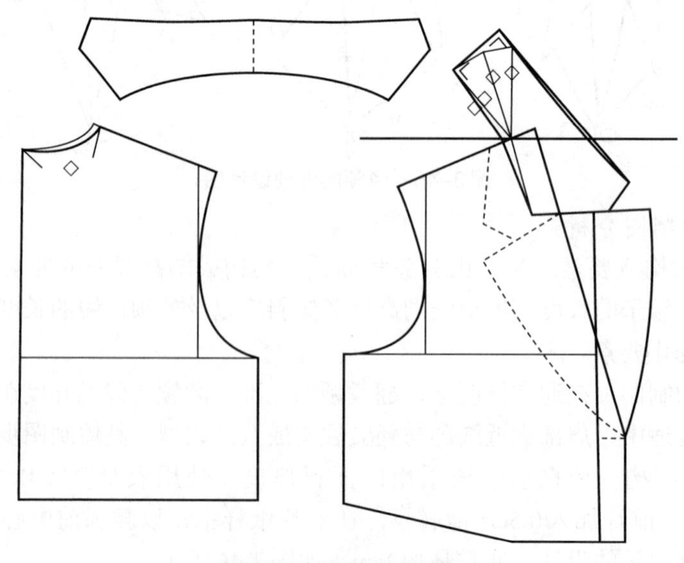

图3-47　翻驳领裁剪图

由以上制图过程可以得出裁剪翻驳领时，首先确定翻驳点的位置、驳头的高低及形状、串口线的斜度及位置，然后将肩线延长，决定前领座的尺寸和倒伏量，进而连接至翻驳点形成驳口线。最后垂直于翻折线，取驳头宽度交于串口线一点，以此点至门襟点用圆顺的曲线连接画出翻驳领边线。

（五）翻驳领的变化原理

翻驳领的款式变化因素主要包括翻驳点的高低、串口线的斜度及位置、领嘴的形状、领面及领底的宽度等，如图3-48和图3-49所示。

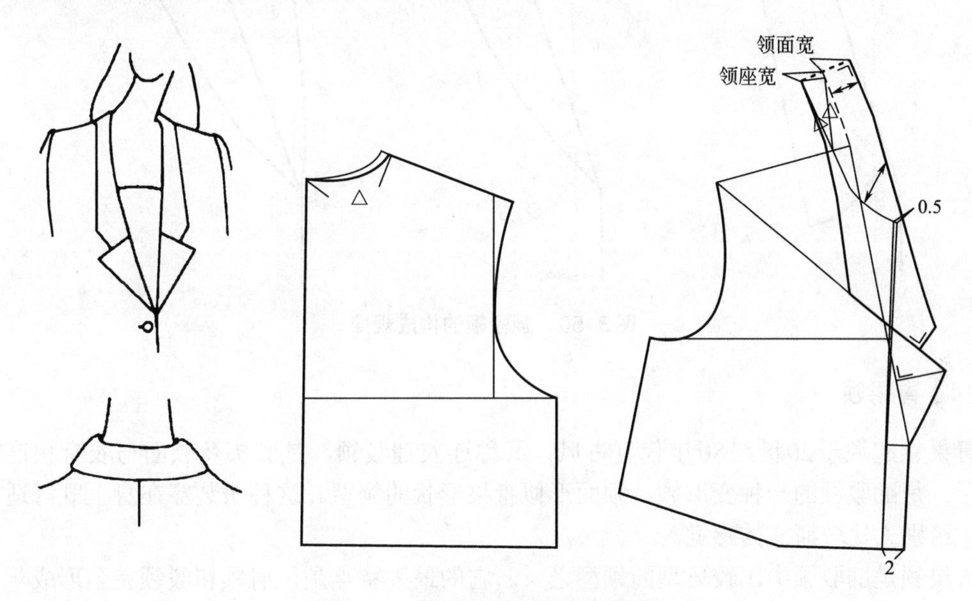

图3–48 低串口线的翻驳领裁剪图

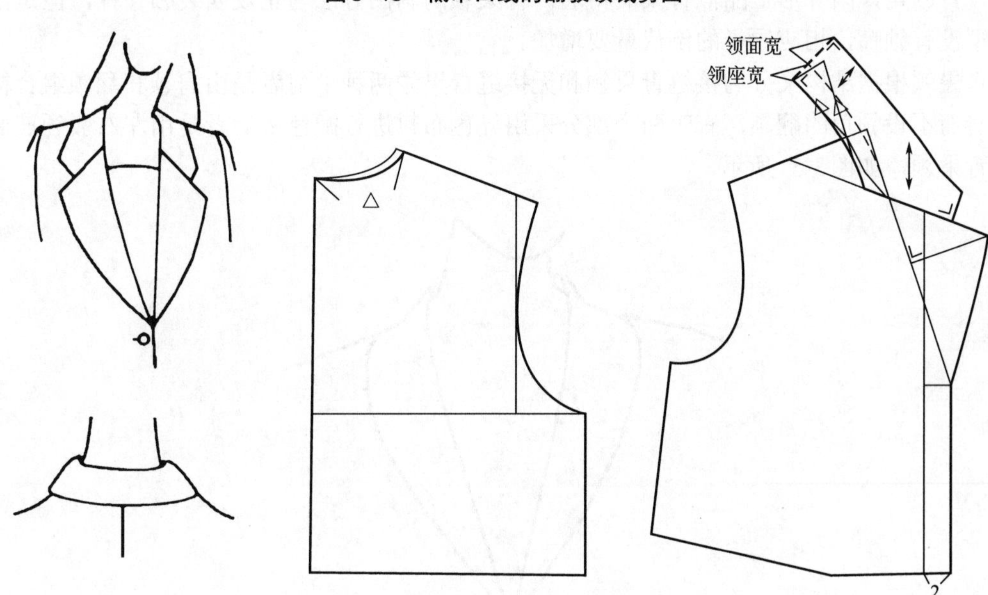

图3–49 高翻驳点的翻驳领裁剪图

翻驳领为了达到领口和翻领、肩领和翻驳领在结构中组合的准确，此时需要在前片纸样上进行设计，同时将肩领底线竖起，当需要增加领面容量时，则要使装领线向肩线方向倒伏，如图3-50所示。

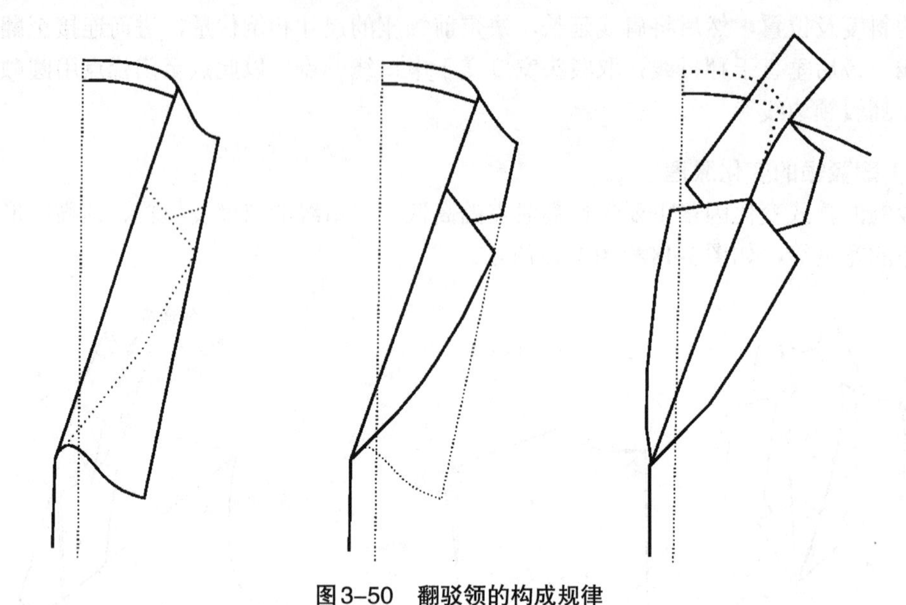

图3–50 翻驳领的构成规律

【实例4】青果领

青果领起源于20世纪80年代复古风，又称连衣翻驳领，是驳头及领面与衣身相连的一类领子，是翻驳领的一种变形领，领面形似青果形状的领型。这种服装穿在身上既舒适又有美感，给别人比较斯文的感觉。

青果领是翻驳领中比较典型的领型之一。它的最大特点是，肩领和驳领完全形成一个整体，没有领角，因外形上酷似青果而得名。青果领的制图方法与正规西装领一样，但是由于该领型没有领嘴，相应领子的倒伏量要增加。

青果领根据结构又分为接缝青果领和无接缝青果领两种：前者是由肩领和翻领组合构成的接缝而不设领角的翻领，有时两个部分采用异色布料进行配色；后者是由左右驳领连通构成的青果领，如图3-51所示。

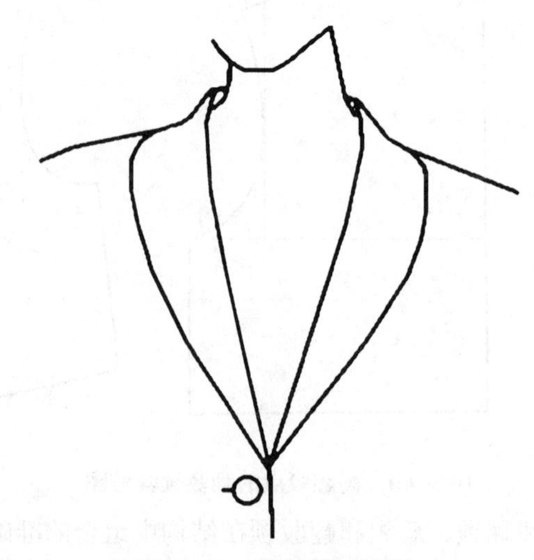

图3–51 青果领设计图

（六）连帽领

1. 连帽领的款式设计

连帽领或戴在人头上，或垂挂于人后背上，自由随意，既起到了保暖的作用，也起到了装饰的作用。连帽领的设计也影响到了衣身、衣袖等，以休闲随意的风格为主流，常选用针织物、毛线编织物、棉布类以及羊毛织物等柔软面料制作这类服装，衣身轮廓多为H、A、O等外形，衣袖多以一片袖和连身袖为主，多用于运动服装设计上，在风衣、大衣中有少量的连衣帽服装配合两片袖结构。

不同的连帽领造型可以形成不同的效果，可以是大帽，也可以是小帽，还可以是方形或圆形。帽子上可以装饰花边、丝带、毛条等装饰物进行美化和童趣设计，如可以设计成具有中国传统特色、民俗风格的虎头、凤冠等仿生吉祥创意造型设计，充满童趣。

连帽领的种类丰富，形态多样，适用于不同年龄层次的人着装。连帽领根据分割线形式可分为两片帽领、三片帽领、四片帽领等；根据实用功能可分为连身帽领、活动帽领、两用帽领、披肩帽领等；根据帽口形状可分为饰边帽领、褶边帽领等。其款式设计图如图3-52所示。

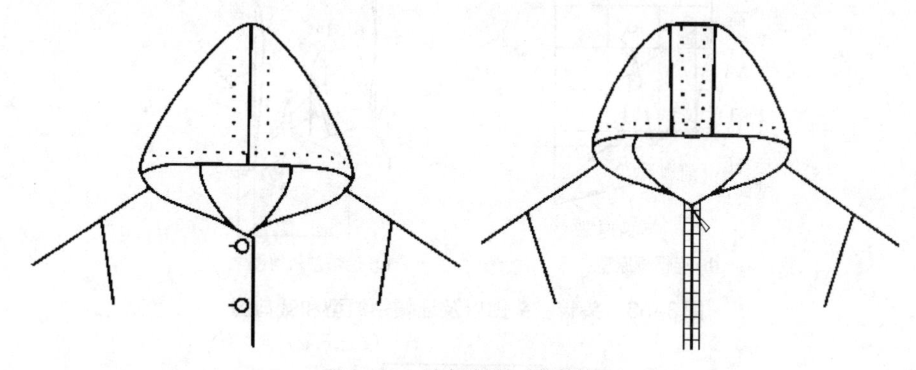

图3-52　连帽领款式设计图

2. 连帽领的变化原理

连帽领依据领圈的结构造型具体可以分为一字形、圆形、V形或U形，不同造型的领圈将带来不同的变化效果。连帽领可以看成是由翻领上部延伸而形成的帽子结构。

3. 绘制连帽领的要素

绘制连帽领首先要对头长、头围进行合理的测量，可以按照前面讲到的测量方法进行精细测量。头长、头围以及连帽领原型和裁剪图如图3-53所示。

（1）在通常情况下，所指的头长就是从头顶点到侧颈点的长度。由于儿童的身体处于生长发育期，儿童的头长随着年龄的增长有很大差异。如果是单件制作，可以对制作对象进行精确测量得到头长的数据；如果是机器化大生产，就可以利用约定俗成的数值进行生长加工计算。

（2）对头围的测量就是过眉间点经过头后凸点围头测量一周的长度。一般采用头围的1/2作为帽宽的基本设计尺寸，可以根据风帽的合体程度进行适当调整，如图3-53所示。

（3）当帽高与帽宽一定时，如果水平线高于侧颈点，帽底线的弯度增大，帽子后部位高度减小，帽子与头顶之间隙就会变小。当头部活动时，容易造成帽子向后滑落。摘掉帽子后，帽子能自然摊倒在肩背部。反之，水平线低于侧颈点，帽底线的弯度变小，但帽子后部位高度增大，为头部活动留有充分的空间，当头部活动时，帽子不易向后滑落，反而会使帽口前倾，摘掉帽子后，帽子会围堆在颈部。在通常情况下，帽底线一般控制在0～3cm，儿童年龄越小，帽底线也应该越低，如图3-54所示。

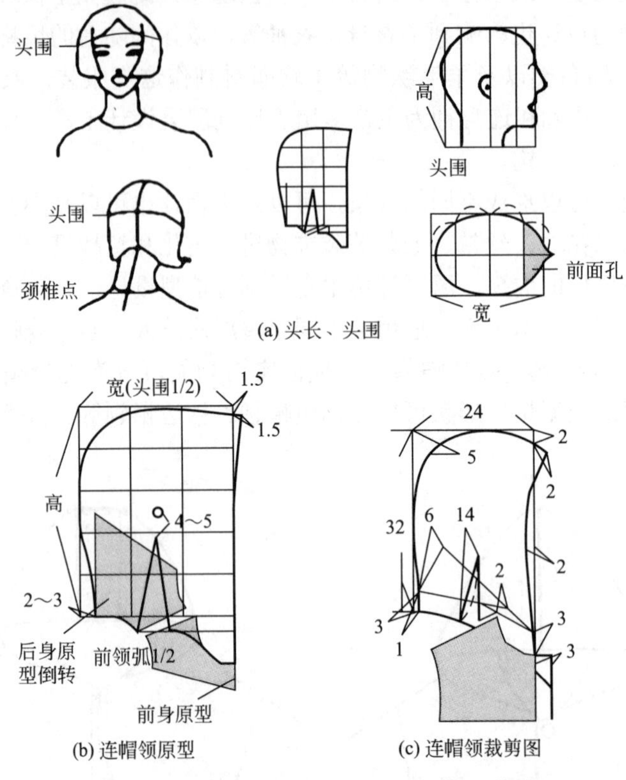

图3-53　头长、头围以及连帽领原型和裁剪图

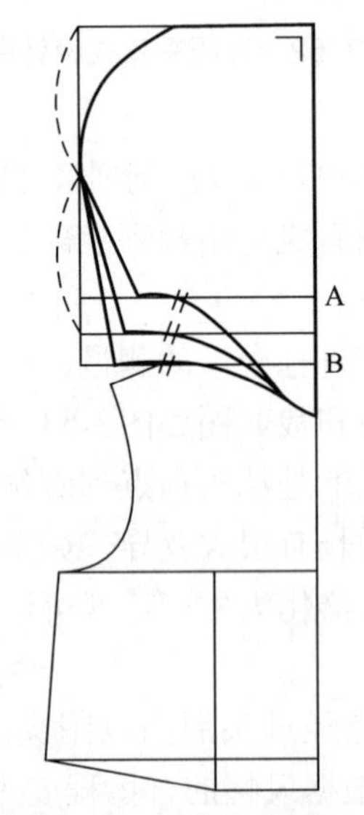

图3-54　帽底线的高低

【实例5】连帽外套

连帽外套适合1～5岁幼儿穿着，其设计图和裁剪图如图3-55和图3-56所示。

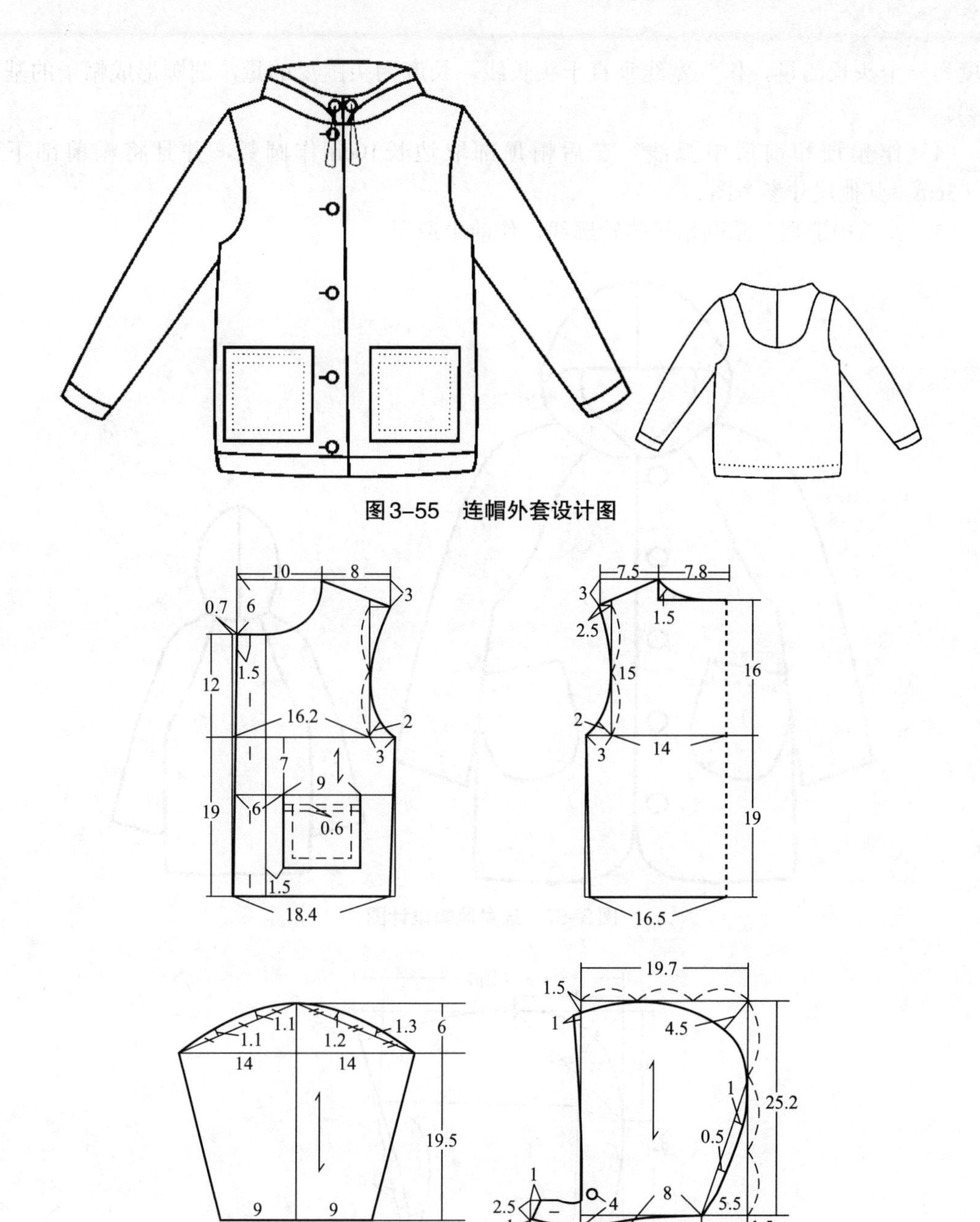

图3-55　连帽外套设计图

图3-56　连帽外套裁剪图

【实例6】连身风帽

连身风帽设计图和裁剪图如图3-57和图3-58所示。

（1）以衣片原型为基础，合并前后衣片　对位点以前后衣片的侧颈点为准，后衣片肩线落在前衣片肩线的延长线上拼合。

（2）确定帽下口线　延长后衣片的后中线取一个帽座量，该取值范围为1 ～ 3cm，可根据设计的需要酌情取值，圆顺帽下口线，使之与领窝线弧度相似，长度相等。

（3）作帽体辅助长方形　以帽座点所处的平面和搭门线的延长线为基础线作长方形，

长度为一个头长的量，作头宽线垂直于头长线，长度为头围/2的量，圆顺形成帽子的基本框架。

（4）作帽顶和前后中弧线　在后帽顶部取边长10cm作圆弧，并且将帽前部下落1～3cm，其他尺寸参考图。

（5）作前中造型　圆顺帽子的轮廓线，作前中造型。

图3–57　连身风帽设计图

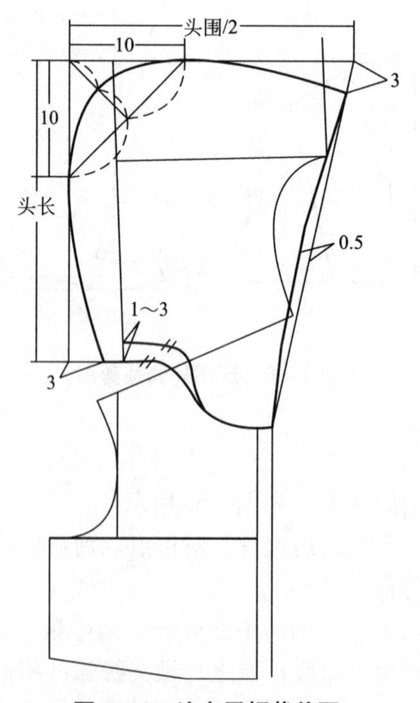

图3–58　连身风帽裁剪图

【实例7】装饰帽领

装饰帽领可以通过结构的变化而呈现多种造型，通过剪切、拉展使帽子具有多种款式的变化，既丰富了形式，又符合人体的形态。装饰帽领设计图和裁剪图如图3-59和图3-60所示。

图3-59　装饰帽领设计图

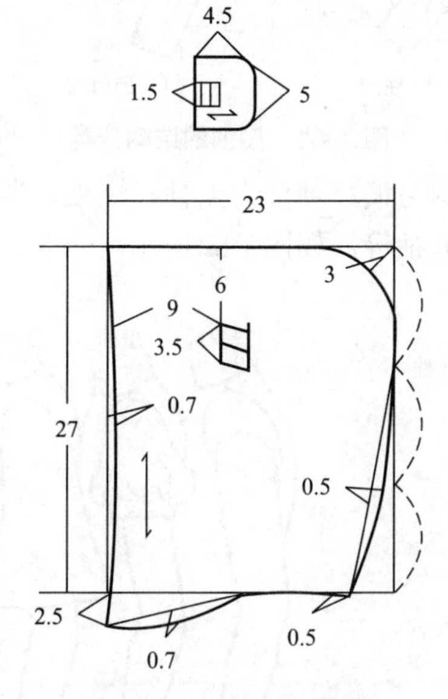

图3-60　装饰帽领裁剪图

第二节　衣袖变化原理

袖子是指服装上覆盖人体手臂的部分。袖子以筒状为基本形态，与衣身的袖窿相连接构成完整的服装造型。不同的服装造型和功能会产生不同结构和形态的袖型。反之，不同的袖型与主体服装造型相结合，又会使服装的整体造型产生不同的风格。它的造型直接影响肢体的动作，它的宽窄、长短、有无都是根据需要而安排的。

衣袖是服装结构中的重要组成部分，其造型应与服装整体款式相搭配。设计必须兼顾功能和装饰两大设计元素。衣袖的设计包括袖窿线和袖身两个部分的设计。

衣袖的设计虽然是千变万化，但其基本结构形式有两类：装袖类和连身袖类。装袖类是衣袖与衣身分开，可以设计成各种花色袖，利用分割、缩褶、打洞、波浪等方式处理使衣袖款式丰富多彩，富有装饰色彩。连身袖类就是衣袖与衣身相连的袖型，可与衣身有机地连接成一个整体，如民族款式的袖型，也可部分与衣身连接成各式插肩袖或连肩袖，使衣袖具有造型大方、穿脱方便的特点。

一、衣袖结构分析

（一）袖型的分类

（1）按袖的结构划分　可分为圆装袖、连袖、插肩袖、分割袖，如图3-61所示。

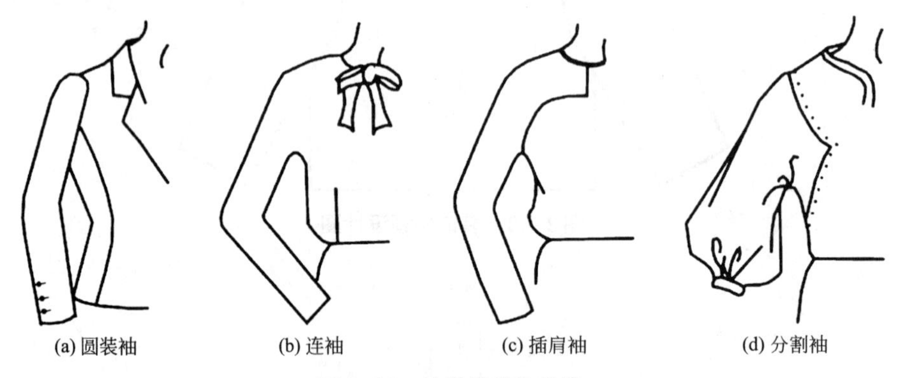

图3-61　按袖的结构分类

（2）按袖的长短划分　我国习惯将袖分为无袖、短袖、半袖、中袖、长袖；日本人分得细点，有五分袖、七分袖、九分袖等，如图3-62所示。

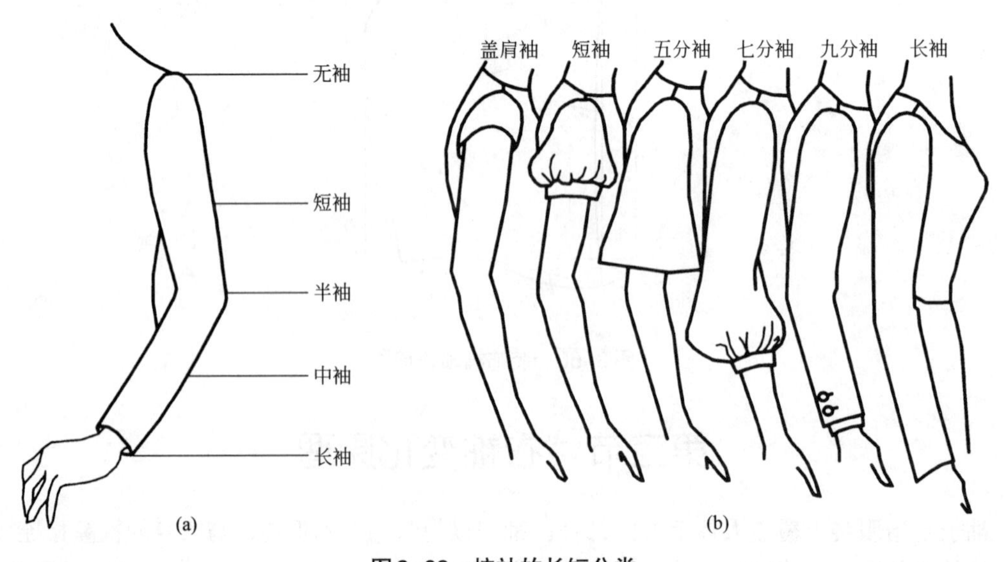

图3-62　按袖的长短分类

（3）按袖的片数划分　可分为一片袖、两片袖、三片袖和多片袖等。

（4）按袖的形态划分　可分为泡泡袖、灯笼袖、羊腿袖、喇叭袖和直筒袖等。各种式样的袖子，其袖头、袖身还会有很多不同变化。在此基础上加以抽褶、垂褶、波浪等造型方法形成千变万化的结构，如图3-63所示。

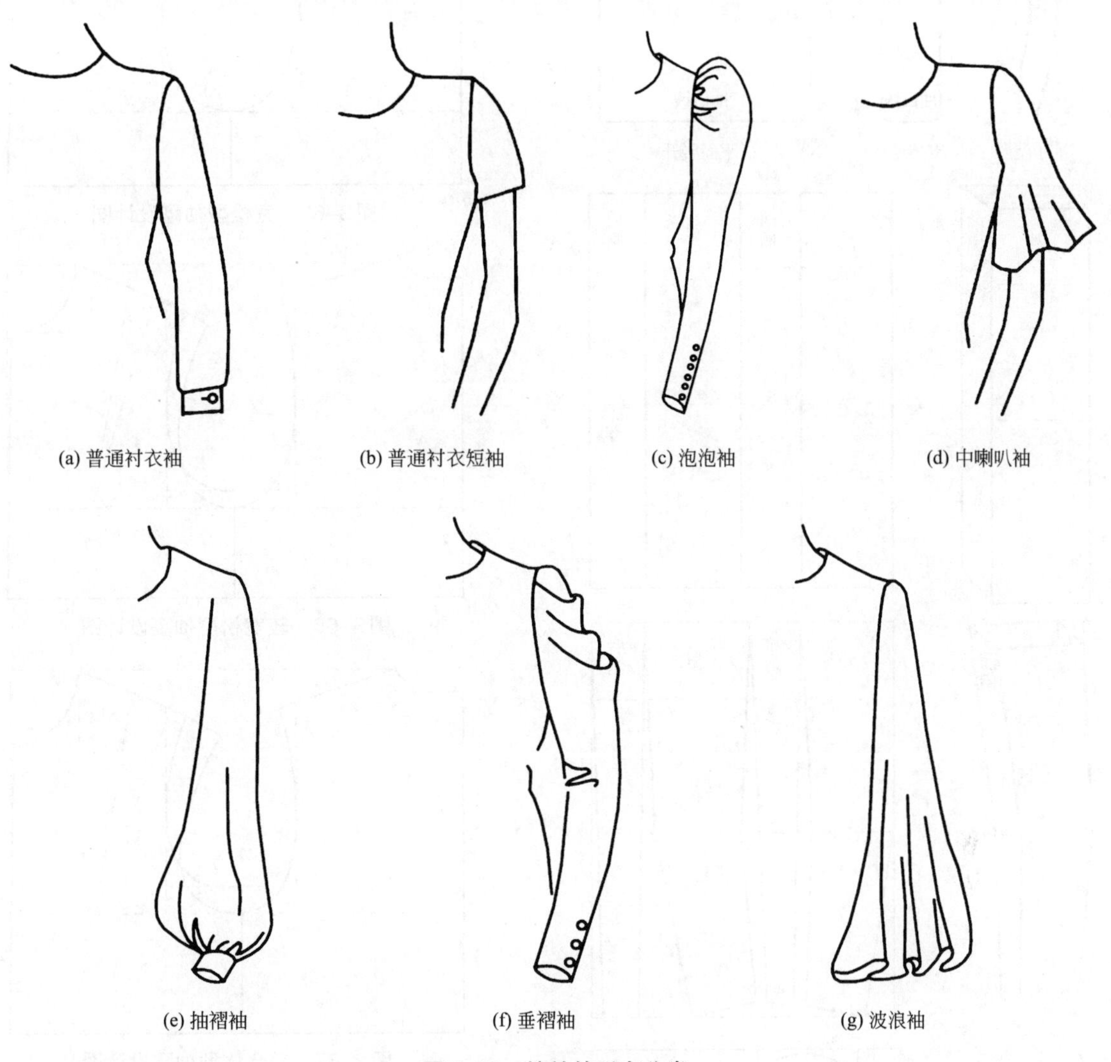

图3-63　按袖的形态分类

（5）按空间造型划分　可分为立体造型袖和平面化的袖型。

从解剖学的角度分析，手臂在靠近人体肩头部分是近似球面的复杂曲面，上臂在腋窝水平线处应有最大的周长，观察臂根形状时可以发现，在靠近上方处与躯干部位相连的前腋点和后腋点部位，前、后方向上的厚度变得更厚。如果用简单的形态概括基本袖子立体形状，可以将其看成是覆盖前、后，就形成了袖子的基本立体形态。

袖子基本立体形态的展开图和人体尺寸的关系如图3-64所示。其中部分的尺寸就是袖子纸样的构成要素。

（6）按合体程度划分　可分为合体袖和宽松袖，具体细分又可分为宽松型、较宽松型、较贴体型和贴体型，如图3-65～图3-68所示。

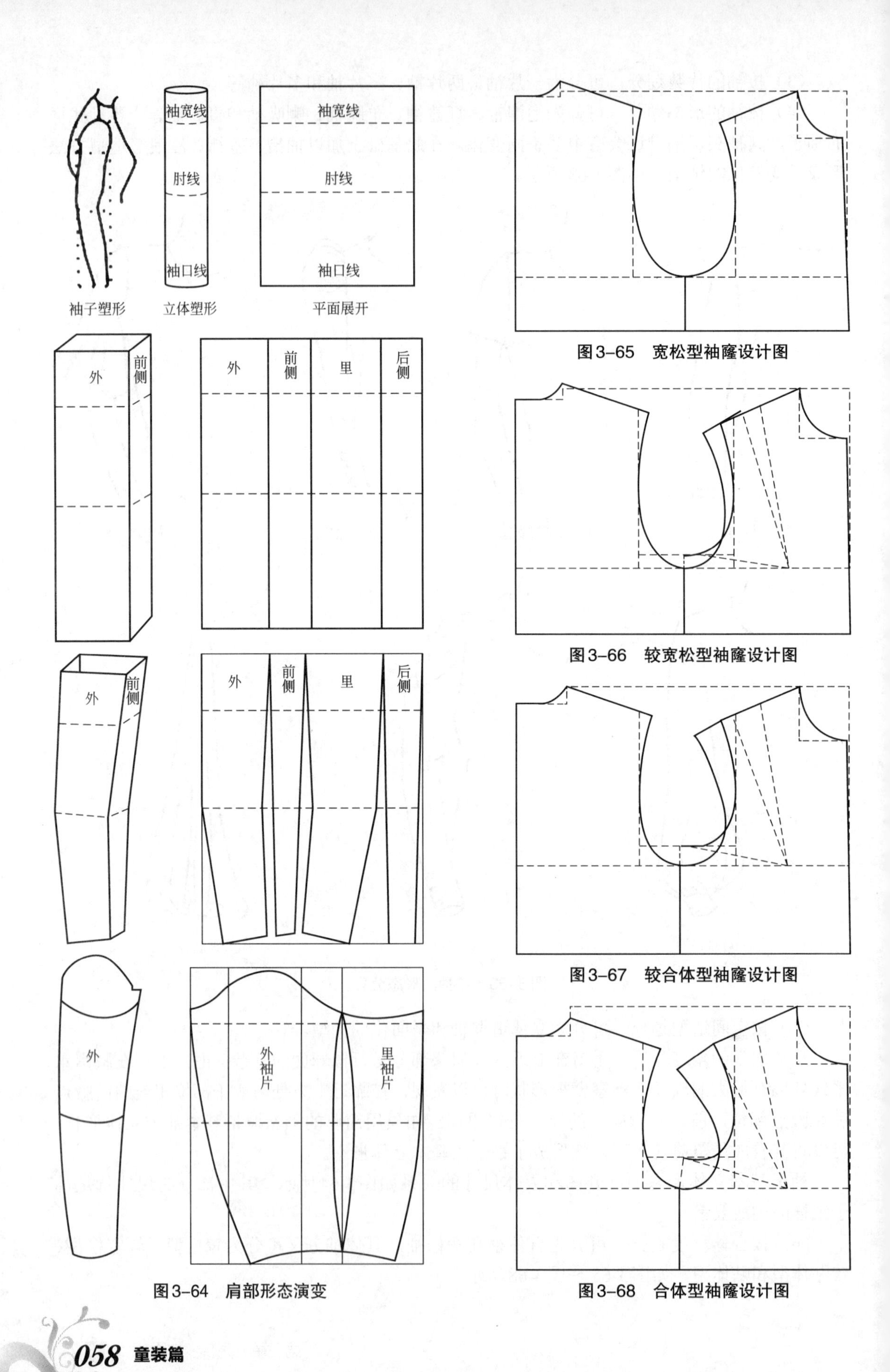

图3-64　肩部形态演变

图3-65　宽松型袖窿设计图

图3-66　较宽松型袖窿设计图

图3-67　较合体型袖窿设计图

图3-68　合体型袖窿设计图

（二）袖结构的决定因素

1. 袖山高和袖肥

衣袖与人体的活动密切相连，其设计的合理与否关系到人体肩、肘、腕等部位是否能正常运动，所以要充分理解和合理运用袖山、袖身和袖口三大部分的有机整体设计和造型。

袖山高指的是由袖山顶点到落山线的距离。袖山高是由袖窿深、装袖角度、装袖位置、垫肩厚度、装袖缝型以及面料特性等多个因素决定的，其直接影响衣袖的合体程度和外观造型。其中上袖位置以及面料特性会影响袖长的变化。

无论是何种袖型，都要有袖身部分，袖山高和袖肥都是造型的关键。以一片袖造型为例，如图3-69所示，*OC*为袖山高，*AB*为袖肥，*OB*和*OA*分别为前后袖窿长度。在*OA*和*OB*一定的情况下，袖山高*OC*越高，袖肥*AB*的长度就越短；袖山高*OC*越低，袖肥*AB*就越长，即袖山高和袖肥是成反比关系。在制图过程中，袖山高和袖肥只需要确定一个量便可画出袖结构，两者对袖子的肥瘦造型起决定性的作用。

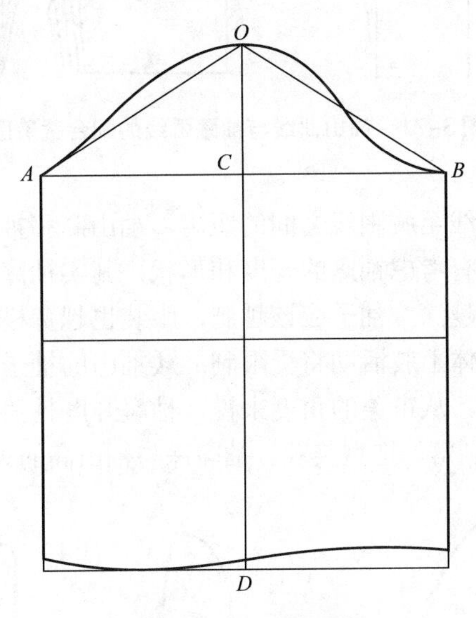

图3–69　一片袖结构

在通常情况下，如果袖山高不够，手臂垂下时就会有很多皱褶；袖山太高，手臂就难以抬起。袖身是袖子的主体部分，袖身的设计关系到肘部的活动范围，设计不合理，就会妨碍手臂的活动及袖子的整体造型。手臂为自然前倾状态，袖身设计要满足这一要求，袖口设计除了要考虑造型效果外，还要满足袖口的可动性和适体性，使其利于穿脱。

根据年龄的不同，儿童原型袖山高采用不同的计算方法，1～5岁取值为*AH*/4+1cm，6～9岁取*AH*/4+1.5cm，10～12岁取*AH*/4+2cm。随着儿童年龄的增加，袖山高的数值逐渐增大。

2. 袖山长

袖山长包括两个概念：一个是指纸样绘制中由袖中线顶点向袖肥线端点所画的线段长度，即袖山线段长；另一个是指纸样绘制中由袖中线顶点向袖肥线外端点所画的曲线长度，即袖山曲线长。由于袖山长与袖窿弧长具有最密切的关系，用以把握袖山弧线的长度，使得不管袖子造型要求的角度如何变化，以及胸围松量引起的袖窿弧线尺寸如何变化，袖山曲线与袖窿弧线都能吻合。袖山曲线与袖窿弧线的配合设计图和裁剪图如图3-70和图3-71所示。

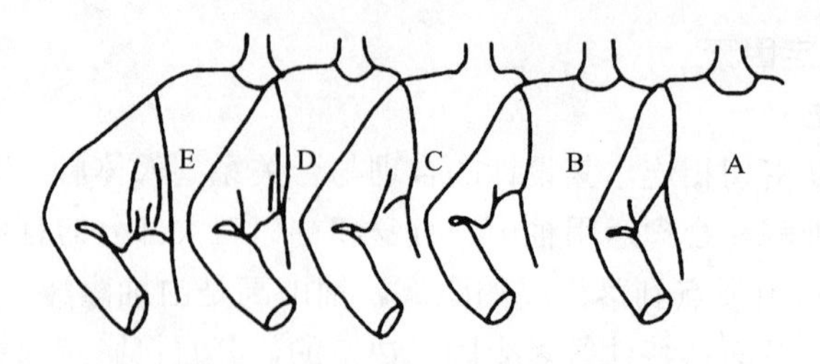

图3–70 袖山曲线与袖窿弧线的配合设计图

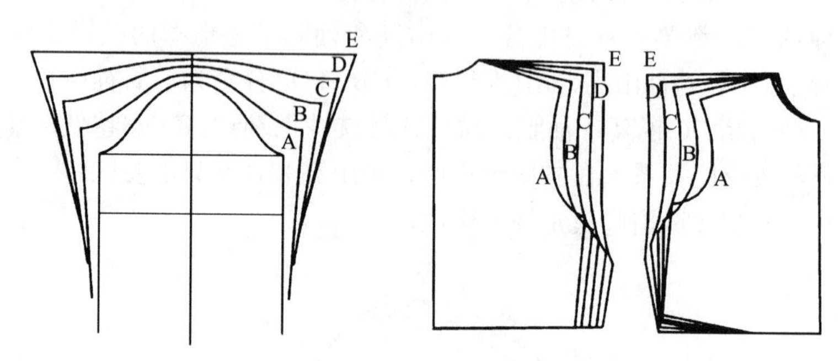

图3–71 袖山曲线与袖窿弧线的配合裁剪图

3. 袖窿深

袖窿深是指从衣片落肩线至胸围线之间的距离。袖山高和袖肥的变化规律是在袖窿长度不变的前提下进行的，并没有考虑袖窿的开度和形状，其实袖窿深也是袖造型的一个决定性因素。在一般情况下，袖窿越深，袖子应该越肥，服装也越宽松。即高袖山的袖子，袖窿开度比较浅，袖子偏瘦型，人体上肢活动将受限制；矮袖山的袖子，袖窿开度比较深，袖子偏胖型，人体上肢活动越舒适。从审美的角度来说，袖窿开度越浅，袖型越立体，腋下堆积的面料越少，穿起来显得干净利落、造型美观。袖窿深与袖山高的关系如图3-72～图3-75所示。

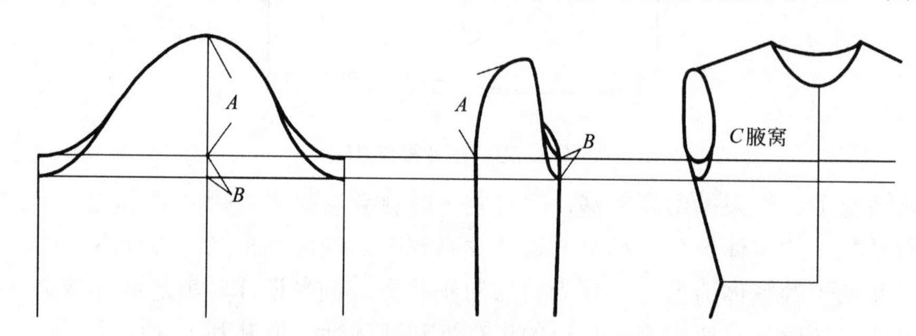

图3–72 不改变绱袖角度——窿底下落的纸样变化

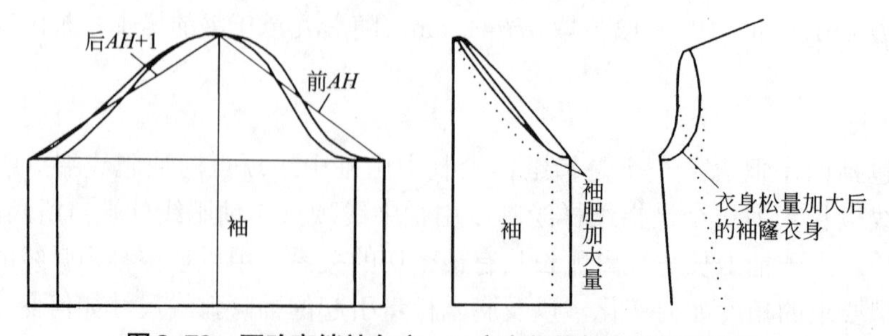

图3–73 不改变绱袖角度——衣身松量较多的纸样变化

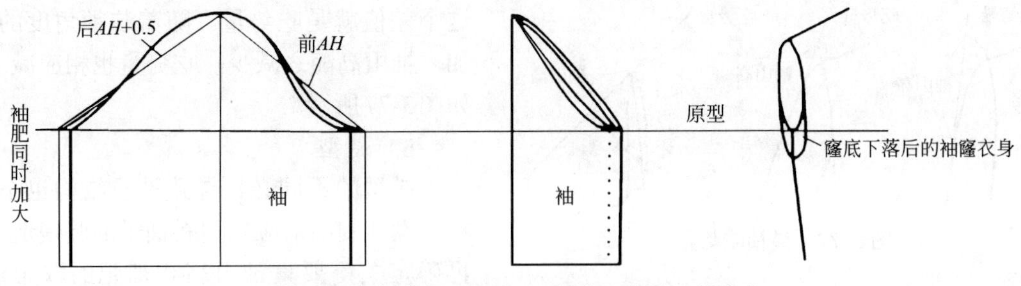

图3-74　改变绱袖角度——袖窿下落的纸样变化

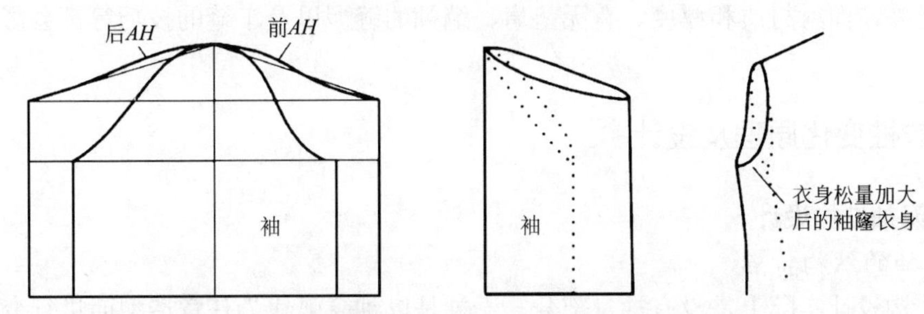

图3-75　改变绱袖角度——衣身松量较多的纸样变化

4. 装袖的位置

装袖的位置主要指的是装袖的角度，装袖角度是针对袖子造型和装袖设计，当手臂抬起到一定程度使袖子呈现出最完美的状态，即袖子上没有褶皱，腰线和袖口没有牵扯量的角度。

装袖的位置实际上涉及衣身肩点的变化，如图3-76所示。肩点靠内，袖山高较高，往往袖子比较合体；肩点靠外，袖山高较低，袖子便比较宽松，甚至有时装袖的肩点在手臂位置，形成落肩的款式，袖子就更宽松。

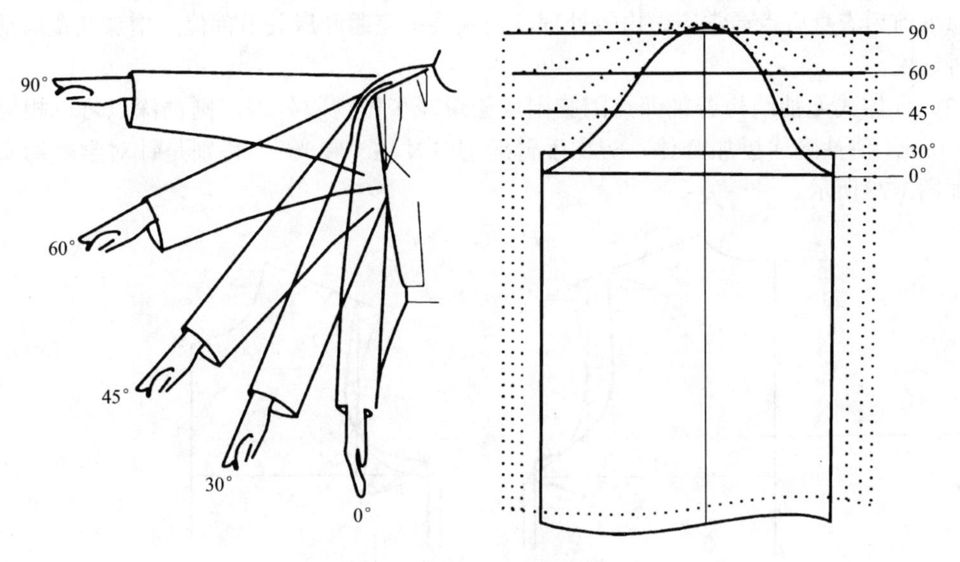

图3-76　装袖角度与袖山高的关系

装袖部位的衣片袖窿弧长和袖山弧长有一定的对应关系。袖窿弧长和袖山弧长不一定完全相等，利用袖山高所形成的袖片，通常袖子纸样的袖山弧线要比衣片的袖窿弧长要长点，

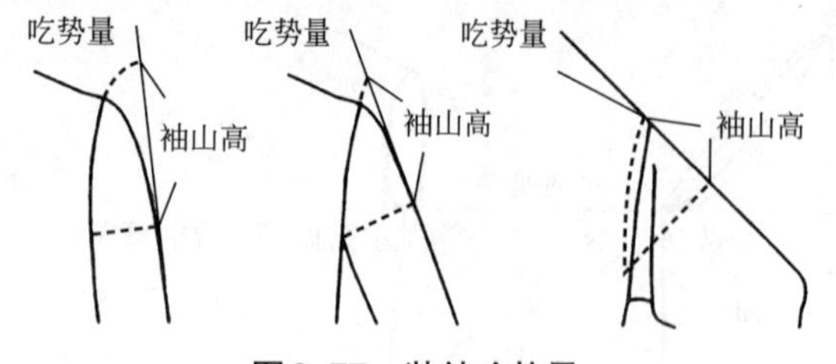

图3-77　装袖吃势量

这个差值就是吃势量。随着装袖角度的增加，袖山高随之减少，吃势量也相应减少，如图3-77所示。

5. 造型

造型的不同必将导致袖子结构也不一样，设计制图前应先判断袖子的胖瘦造型，再确定关键要素袖山高和袖肥的取舍量，例如像灯笼袖、羊腿袖、喇叭袖、直筒袖等这些袖子袖山高和袖肥都有一些差别。

除此之外，面料材质和厚度、有无垫肩、绱袖的缝型以及车缝的技巧等都会影响袖子的结构。

二、衣袖变化原理及设计

（一）无袖结构设计

1. 无袖的结构特点

无袖结构设计实际上是没有袖身部分，无袖是以袖窿弧线为任意造型而进行变化的一种袖型，袖窿弧线上没有袖片组装，因此无袖结构设计即对袖窿线的设计。无袖结构虽然简单，但是其袖窿弧线结构通常比有袖的袖窿弧线处理起来更为谨慎，因为处理稍有不当，便会造成袖窿处隆起，影响美观和穿着舒适度。

无袖分为袖口经过肩线的无袖、袖口在肩线以外的无袖，根据袖口所在的位置，确定其结构设计方法。即无袖结构分为两种形式：一种是合体式；另一种是宽松式。合体式一般用于单层服装，例如夏季穿着的背心、吊带等；宽松式一般用于外套服装，例如春秋季的马甲、冬季的坎肩等。

利用童装衣身原型进行无袖窿弧线设计时，应遵循以下原则。

（1）前后衣身肩点通常应做内收处理，使服装袖窿避开肩关节部位，增加儿童运动时的穿着舒适度。

（2）合体式无袖结构若袖深点因胸围放松量减少做内收处理，则袖深点可以相应上抬0.5～1cm，使袖窿线更加合体，防止手臂运动时发生“曝光”，特别是针对学龄期女童服装，如图3-78所示。

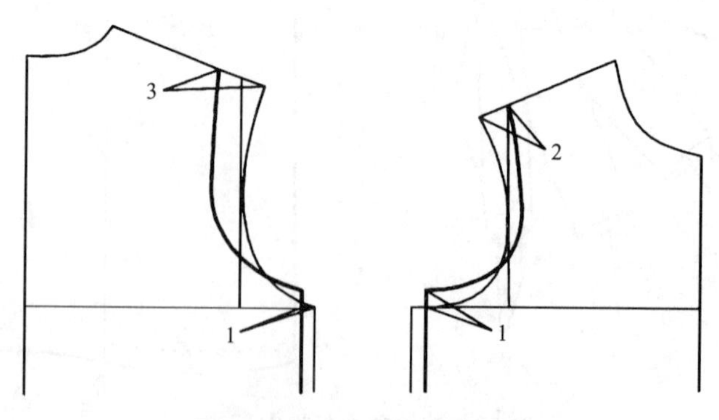

图3-78　无袖合体式裁剪图

（3）宽松式无袖结构可以根据款式做袖窿开深处理，适量调节袖深点的高度，如图3-79所示。

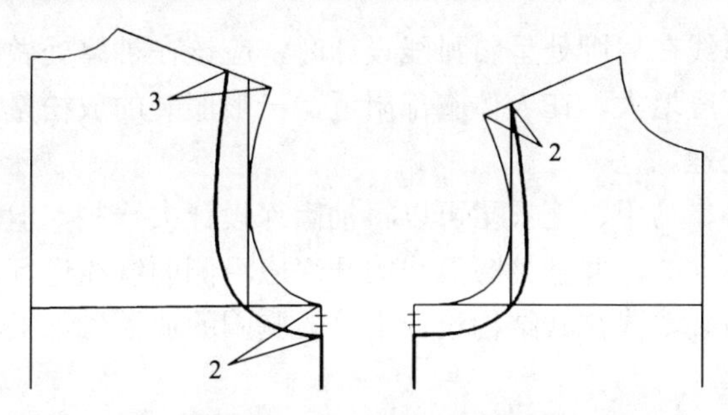

图3-79　无袖宽松式裁剪图

（4）袖窿弧线应圆顺，前袖窿弧线由于人体手臂运动原理，曲度应大于后袖窿弧线。

2. 无袖的结构设计

图3-80是三款无袖结构设计实例。首先按类比的方法确定袖窿弧线应开宽、开深的尺寸，然后按仿形的方法绘出袖窿弧线形态。第三款胸省转移，使胸围变小而合体，袖窿处收紧。

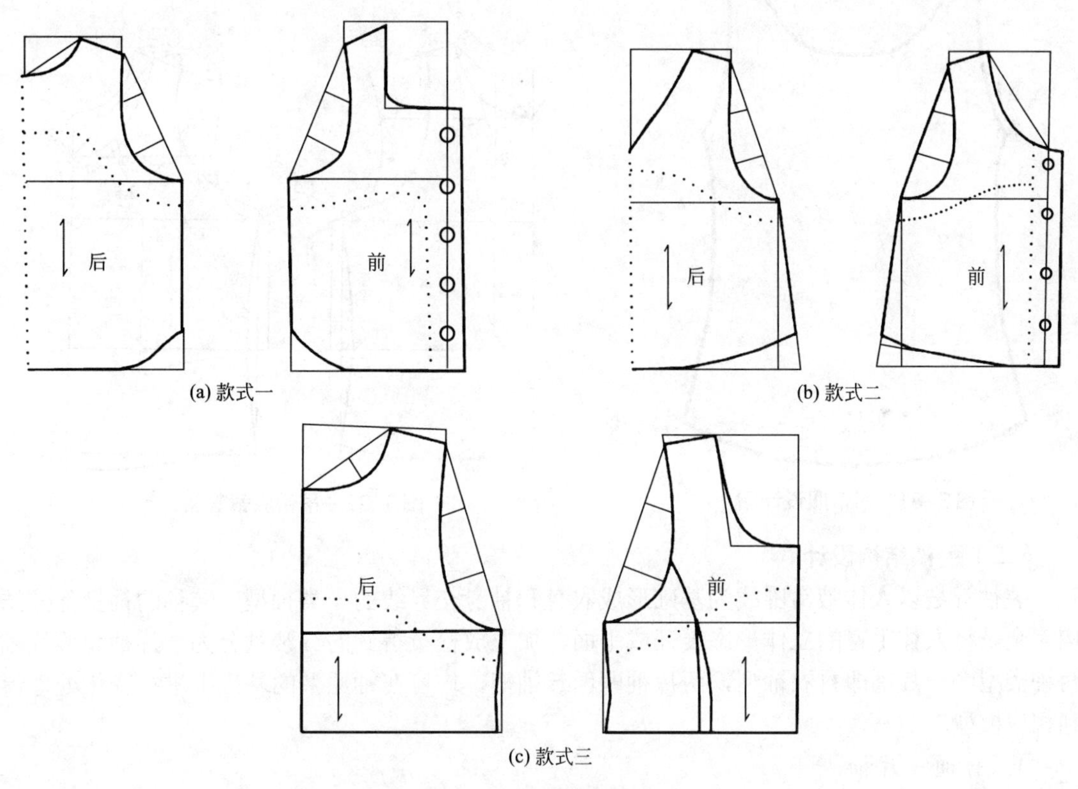

图3-80　无袖款式裁剪图

在通常情况下，无袖结构设计应按照以下方法进行。

（1）采用类比的方法确定袖窿开宽、开深的尺寸，并且在款式图上标记加以确定。

（2）采用仿形的方法依照款式仿绘出袖窿弧线的形态。

（3）然后再完成衣片上的其他设计绘制。

3. 无袖结构的合理性

（1）无袖的袖窿弧线可以任意变化设计，但必须注意结构和服用的合理性，在设计时应予以通盘考虑。袖窿弧线在肩胛处呈斜弧线设计时，应该在袖窿处做省，使其袖窿处收紧。

（2）当袖窿弧线开度增大，在人体胸部附近，一般服装的放松量应很小，而且服装应在人体胸部进行必要的处理。

（3）外衣型的背心、马甲、连衣裙可以将袖窿深设计大一些，但是一般此类服装，胸围的放松量是不可以放过大的，并且袖窿弧线的开深应沿侧面缝线进行。

（4）无袖结构的服装款式在其结构设计中一般胸围的放松量都很小，防止腋下起空。

【实例1】吊带服

吊带服是无袖服装中的典型款式之一，它是将肩宽省略为一根装饰带，把服装的前后衣片连接起来，在童装中尤其是夏天的服装设计中广泛采用，尤其是近几年来流行趋势的主导，越来越多地被广大服装设计师所采用。吊带服设计图和裁剪图如图3-81和图3-82所示。

图3-81　吊带服设计图

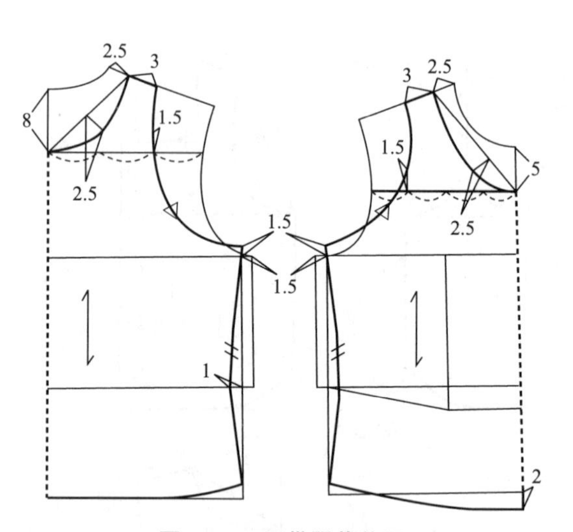

图3-82　吊带服裁剪图

（二）装袖结构设计

装袖就是以人体腋窝围线为基础形成衣身和袖身交界线的一类袖型。装袖的袖身部分结构完全是将人体手臂的立体形态展开成平面，加入放松量得到的。装袖分为一片袖和两片袖两种类型，一片袖即衬衣袖型，两片袖即西装袖型，均可在袖原型的基础上进行变化处理得到相应板型。

1. 普通一片袖

普通一片袖是指袖中线呈垂直线状的一类衣袖。一片袖在童装中运用非常广泛，像衬衣、夹克、T恤、大衣等类的童装几乎都采用一片袖型，这是因为一片袖比较宽松，可以不考虑肘部的弯曲。不但穿着舒适，而且造型变化丰富。

一片袖分为合体式和宽松式两种类型，如图3-83所示。

（1）合体一片袖　由于童装不同款式不同合体度的需要，以及儿童的手臂在自然下垂时不是垂直的，而是向前弯曲的，因此就要求合体袖不仅要有袖子贴紧衣身的造型，还要利用肘省的结构处理获得袖子与上臂自然弯曲的吻合。

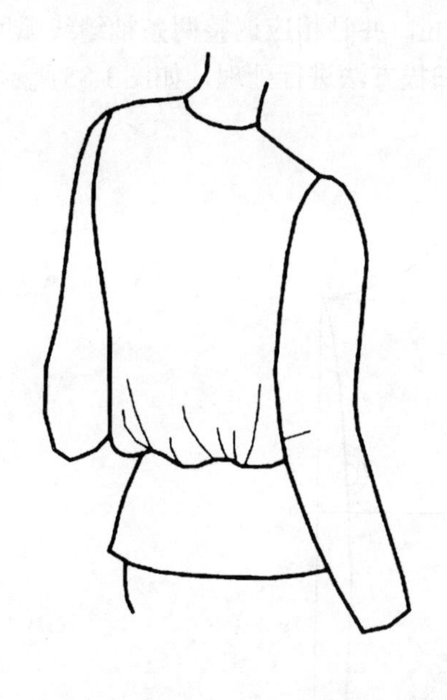

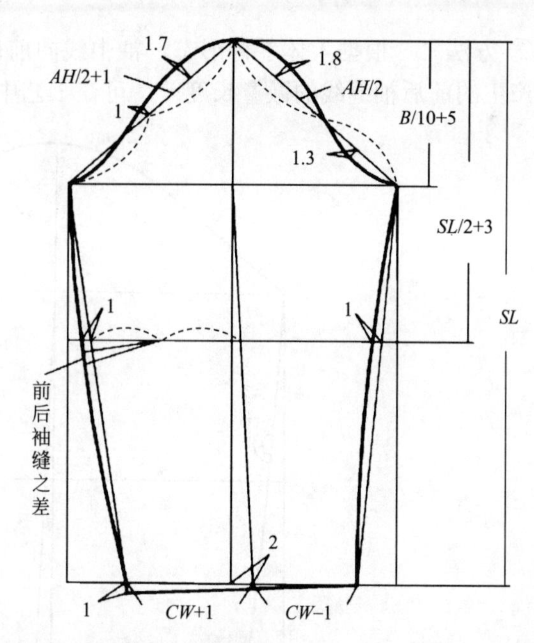

图3-83　合体一片袖纸样设计图及裁剪图

在普通一片袖的造型上，把肘下的多余量转换为省，便得到了合体的一片袖，这是既简单又方便的直接绘制合体一片袖的方法。在进行纸样绘制时，为使手臂下垂时能够符合手臂前屈的生理特征，就必须在袖口处将袖山线的延长线向前移动，通常遵循幼儿移动1cm，较大儿童移动1.5cm，这样就形成了合体一片袖的袖中线，以此线为交界线来确定前后袖口的尺寸，前袖口尺寸为袖口尺寸的一半减1cm，后袖口尺寸为袖口尺寸的一半加1cm，于是便形成了合体一片袖的纸样综合设计。合体一片袖结构制图有不同的方法。

① 方法一　根据款式，内收袖缝线，如图3-84所示。

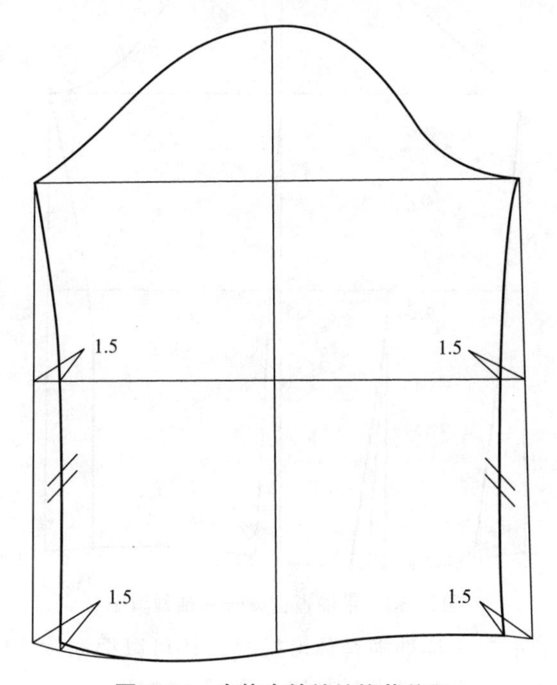

图3-84　合体直筒袖结构裁剪图

② 方法二　根据人体手臂形态，袖中线向前偏移1cm，并且相应调整两条袖缝线弧度，由此产生的前后袖缝线的微量长度差，可在工艺中采用归拔方法进行处理，如图3-85所示。

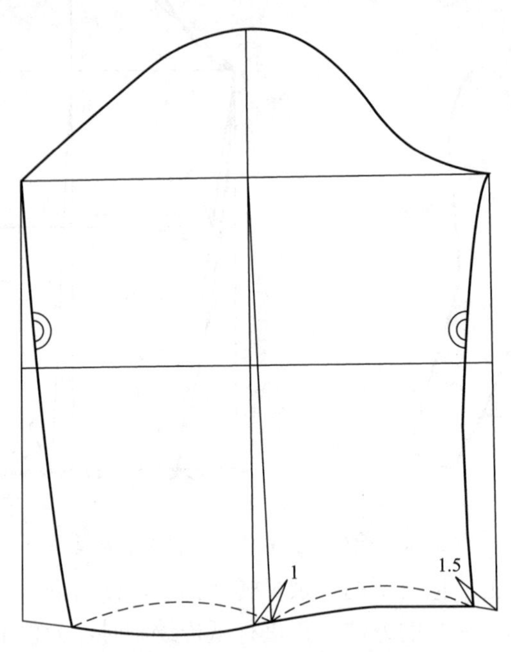

图3–85　合体一片袖裁剪图

③ 方法三　根据人体手臂形态，袖中线向前偏移1 ～ 1.5cm，根据袖口大小调整袖缝线弧度，并且进行袖口收省处理，如图3-86所示。

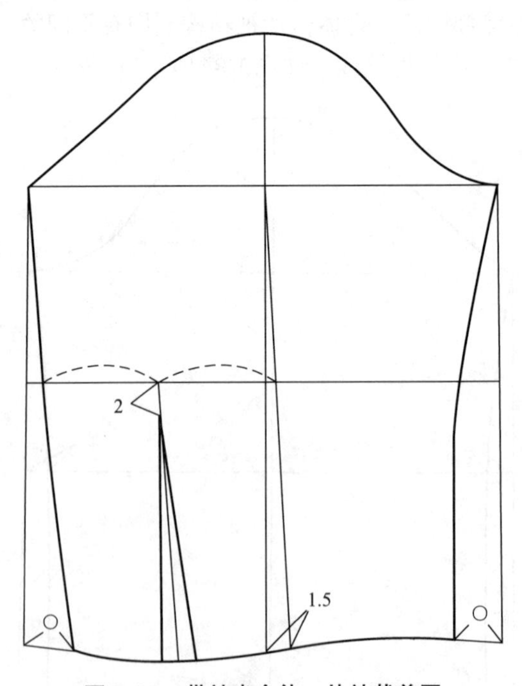

图3–86　带袖省合体一片袖裁剪图

以这种方法做出的袖子在一片袖中合体度较高，还可以根据款式做一些变化处理，例如将袖口省转移为肘省，或连省成缝形成分割线，如图3-87所示。

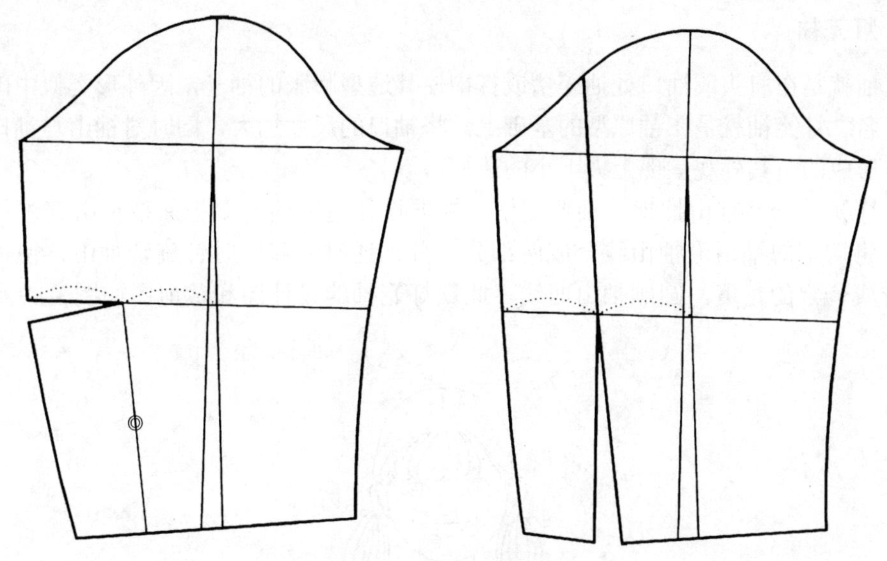

图3-87　合体一片袖变化

（2）宽松一片袖　宽松一片袖的结构和制作工艺都比较简单，人体穿着舒适感较强，一般原型设计中配以碎褶、波浪等时尚流行元素，例如灯笼袖、喇叭袖等，常见于各种童装款式。其方法即是在袖原型的基础上，设计好长度，然后进行平均分割，呈扇形展开或水平展开，以此加入余量，得到相应的袖结构，如图3-88所示。

除以上方法外，还有一些简单的方法，可以完成灯笼袖或喇叭袖等造型结构。

图3-88　宽松一片袖变化裁剪图

【实例2】灯笼袖

灯笼袖就是在肩头或袖口处抽碎褶或打褶使其造型膨胀的袖子，因外形类似中国传统的灯笼而得名。灯笼袖就是在袖原型的基础上，将袖口的尺寸加大，同时对袖山与袖口进行缩褶处理而形成的，其外观呈现上大下小的造型。

（1）灯笼袖一　袖山抽褶，袖臂宽松，根据设计造型的需要把原型袖山高进行横向切割，并且将切割的袖山沿袖山线分成两部分。分别逆时针和顺时针旋转袖山，使袖顶部到切展点形成一定的角度，圆顺袖山曲线。此款灯笼袖的设计图和裁剪图如图3-89和图3-90所示。

图3-89　灯笼袖设计图（一）

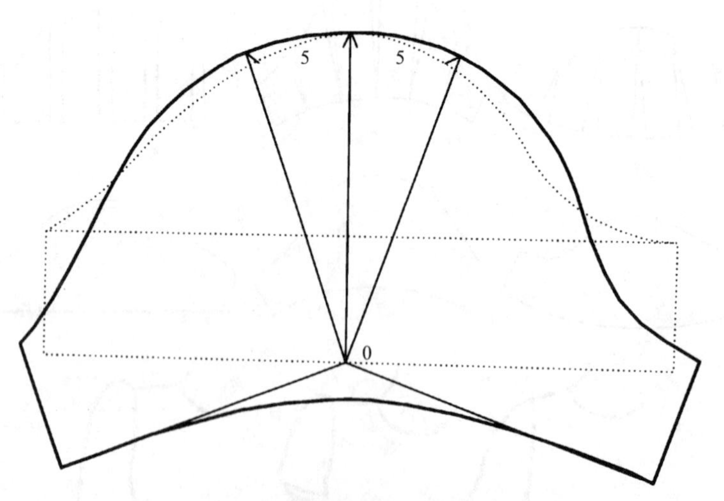

图3-90　灯笼袖裁剪图（一）

（2）灯笼袖二　袖臂宽松，袖口抽褶，褶量均匀分布在袖口上。采用切展的方法，袖摆缩褶量为袖摆长与袖头长之差。在袖口结构处理中，后袖口弧度变大，适当加大褶皱量，方便手臂动作与轮廓的需要。在通常情况下，缝制后，后袖口碎褶应多于前袖口，作袖头纸样设计图时，长为腕围加2cm放松量，宽为3cm，若袖口不抽褶即为喇叭袖结构。此款灯笼袖的设计图和裁剪图如图3-91和图3-92所示。

图3-91　灯笼袖设计图（二）

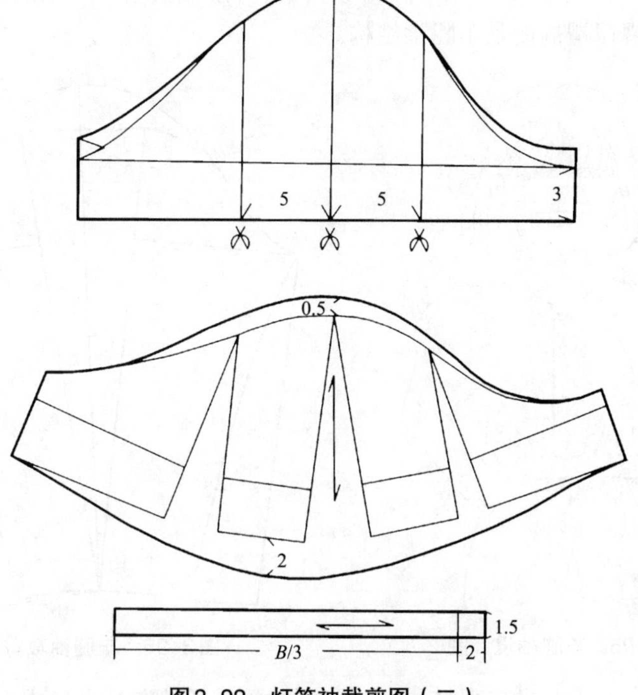

图3-92　灯笼袖裁剪图（二）

（3）灯笼袖三　袖臂宽松，袖山、袖口抽褶，呈现大灯笼造型，还是利用切展的方法来获得设计需要的褶量，首先在肘线的延长线上增加褶皱量，量的多少可以根据设计的需要而设定。其次切割原型袖山高。根据造型，把原型袖山高进行横向切割，并且对切割的袖山沿袖山线切割成均等的两部分。再分别逆时针和顺时针旋转袖山切割的两部分，于是从袖顶部到切割止点形成V字形张角，圆顺袖山曲线。最后以肘围加2cm，宽为3cm为量，作袖头纸样设计图。此款灯笼袖的设计图和裁剪图如图3-93和图3-94所示。

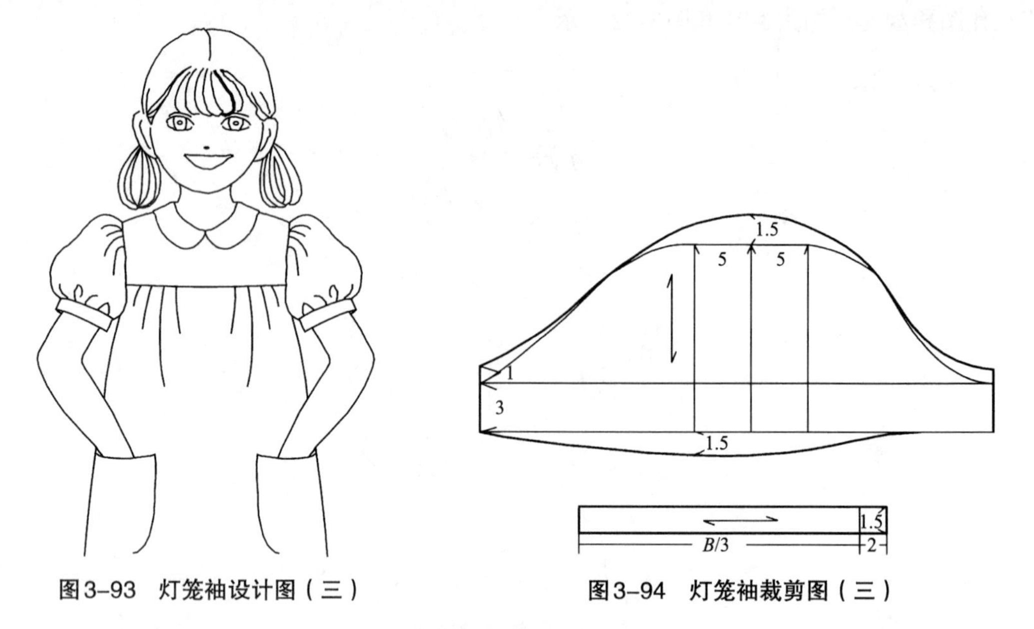

图3–93 灯笼袖设计图（三）　　图3–94 灯笼袖裁剪图（三）

（4）灯笼袖四　袖山、袖口抽褶，袖臂稍合体，呈小灯笼造型，纸样构成形状为上大下小型，将袖子上部切展形成褶皱，下部尺寸减小，形成紧袖口，如图3-95和图3-96所示，若袖山余量处理为规律褶裥便是羊腿袖结构。

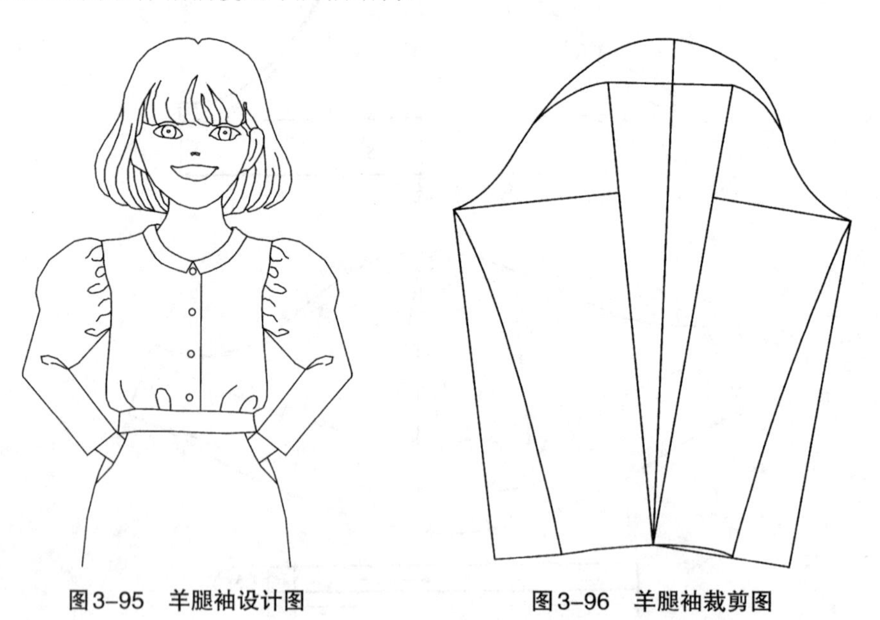

图3–95 羊腿袖设计图　　图3–96 羊腿袖裁剪图

（5）灯笼袖五　袖山和袖口保持原型，利用缩褶或断缝在袖中形成小灯笼造型，这便是两截灯笼袖的纸样设计原理。

在对这类袖山部位抽褶的灯笼袖进行结构设计时，应考虑为避免成衣肩部产生过宽的视觉效果，应将衣身袖窿肩点做内收处理，一般为1cm，如图3-97所示。

除了加入余量得到碎褶、褶裥、波浪等造型外，还可以采用分割的方式丰富袖结构设计，例如蚌壳袖，这是一种仿生态的设计，如图3-98所示。

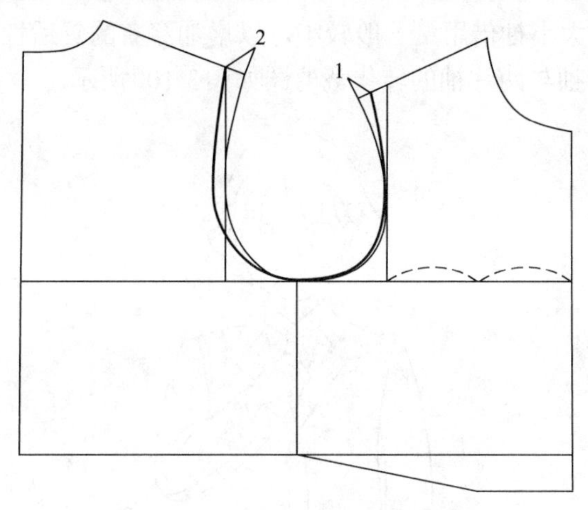

图3-97　灯笼袖袖窿修正裁剪图

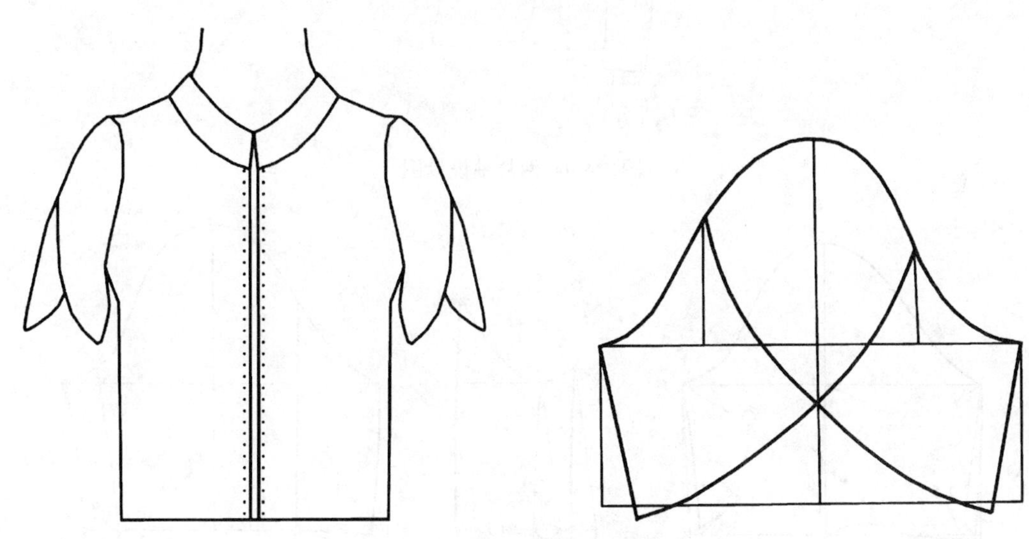

图3-98　蚌壳袖设计图及裁剪图

2. 两片袖

两片袖也称圆装袖，其结构是在合体一片袖的结构基础上变化得到的，通过上面普通一片袖的纸样设计原理，我们可以了解到，普通一片袖是利用了省的转移来完成袖子的合体，但是从人体手臂的生理特征和结构分析得到，断缝要比省更能达到理想的造型效果和目的，其有别于一片袖的最大特点就是其合体性好，能够更加准确地控制袖身的肥度、弯曲度及袖山高。其在童装中主要应用在较大儿童的夹克、外套、大衣等有质感或厚重面料的服装设计中。

儿童合体两片袖的袖山高取$AH/3+1.5$cm为宜。这就导致了两片袖的袖山比一片袖的袖山稍高，从而也就导致了两片袖的袖山弧线长度比一片袖的袖山弧线也要稍长一些，只有这样才能保证袖子袖山部分在更合体的同时不影响手臂的运动。

在合体两片袖的设计中，可以采用借用的方法设计大小袖的结构。方法可以是运用省道转移、分割变化等技法，使大小袖片的袖肥量达到可以相互借用的目的。大袖片增加的量要在小袖片中减去，在通常情况下，为了达到美观的效果，一般采用大袖向小袖借用的手法，这样可以起到隐蔽袖子前部的效果，已取得袖子整体的立体效果。为了适应儿童天生好动的特点，儿童的服装中，大小袖借用量一般较小，以增加穿着的舒适性和运动性。两片袖设计图如图3-99所示，一片袖与两片袖的转化裁剪图如图3-100所示。

图3-99　两片袖设计图

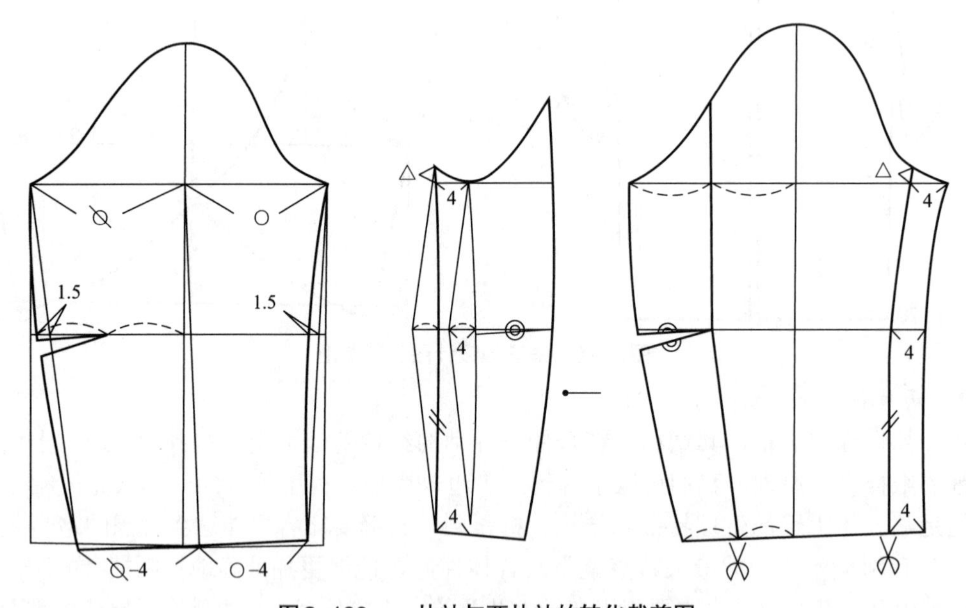

图3-100　一片袖与两片袖的转化裁剪图

两片袖结构从袖原型变化而来，因此先在袖原型基础上按照图3-100所示，作出两片袖的基础线。

两片袖分为有袖衩和无袖衩两种，两者的结构在后袖缝处稍有不同，如图3-101和图3-102所示。

（三）连身袖结构设计

连身袖是非常规袖型的典型代表，该袖型的结构设计与装袖相比，结构变化大，决定因素多，所以在设计和制作中存在一定的难度。它在具有光滑连续的肩袖线条、诱人的外观效

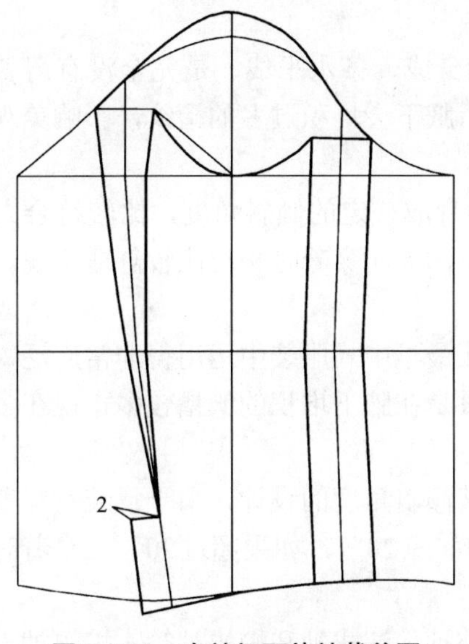

图3-101　有袖衩两片袖裁剪图

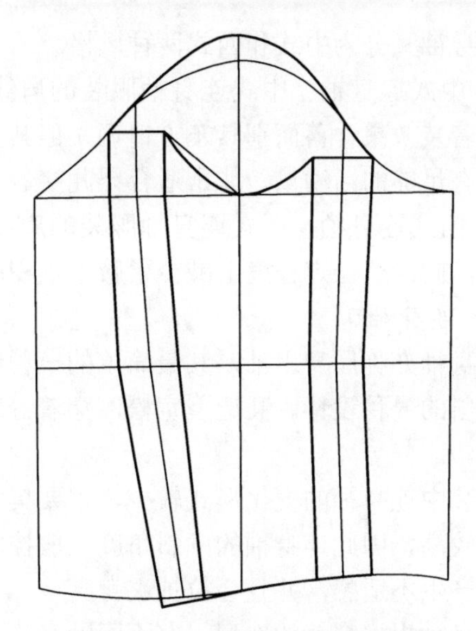

图3-102　无袖衩两片袖裁剪图

果的同时，还应像普通装袖一样舒适合体。

从广义上讲，连身袖是指衣身的某些部分和袖子连成一个整体的袖子。根据连身袖衣身与袖身相连的关系，可以分为全部相连和局部相连两种。中式连身袖是全部相连袖型的代表性结构，插肩袖（或称连肩袖）是局部相连的代表性结构。从狭义上讲，连身袖是指袖窿结构线彻底消失，袖子与衣身合为一体的袖子。因其袖子与衣身直接相连，故其外观造型、适体性和运动功能性等与圆装袖（基本袖型）完全不同，而且别具特色。

连身袖也是出现最早的一种袖型，其特点是通过袖窿线与下体衣身连在一起，尤其是在婴儿装和传统服装中多采用连身袖设计，该袖型缝制较为简单，具有自然淳朴的风格。其造型宽松，穿着舒适，多运用于婴儿装中，如图3-103所示。

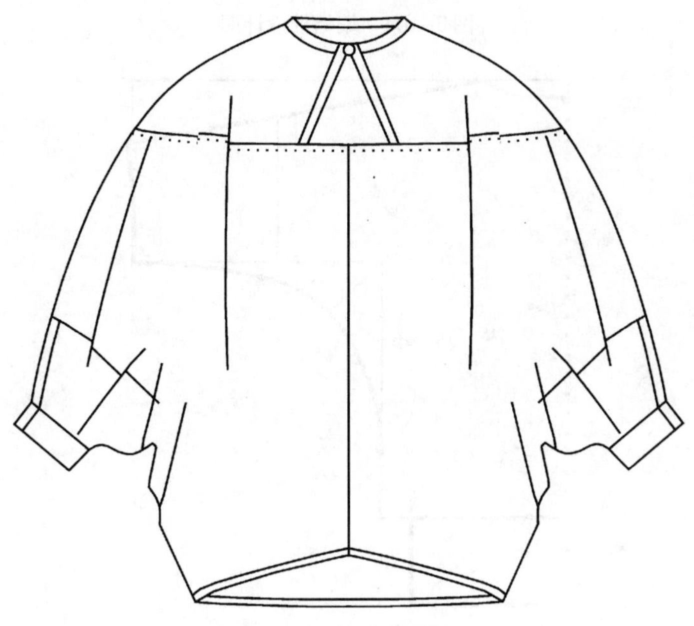

图3-103　连身袖设计图

连身袖又分为中式和西式两种风格。

① 中式连身袖　中式连身袖服装的肩线与袖身成一条水平线，是完全没有肩斜的一种设计，着装效果含蓄而别具东方情调，但其穿着后腋下会堆积过多的褶纹，影响美观。由于其腋下有足够的活动量，非常适合婴儿穿着。

② 西式连身袖　西式连身袖服装的肩线与袖身成一定的倾斜角度，比较符合人体的自然线条走向，从一定程度上减少了腋下堆积的褶纹，因而穿着时相对比较舒适美观。

1. 连身袖

连身袖亦称原身出袖，其最简单的一种结构在最早中式服装中运用得非常广泛，是完全没有肩斜的一种设计。其造型宽松，穿着舒适，只是在腋下堆积的皱褶较多，现在多运用于婴儿装。

童装中连身袖的变化形式较少，主要集中在其倾斜角度的设计，由于童装对穿着舒适度的要求较高，因此连身袖的倾斜角度一般控制在0°～20°，如果超过20°，穿着时当手臂抬起会产生不适感，并且会拉扯衣身。

连身袖根据穿着的造型，有不同的名称，如盖袖、法式袖和蝙蝠袖等。蝙蝠袖设计图和结构制图，如图3-104和图3-105所示。

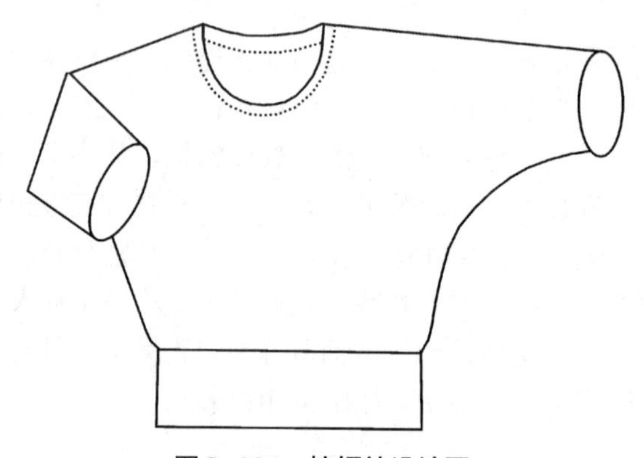

图3-104　蝙蝠袖设计图

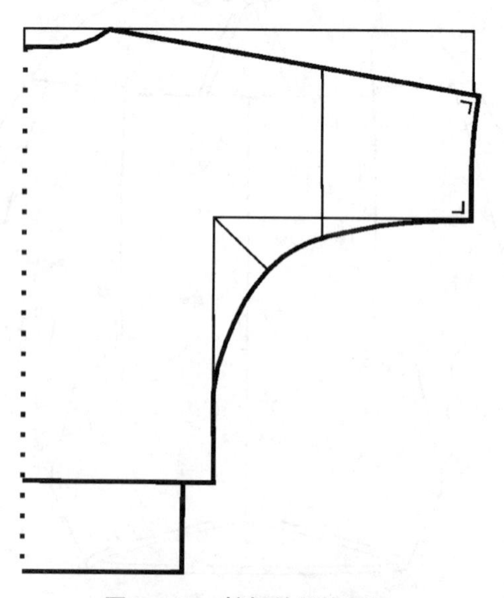

图3-105　蝙蝠袖结构制图

2. 插肩袖

插肩袖就是指衣身的肩部与袖身连接为一体的袖型，这种袖型是近年来常用的袖型。插肩袖由于袖身借用了衣身的肩部部分，在衣身前、后正面看不到袖窿线形的袖型，因此没有清晰的肩宽，而且造型宽松，因此非常适合生长发育期的儿童，广泛用于婴儿装、T恤、外套、运动服等童装中。插肩袖设计图、立体展示图和绘制图如图3-106、图3-107和图3-108所示。

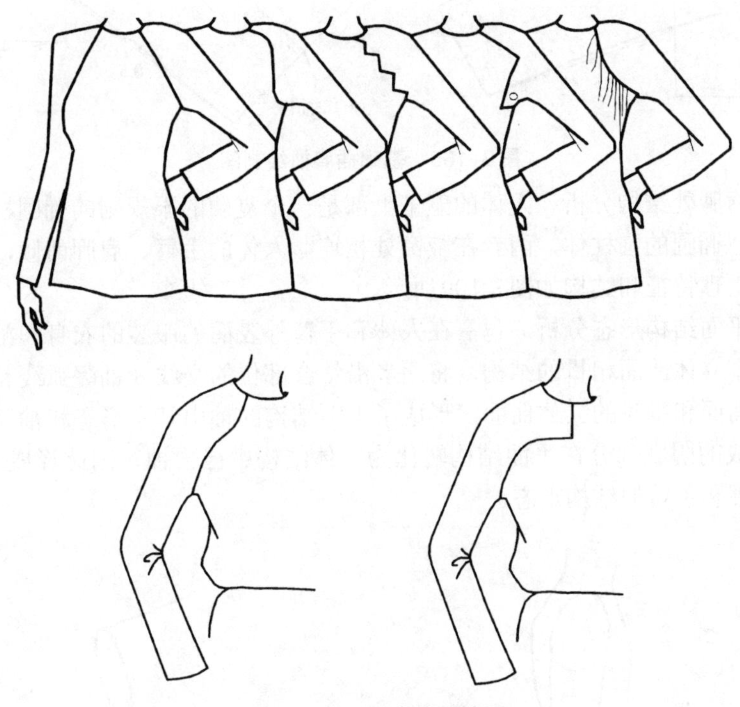

图3–106 插肩袖设计图

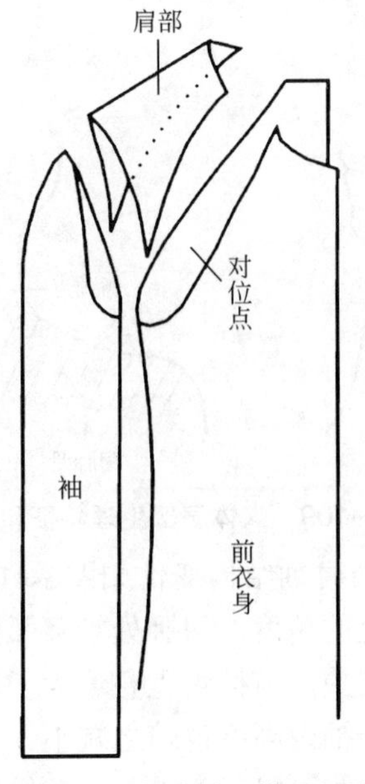

图3–107 插肩袖立体展示图

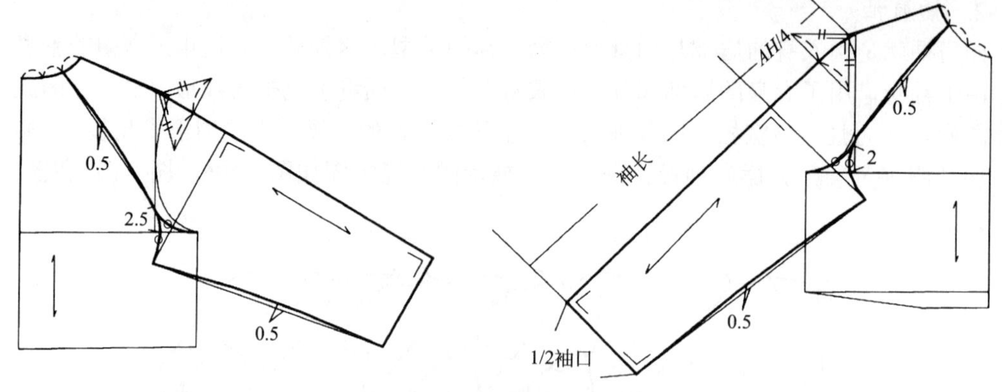

图3-108 基础插肩袖绘制图

（1）人体肩胛处结构分析 人体的躯干上部是一个复杂的不规则的椭圆柱体，人体的手臂也是一个近似椭圆的圆柱体，两者在腋窝处相连，人体的手臂、肩胛前倾，人体肩峰处突出。人体肩部生理特征和结构如图3-109所示。

（2）服装平面结构形态分析 包裹在人体和手臂外表面的服装的衣身和袖筒，在人体腋窝处构成第二个立体曲面相贯的结构，将两者沿结合部位的交线（袖窿弧线和袖山弧线）展平衣身的立体曲面和袖身的立体曲面，形成了平面结构的袖山基本形态和袖窿基本形态。肩胛及腋窝处形成的阴影部分在平面结构转化为立体结构中已去掉，因此形成立体服装结构，适合人体的肩胛和手臂的结构形态。

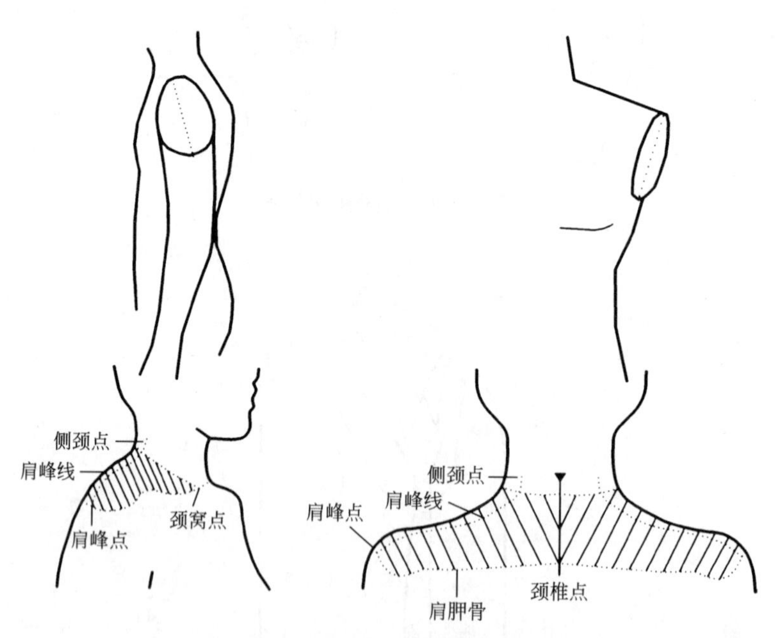

图3-109 人体肩部生理特征和结构

（3）插肩袖结构变化原理 插肩袖结构变化如图3-110所示。从图上可以得出，插肩袖的结构为小肩线与袖中线成为一定的角度，肩胛处袖窿弧线与袖山弧线重合，而腋下袖山底弧线与袖窿底弧线交叉形成插角重叠，前插角重叠量大于后插角重叠量。小肩线与袖中线形成的角度小，则插角重叠量减小，袖山高度也随之减小。反之亦然。

插肩袖的变化非常丰富，分割线可以任意设计，在绘制纸样时，应根据具体的分割位置和形状来绘制。从结构上来分，有一片插肩袖、两片插肩袖和三片插肩袖，形式不拘一格，可以构成不同的装袖造型效果。风格按宽松程度可分为较贴体型、较宽松型、宽松型；按分割线的形状可分为插肩袖、半插肩袖、落肩袖、复肩袖、袖身分割、衣身分割、插角分割。插肩袖按分割款式还可分为肩章式、正常式和育克式，如图3-111所示。要掌握插肩袖的各种结构和形式，但结构的原理是一致的。必须掌握决定其变化的以下因素。

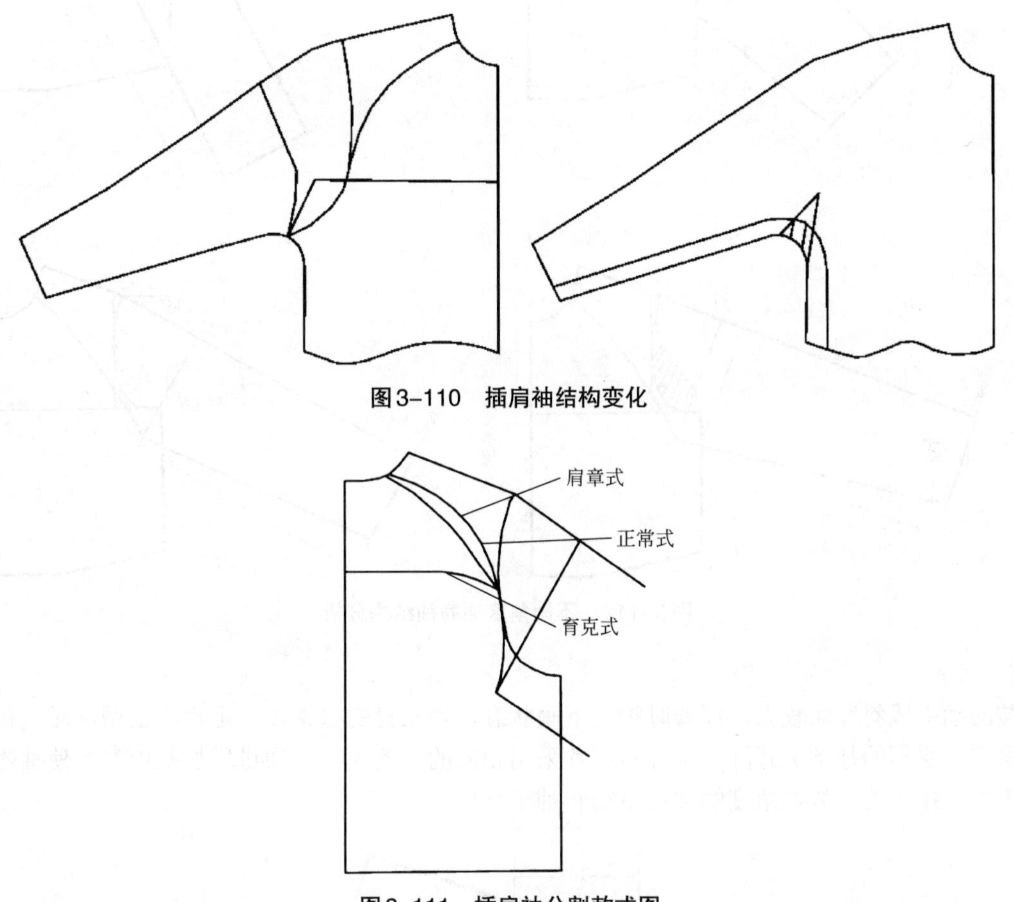

图3-110　插肩袖结构变化

图3-111　插肩袖分割款式图

① 角度　不同的倾斜角度会对手臂的活动幅度和袖型产生影响。角度越大，袖山越高，袖肥越小，袖子越合体；角度越小，袖山越低，袖肥越大，袖子越宽松，即该倾斜角度与袖肥之间成反比关系。一般而言，插肩袖的倾斜角度取值范围为0°～60°，若超过60°，袖子会限制手臂的活动。但是因为童装对舒适度的要求较高，所以童装中的插肩袖倾斜角度通常不超过45°。其中0°～21°为宽松式造型，21°～35°为较宽松式造型，35°～45°为较合体式造型，45°～60°为贴体式造型，如图3-112所示。较宽松式适合用于夹克衫、长袖女衬衫、童装等，较贴体式用于女衬衫、风衣、童装、大衣等，贴体式多用于男、女大衣设计中。

由于在实际操作中很少用量角器，所以制图时可以采用作等腰直角三角形中线的方法，辅助确定插肩袖的倾斜角度。其具体做法是：以肩点为顶点，10cm长为腰作一个等腰直角三角形，并且作该三角形斜边的中线，倾斜角度为45°，如图3-113所示。以该中线为基础，在合理的范围内调整斜度以获得袖子的倾斜角度。在通常情况下，在合体套装、大衣类

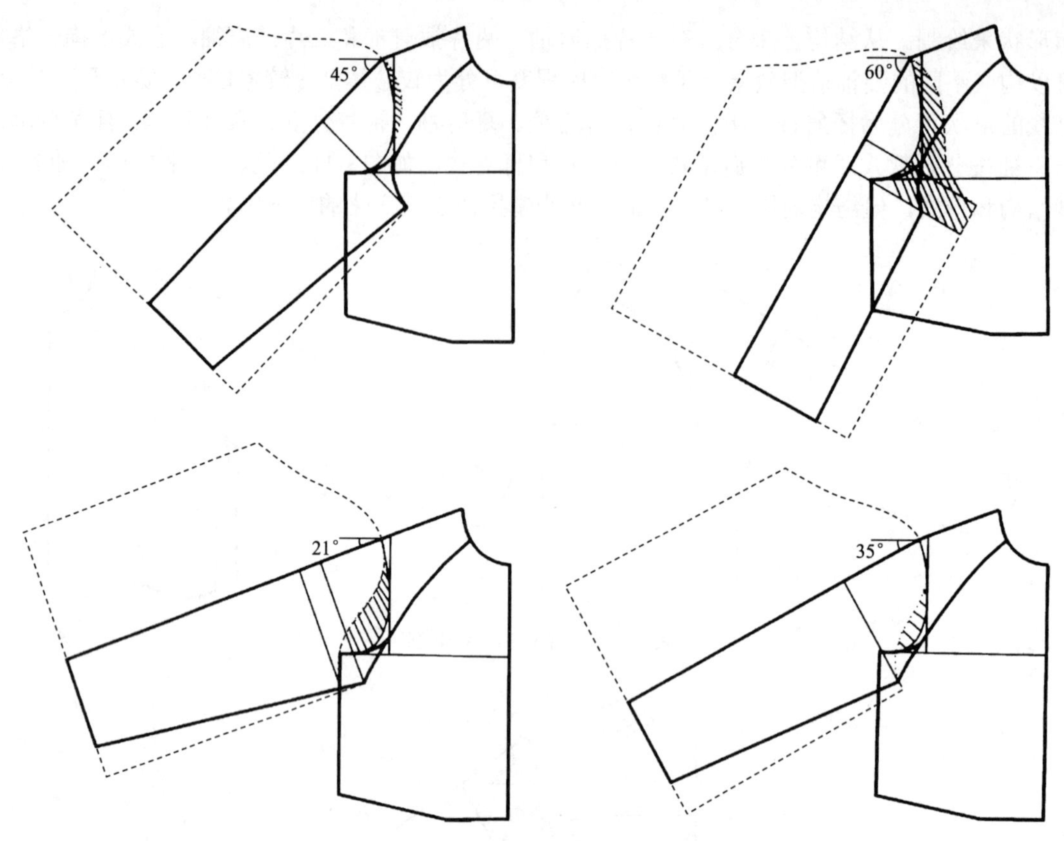

图3-112　不同角度插肩袖结构分析

服装的袖中线斜度比较大，穿着时接近下垂状态，当衣身的松量在一定程度上增加时，袖窿在插肩袖原型的基础上开深，袖片与衣片采用相同的下落尺寸，通过增加袖山高，使袖落山线下落，在不改变装袖角度的前提下绘制袖子纸样。

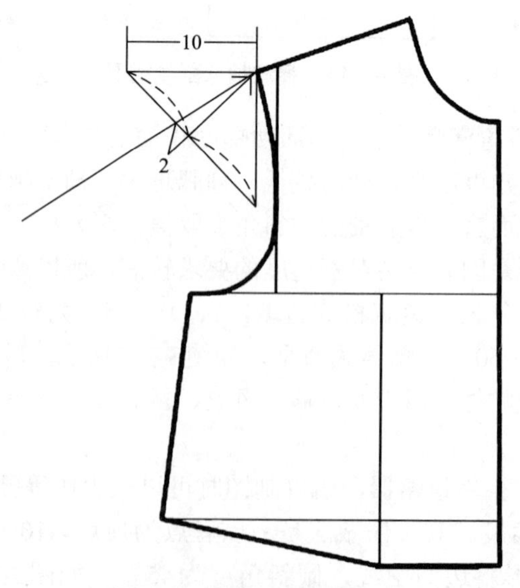

图3-113　确定插肩袖角度

② 袖山高　袖山高随着袖窿深度和衣身松量的变化而变化，随着袖子的倾斜角度变大而增加，如果袖山高的值与倾斜角度不匹配，便无法完成插肩袖结构制图。确定合理的袖山高以后，作其垂线，得到袖肥线，如图3-114所示。

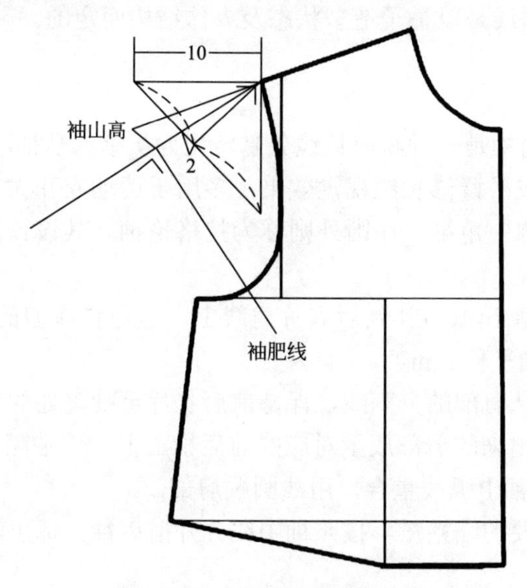

图3–114　确定插肩袖袖山高

③ 基点　插肩袖的基点为袖窿弧线与袖山弧线的公共交点，一般不高于胸宽线或背宽线的1/2处。在合理的范围内，基点可以随造型上下调节。插肩袖是根据基点完成衣身和袖身的分割。基点以上的部分可以是从基点出发的任意分割线，基点以下为衣身和袖身的重叠部分。根据经过基点分割线的造型，插肩袖可以分为普通插肩袖、半插肩袖和肩章袖等。

由于基点以下部分为袖身与衣身的重叠部分，所以袖窿弧线和袖山弧线必须分开绘制。其具体做法是：过基点作衣袖的腋下部分曲线，此曲线与对应的袖窿曲线曲向相反、曲度相近、长度相等，最后圆顺曲线，如图3-115所示。

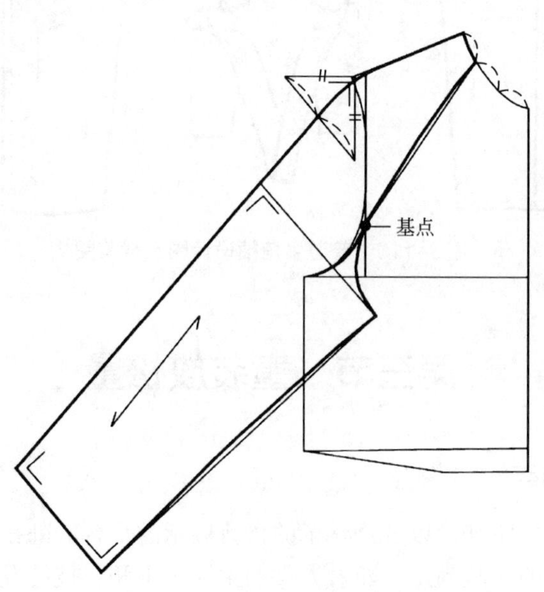

图3–115　插肩袖基点示意图

插肩袖后片结构与前片基本一致，细微差别在于前袖比后袖倾斜角度略大2°～3°，而且比后袖略窄，以避免袖中线向后偏斜。

④ 袖窿弧线　前后腋点是袖窿弧线变化的转折点，腋点以上部分的插肩线是以款式而变化的，腋点以下的插肩线是以袖子造型状态及人体结构而定的。

【实例3】普通牛角袖

款式特点：普通牛角袖是一种将肩直线分割转化为从领围至袖窿的斜分割线，使衣身肩部与衣袖连在一起，形成手臂修长的视觉效果，多用于运动衣和大衣等款式的袖子造型中。因其外形像牛的角，又称牛角袖，在国外则称为拉格伦袖。其设计图及裁剪图如图3-116所示，制作步骤如下。

① 将前衣片肩线分割出1cm补到后衣片肩线上，这是将原型的肩线放回人体正常的肩线处。原型袖中线向前袖平移1cm。

② 标示出前后衣片从肩部的分割线，保持前后衣片至袖窿处的分割距离相等。

③ 将前后衣片分割出来的肩部放至对应的前后袖山上，使袖窿上*B*、*D*两点与袖山弧线重合，前后肩点*A*、*C*与袖山弧线重合，用线圆顺肩部。

③ 袖山顶减去不必要的缩褶量，按照袖中线分开前后袖。标出对位号和经向号。

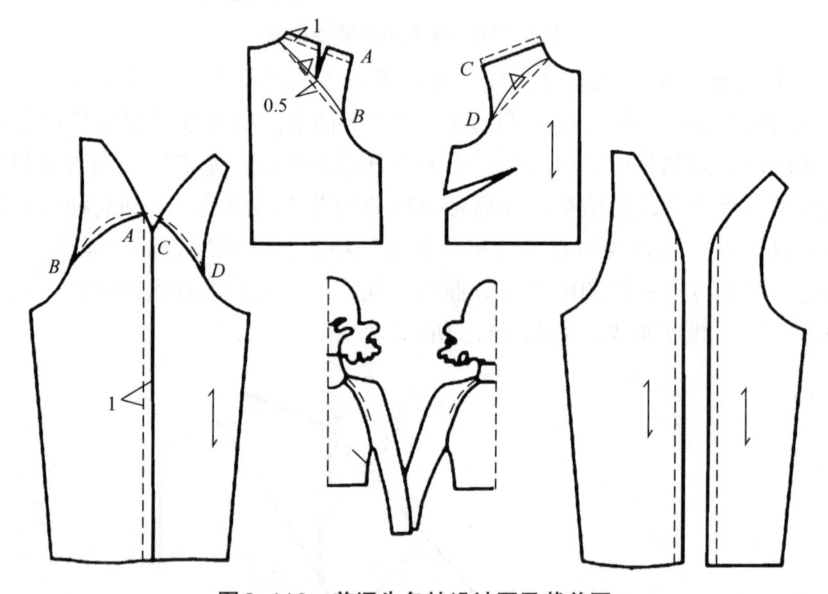

图3-116　普通牛角袖设计图及裁剪图

第三节　童装放松量

一、童装结构特点

服装作为人体的第二肌肤，以及物化了的自我展示的平台，外在给视觉带来美感，内在给着装者以生理和精神的无限满足。随着人类的生活水平和科技的发展的提高，人们对服装的全方位要求在不断更新提高，除了视觉的满足外，还要充分考虑与人体各生理因素的关

系，最终达到人体自我愉悦的提升和满足。

儿童的生理阶段是人发育的起点，也是最重要的发展阶段，该阶段对于服装的要求无论从国家层面还是家长层面，都对儿童服装的款式和材料进行了严格的规定和谨慎的购买抉择。

童装的放松量是指在净尺寸的基础上构成儿童身体组织弹性及呼吸所需的量而设计的，运动度是为有利于儿童的正常活动而设计的。

服装的上装与人体的肩、胸、腰，下装与人体的腰、臀部位有着密切的关系。人体的胸、腰、臀是一个复杂的曲面体，胸、腰、臀的放松量是决定服装轮廓造型的关键，也是服装穿着舒适性的关键，为使服装穿着方便，不影响儿童的生长发育，同时又达到美观的效果，应对不同的体型、不同服装的款式造型进行各部位放松量的合理加放。根据儿童年龄的不同，各部位围度的放松量应做适当调整，越小的儿童，服装的舒适功能要求越强，放松量越大，学龄期的儿童服装放松量接近或等于成人的围度放松量。儿童生长充实期、伸展期及学龄期的服装设计图如图3-117～图3-119所示。

同时服装在制作过程中，由于各种外力的作用会产生不同的外形变化，这与人的穿着方式和服装的材质有一定的关系。在通常情况下，服装的放松量遵循放宽后背、加大袖宽、增加衣身围度，改用弹性面料的方法达到静态和动态的良好舒适度。

童装追加松量的部位有胸围、肩斜线、腰围、臀围、头围、颈围。追加尺寸的多少，是原型法裁剪的重点和难点，当然，结构设计不是唯一的，其本身具有一个允许的模糊范围。模糊范围的存在给设计者提供了一个宽松的、具有弹性的设计空间，使设计者可以淋漓尽致地展现出个性和风格。下面就来针对这种模糊的设计进行规律的总结。

图3-117　儿童生长充实期的服装设计图

图3-118　儿童生长伸展期的服装设计图　　图3-119　儿童学龄期的服装设计图

二、童装的上装放松量

1. 胸围放松量

胸围的放松量主要体现在后侧缝、前侧缝、后中线和前中线上。由于人体经常向前运动，所以追加松量时后身幅度比前身幅度要充分，为了保持服装前后中心部位的平整，大部分的追加松量分配在侧缝。

公式：基本放松量（6～8cm）+衣服的厚度所需的间隙松量+成衣周围与体围之间所形成的平均间隔量。

2. 肩斜线放松量

获得肩斜线放松量的途径有两条：一是延长肩斜线；二是抬高肩斜线。自然肩位的服装肩斜线一般延长范围为0～3cm，以前片为准。后片小肩宽略长于前片小肩宽0～0.5cm。后片原型肩斜线中包含肩胛省1.5cm，极其宽松服装取消肩胛省，使1.5cm成为肩斜线的一部分。

3. 腰围放松量

较小的儿童，腹部凸出，腰围尺寸实际上是腹围尺寸，放松量不但不能小于胸围放松量，而且在进行款式设计时，应设计成褶裥、抽褶或A形结构，以增加腰围的放松量。较大的女童，虽然到15岁，体型逐渐发育，出现胸腰差，但体型仍然没有发育完全，胸腰差要小于成年女子，同时考虑到女童的生长发育，款型设计不应十分贴体，因此其腰围的最小放松量应不小于8cm。

4. 臂围放松量

针对儿童的特点，臂围=人体臂根围（净尺寸）+内衣厚度。

三、童装的下装放松量

1. 腰围放松量

腰围是在直立、自然状态下进行测量的。当人坐在椅子上时，腰围围度约增加1.5cm差异；较小儿童进餐前后会有4cm的变化。因此，婴幼儿腰围放松量最小为4cm，在款式结构上可采用背带或橡皮筋收缩，通常较大儿童裤子腰围放松量为2～2.5cm。

2. 臀围放松量

人体站立时测量的臀围尺寸是净尺寸，当人坐在椅子上时，臀围围度约增加2.5cm，坐在地上时，臀围围度约增加4cm，根据人体不同姿态时的臀部变化可以看出，臀部最小放松量应为4cm，但为了适应儿童天生爱动的特性，同时做到穿着舒适合体，放松量应在8cm左右。

童装主要品种围度参考放松量见表3-1。

表3-1　童装主要品种围度参考放松量　　单位：cm

品种部位	胸围	腰围	臀围	颈围
衬衫	12～16			1.5～2
背心	10～14			
外套	16～20			2～3
夹克衫	18～26			2～4
大衣	18～22			3～5
连衣裙	12～16			
背心裙	10～14			
短裤		2（加橡皮筋除外）		
西裤		2（加橡皮筋除外）	8～10	
便裤		2（加橡皮筋除外）	12～14	
半截裙		2（加橡皮筋除外）	17～18	

四、其他部位放松量

另外，头围和颈围的放松量都是很有限的，一般加上最小极限，一般在0～1cm区间，颈围加松量是关门领领口尺寸设计的参数，头围加松量是贯头装领口尺寸设计的参数，很多童装款式都有兜帽设计，因此头围尺寸在童装设计中尤为重要。其次，还有掌围和足围也都是加上各自的松量为最小极限，掌围加松量是袖口、衣袋尺寸设计的参数，足围加松量是裤口尺寸设计的参数。

以上围度尺寸设计是普遍规律，根据不同面料性能，围度应做适当修正，如机织物和针织物在围度上应有所不同。具体到童装中的某些款式，如童装中的体操服设计，其成衣围度比人体实际围度要小，这是因为体操服通常多采用伸缩性强的针织物的缘故。童装开放性结构设计，在上述围度最小极限的要求下，可以依据美学法则和流行趋势进行具有创意的综合设计。

儿童成衣纸样各部位计算方法如下。

长度方向的量，腰节长为*LW*，围度方向的量，胸围为*B*。

（1）连衣裙=2*LW*（最小号），或者2/*LW*（大号），如今连衣裙的裙长一般较短一些。

（2）短裙=*LW*（小号），或者1/ *LW*（大号），如今短裙的长度一般也较短一些。

（3）睡裙=（7/2）*LW*（大号中要稍长一些）。

（4）睡裤=（5/2）*LW*（或稍长一些）。

（5）灯笼裤=*LW*或根据款式变得略短。

（6）衣身：比净胸围大10cm，对于较小的小孩，则需要加入一定的放松量。

（7）运动装或校服：比净胸围大出12～15cm。

（8）睡裙和罩衣：比净胸围大出12～15cm。

（9）外套和便袍：比净胸围大出15～20cm。

（10）短裙：最小要比净臀围大出8～10cm，较宽松，常常打褶或打碎褶。

（11）下摆宽：7/4胸围～2胸围，通常会更大一些，在有些款式中（比如大衣）也许会要稍小一些。

（12）袖宽：上臂围+5cm或更多。

第四章　婴儿装裁剪实例

第一节　婴儿体型特征及婴儿装分类

一、婴儿体型特征

婴儿通常是指从出生到12个月之内的儿童（0～12个月），该时期的婴儿生理特征为：身高为50～80cm区间，头大，头围和胸围尺寸接近，没有明显的三围区别。婴儿装是刚出生至初学走路的婴儿专用服装，款式结构应以简洁、宽松为主，易脱易穿，没有明显的性别差异。例如，很小的婴儿装没有性别的区分，款式也几乎不受流行的影响，基本的要求就是需要穿着舒适、开口较大、简单系紧、易于穿脱等。对于仍裹着尿布的小婴儿，还需要专门设计适合他们穿着的裤子。婴儿生长结构变化如图4-1～图4-3所示。

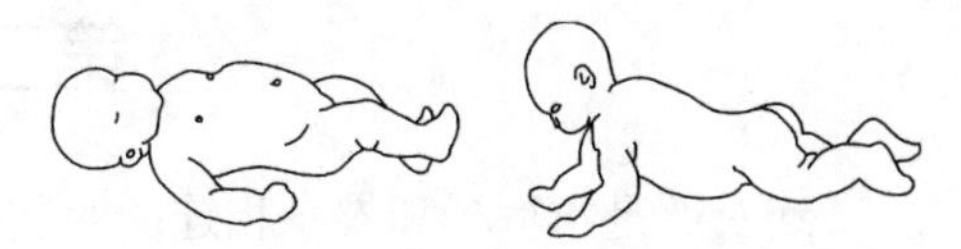
图4-1　婴儿Ⅰ期（0～3个月）

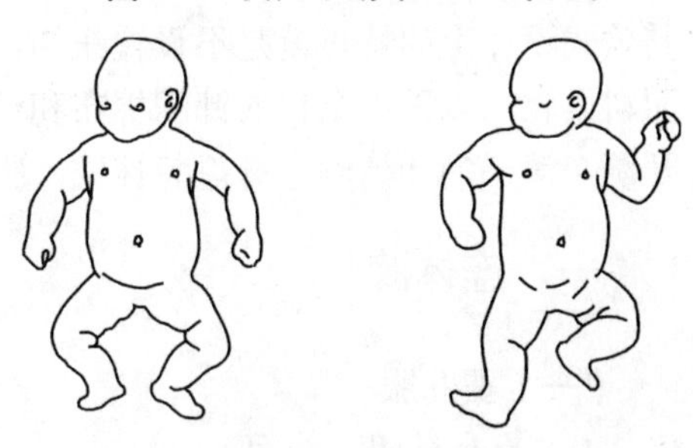
图4-2　婴儿Ⅱ期（4～6个月）

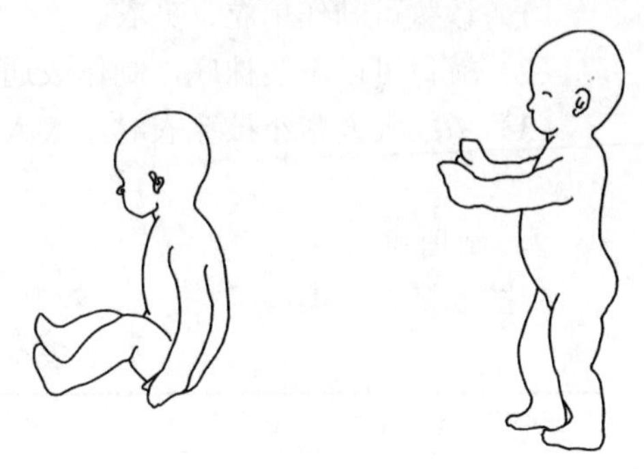
图4-3　婴儿Ⅲ期（7～12个月）

由于婴儿所处生命阶段的特殊性，作为家长需要全方位考虑，无论是服装的款式设计还是面料的选择，都要以有利于宝宝的健康生长发育为主。由于宝宝处于婴儿阶段，生理上还不能完全达到成人的各项标准，就连最基本的功能，如自身还不能具有调节体温的基本功能，作为服装设计师就要考虑通过面料的选择来很好地解决婴儿的这一生理特征。如选择吸湿性、透气性和保暖性良好的面料，以辅助婴儿调节体温，适应气候环境。

二、婴儿装分类

婴儿装一般包括：婴儿内衣裤，婴儿外衣裤，肚兜、襁褓、斗篷及手套，袜子、帽子和围巾，围嘴和手帕等服饰品，如图4-4所示。

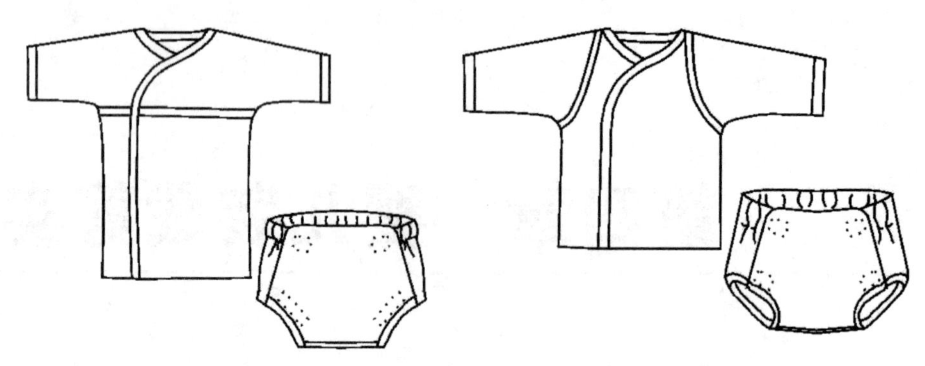

图4–4　婴儿装设计图

婴儿装的装饰手法有很多，可以抽褶、缉明线、加荷叶边、各种花边及装饰扣或蝴蝶结，还可在服装上采用绣、贴、镶、印等工艺添加各种图案，如用一些小动物、水果、玩具、花朵等图案加以点缀，配合婴儿可爱的体态和神态，会产生活泼的童稚情趣。婴儿装的设计还应注重配套设计的原则，与服装相配的围嘴、小帽、手套和脚套等服装配件，会使孩子的穿着体现整体美感，并且方便家长照顾孩子。

第二节　连衣裤

连衣裤是指裤子和衣身相连的服装，连衣裤对婴儿的身躯没有任何束缚，既能适合儿童凸出的腹部，增强舒适性，同时在婴儿外出时又能增加保暖性，是一种非常实用的婴儿装。其款式设计上的特点就是不设置纽扣，全部安装布条，穿时用带子系好，穿脱方便。选用的面料柔软，以采用全棉的针织棉布和汗布为最佳。上衣是连身袖，领子用带子滚边，从腋下开洞，裤子为开裆裤。裤口装袜底，脚踝系带子。连衣裤从款式上又分为连体裤和背带裤。

一、连体裤

(一)婴儿服

1. 量裁说明

(1)该款可制作单衣、夹衣。

(2)裤口可以不装袜底，制作成通脚裤，也可以制作成连袜裤。

(3)考虑大人帮小孩穿衣时，大人手和小孩手一道穿过去，所以袖肥和袖口需要做肥大一点。

2. 制图规格

制图规格见表4-1。

表4–1　婴儿服制图规格　　单位：cm

部位	衣长	胸围	领围	肩宽	袖长
尺寸	30	60	29	40	50

3. 主要计算公式

婴儿服各部位主要计算公式见表4-2。

表4-2 婴儿服各部位主要计算公式 单位：cm

部位	计算公式	数据
衣长	衣长	30
领深	1/12胸围	2.5
袖窿深	1/4胸围-2	13
袖长	袖长	29
领横	1/12胸围-0.5	2
胸围	1/4胸围	15
袖口	1/10胸围+3	9
裤长	裤长-腰头宽	31
裤腰	1/4胸围+2	14.5
裤口	定寸	24

4. 适合年龄

3～9个月婴儿，身高60～75cm。

5. 婴儿服结构制图

婴儿服上衣设计图、婴儿服裤装设计图如图4-5、图4-6所示。

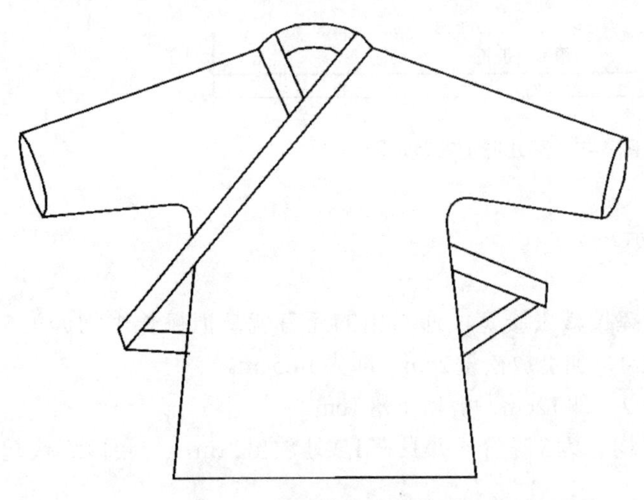

图4-5 婴儿服上衣设计图

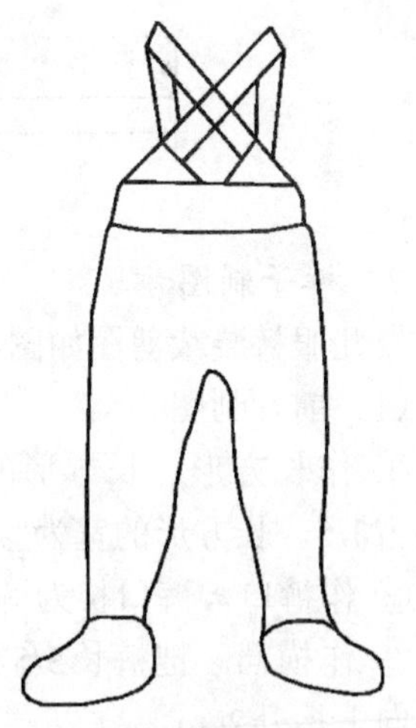

图4-6 婴儿服裤装设计图

6. 衣身制图步骤

婴儿服上衣裁剪图如图4-7所示。

（1）作长方形。长方形宽为1/2胸围，即30cm，高为衣长30cm。作上下平行线的中心线。

（2）量取袖山高。自上平行线沿前片中线向下量取13cm。

（3）作胸围线。作平行于上平行线并垂直于袖山高。

（4）作衣摆线。沿衣宽线各向外扩展2cm，向上抬升2cm，圆顺即为衣摆线。

（5）作袖长。自中心线沿上平行线量取袖长29cm。

（6）作袖口。垂直袖长量取9cm为袖口宽。

（7）作袖裆量。下胸围线4cm，圆顺袖口至衣摆。

（8）开洞口。下胸围线4cm，取2cm开洞。

（9）作前领。前领深取值为$B/12$，即2.5cm，领宽为$B/12-0.5$cm，即2cm。过领深1/2处修顺前领口曲线。

（10）作后领。从上平行线向下取1cm，后领宽等于前领宽，顺势圆顺后领型。

（11）带子制图。作长为60cm、宽为3cm带子，宝剑头1.5cm。

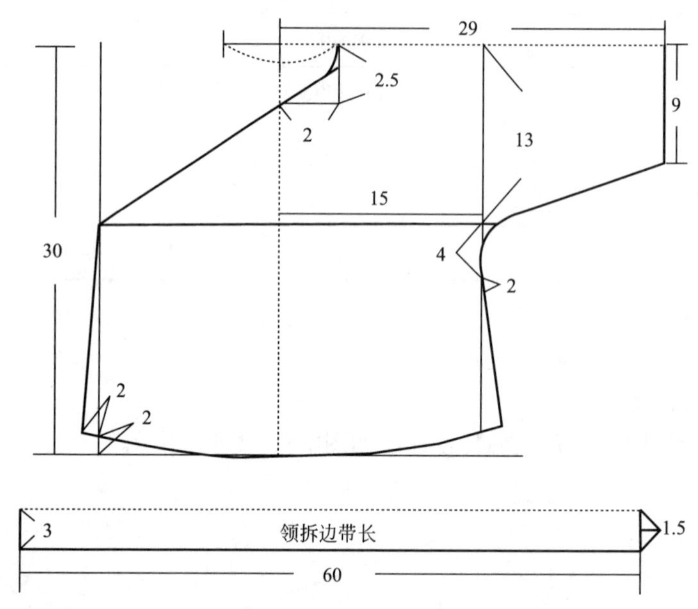

图4–7　婴儿服上衣裁剪图

7. 裤子制图步骤

婴儿服裤装裁剪图如图4-8所示。

（1）前片制图

① 作长方形。长方形的长为裤长减去腰宽，通常用的还有就是把裤长平均分为5份，腰头占1/5。长方形的宽为腰围的1/4，加上放松量2cm，即为14.5cm。

② 作裤口。裤口长为裤口的1/2，即12cm，裤口下落1cm。

③ 作横裆。把裤长3/5处再平均分为3等份，并且在1/3处放出2cm，与腰口连接起来，腰头向上抬升2cm。

（2）后片制图　后片只要在横裆处比前片再放出2cm，圆顺即可。

（3）袜裤制图

① 袜裤制图与通脚裤大体相同，不同之处在于裤袜的制图。

② 作裤口。把裤长4/5处再平均分为4等份，取2等份与裤长下落1cm处相连接，同理裤口向上起翘2cm，顺势从腰头到中心线画弧，其中裤长4/5处需移近1cm，裤长4/5处取1/4偏进1cm，圆顺裤型即可。

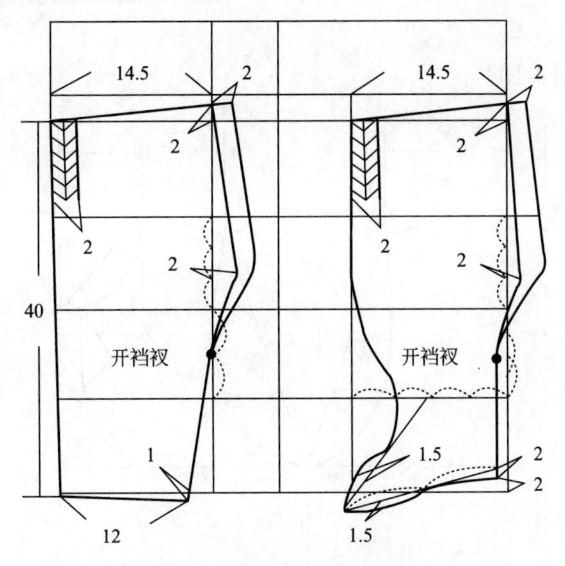

图4-8　婴儿服裤装裁剪图

（二）连身衣

1. 量裁说明

（1）该款可制作成单衣。

（2）考虑大人帮小孩穿衣时，大人手和小孩手一道穿过去，所以袖肥和袖口需要做肥大一点。

2. 制图规格

制图规格见表4-3。

表4-3　连身衣制图规格　　单位：cm

部位	衣长	胸围	领围	肩宽	袖长
尺寸	36	60	25	20	12

3. 适合年龄

3～9个月婴儿，身高60～75cm。

4. 款式设计

连身衣设计图如图4-9所示。

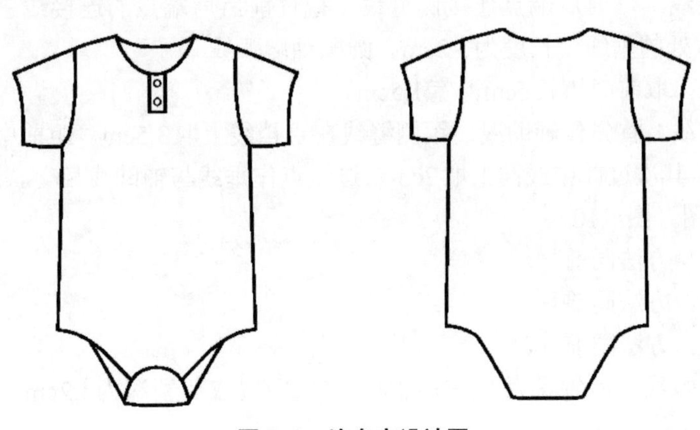

图4-9　连身衣设计图

5. 制图步骤

（1）前片制图（图4-10）

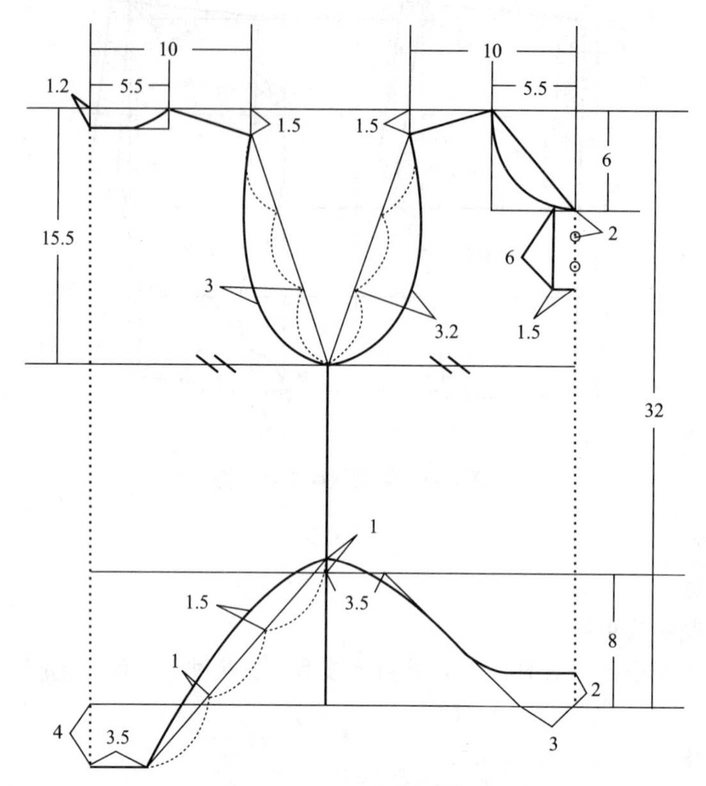

图4–10　连身衣衣身裁剪图

① 作长方形。长方形宽为1/4胸围，高为衣长（衣长为背长+直裆+4cm放松量）。

② 作胸围线。自上平行线向下取净袖窿深+5cm放松量为胸围线。

③ 作直裆线。自胸围线向下平行线量取直裆线长度作下平行线的平行线。沿侧缝线向上取1cm处，为直裆上止点。

④ 作前领口弧线。前领宽为1/5颈根围+0.5cm放松量，前领深为1/5颈根围+1cm。按款式造型圆顺前领口弧线。

⑤ 作前肩斜线。在1/2肩宽处取落肩尺寸1.5cm。

⑥ 作袖窿弧线。过前肩端点连接侧缝线，把过前后肩端点的连接线三等分，并且分别作靠近胸围线1/3处的垂线，长度为3.2cm。圆顺袖窿弧线。

⑦ 作前门襟。取前门襟长6cm，宽1.5cm。

⑧ 作直裆弧线。首先作辅助线，距侧缝线在直裆线上取3.5cm，距前中线在下平行线取3cm，连接两点。其次过前中线向上取2cm，过该点作垂线与辅助线相交。圆顺直裆弧线。

（2）后片制图（图4-10）

① 作长方形。方法同前片。

② 作胸围线。方法同前片。

③ 作直裆线。方法同前片。

④ 作后领口弧线。后领宽为1/5颈根围，过后中线取后领深为1.2cm。按款式造型圆顺后领口弧线。

⑤ 作后肩斜线。在1/2肩宽处取落肩尺寸1.5cm。

⑥ 作袖窿弧线。过后肩端点连接侧缝线，把过前后肩端点的连接线三等分，并且分别作靠近胸围线1/3处的垂线，长度为3cm。圆顺袖窿弧线。

⑦ 作直裆线。方法同前片。

⑧ 作直裆弧线。首先做辅助线，过后中线作4cm的放松量，过该点作垂线3.5cm并平行于下平行线，连接直裆上止点和该点，然后三等分该直线，过等分点分别作垂线为1cm和1.5cm，最后圆顺直裆弧线。

（3）衣袖制图（图4-11）

① 确定袖山高。为了增加手臂的活动空间取袖山高为5cm。

② 确定袖宽尺寸。前后袖山斜线分别为*AH*/2，以此确定前后袖宽点。

③ 作袖山弧线。将前袖山斜线四等分，上1/4点外凸0.6cm，下1/4点内凹0.5cm，用光滑曲线连接袖山点、外凸点、内凹点和袖宽点，完成前袖山弧线的绘制。后袖山弧线同前袖山弧线。

④ 作袖口线。取袖长12cm，袖口尺寸被袖中线平分。修正袖口线即可。

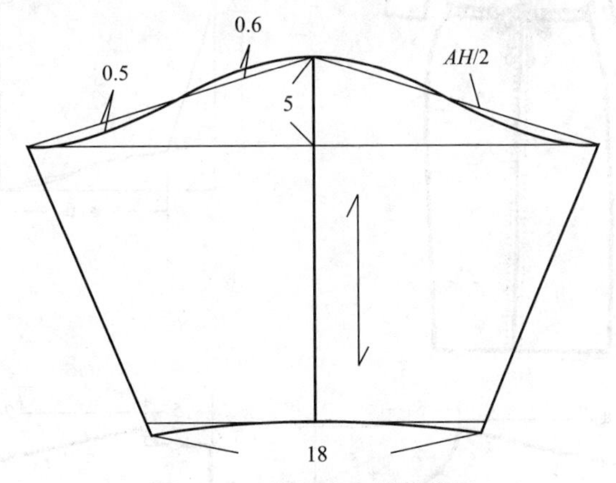

图4–11　连身衣衣袖裁剪图

（三）衣袋装（睡袋装）

衣袋装（睡袋装）是婴儿外出时必不可少的服装，通常衣身合拢形成密封，外观呈现口袋状，起到了保暖功效。其材料上多以棉质面料为主，款式上以宽松为主。

1. 制图规格

其制图规格见表4-4。

表4–4　衣袋装（睡袋装）制图规格　　单位：cm

部位	衣长	胸围	领围	肩宽	袖长	袖窿深	袖口宽
尺寸	55	56	25	21	19	15.5	8

2. 适合年龄

0～12个月婴儿，身高50～80cm。

3. 制图步骤

衣袋装（睡袋装）设计图及裁剪图如图4-12所示。

（1）衣身制图

① 采用比例法制图，胸围、肩宽等各部位放松量较大，达到宽松舒适的目的。

② 前后胸围、肩宽、门襟等对应部位尺寸相等。

③ 袖子自前后肩点下落2cm，各量取袖长为24cm，袖口8cm。

④ 袖窿弧线端点自胸围下落4cm，圆顺即可。

（2）帽子制图

① 作帽子基本框架。长度为头长25cm，作头宽线垂直于头长线17cm，形成帽子的基本框架。

② 作帽子下口线、帽顶和前后中弧线。具体尺寸和制作参考图4-12。

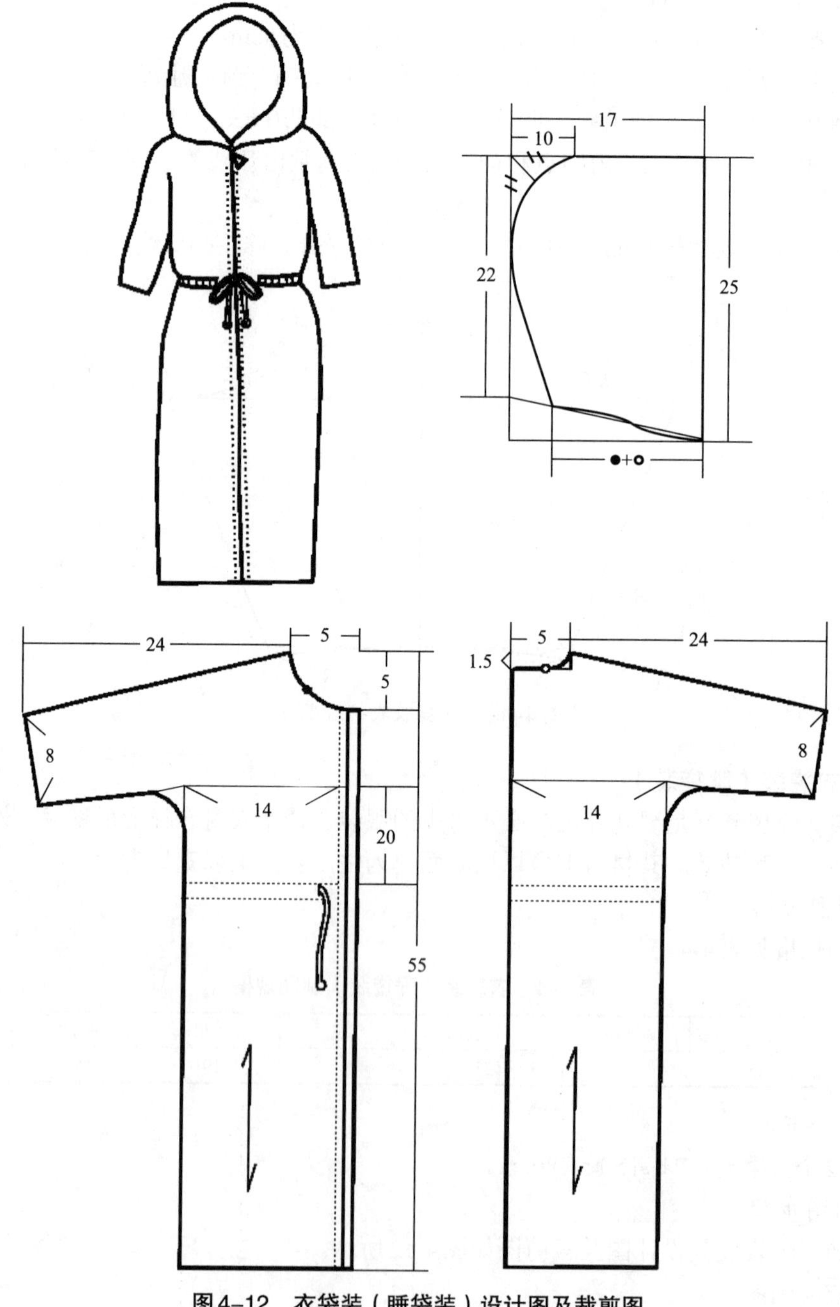

图4–12 衣袋装（睡袋装）设计图及裁剪图

（四）连脚裤

连脚裤为婴儿装中最常见和经常穿着的款式之一，能起到很好的保暖功能，可以采用纯棉或天然纤维面料制作。其制图规格见表4-5。连脚裤设计图如图4-13所示。

表4-5　连脚裤制图规格　　单位：cm

部位	衣长	领大	肩宽	胸围	袖长
尺寸	57	25	24	56	20

图4-13　连脚裤设计图

连脚裤制图需胸围加放16cm，袖窿深为净袖窿增加5cm放松量，袖口设计为16cm，以身高70cm，约5个月大的婴儿为例制图。连脚裤裁剪图如图4-14所示。

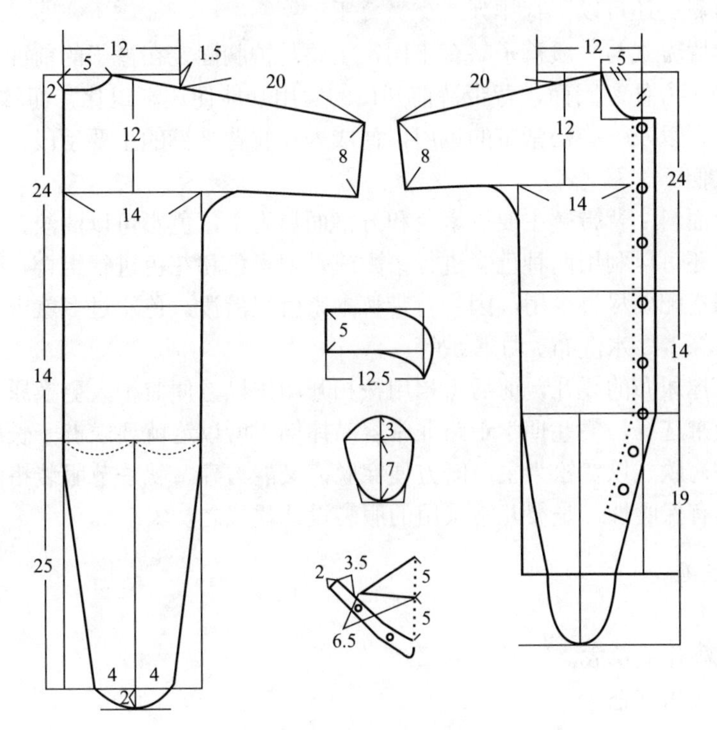

图4-14　连脚裤裁剪图

二、背带裤

背带裤是一种在裤子的腰部连着背带的服装款式。背带是背带裤的主要特征，大多数背带裤还在裤子的前面，在背带和裤腰之间有一个极具特点的护胸。背带既可以替代腰带把裤子稳定地穿着在人体上，又具有极强的装饰作用，适合多种体型、不同年龄的人穿着，因而，非常适合儿童生理及心理的需要，是儿童各个阶段最重要的服装款式，不仅男孩喜欢，女孩也经常穿着。背带裤童装设计要点如下。

背带形态及系结方式：背带的形态可宽可窄，可等宽，也可一头宽、一头窄。背带的长度要与护胸一同考虑，也可长可短。背带，既可以是单一的带子，也可以在带子边上或是上面，再附加一些装饰，如加褶边、加牙条、加图案、缉明线或换颜色等。背带的系结方式有多种，如用扣子、用卡子、用四合扣、用尼龙搭扣或直接系出花结等，还可以几种方式混合使用。背带的系结状态既可以与腰或护胸直接相连，也可以在腰或护胸上伸出一块再相连，还可以在护胸上穿孔，把背带穿过护胸再回折等。

护胸形态及连接：护胸的形态可方可圆，还可以变为多边形、三角形或某种具象形。既可以是前面一块，也可以围绕前后身或延长到身体侧面。护胸与裤子的连接，既可以夹缝在腰缝里，也可以穿插到裤片里或与腰条合二为一。

儿童背带裤的造型主要以萝卜型、直筒型、紧口型为主。长度亦有长裤、短裤、七分裤之别。裤口，可以外加脚口，也可以向外翻折。裤口的外侧还可以留有开口，也可以外加装饰或用松紧带收紧。

口袋形态及裤片分割：口袋既具有实用性，又具有装饰性。口袋的设计可明可暗、可方可圆、可大可小、可多可少，还可以构成裤片的组成部分或形成立体的状态。分割的设计可竖可横、可曲可斜，还可以平行排列或交叉叠压。

背带裤的穿脱方式与一般裤子略有不同，主要是护胸固定在裤子的前面，若裤子的前开形式用起来就极不方便。因而，背带裤前开口的实用功能便逐渐退化，而转化为一种装饰；侧开口或后开口，以及一些松紧带的运用，便成为穿脱背带裤的主要手段。设计时，要想办法巧妙地运用它们。

色彩搭配及面料：背带裤主要以素色和方格面料为主，色彩可以清淡、纯正、鲜艳，一般深暗色较少。还可以利用两种色彩进行搭配或是把素色和花色进行组合，效果都很好。但三种以上色彩的搭配要尽量少用，因为背带裤本来就很活泼，色彩过多就容易变花哨。常用的面料有棉布、涤卡、水洗布、灯芯绒等。

对于没有去掉尿布的婴儿，前后下裆用按扣开闭，以方便监护人更换尿布。裤长可根据季节和成长阶段来选择，婴儿期学走路非常容易摔倒，所以这就要求裤子长度不宜太长。以过膝盖下部为主，款式以宽松为主，既方便穿脱，又能与春、秋季节服装搭配混穿，既起到了装饰性，又具有保暖性，是婴儿常采用的服装设计款式之一。

（一）背带长裤

1. 量裁说明

（1）该款可制作成单衣。

（2）裆部用按扣开合。

（3）考虑大人帮小孩穿脱衣方便，衣身与裤装用背带相连接。

2. 制图规格

其制图规格见表4-6。

表4-6 背带长裤制图规格　　单位：cm

部位	衣长	胸围	领围	肩宽	袖窿深	臀围	上裆长	裤长
尺寸	23	70	26.5	26	16.5	70	18	33.5

3. 适合年龄

3～12个月婴儿，身高60～80cm。

4. 款式设计

背带长裤设计图如图4-15所示。

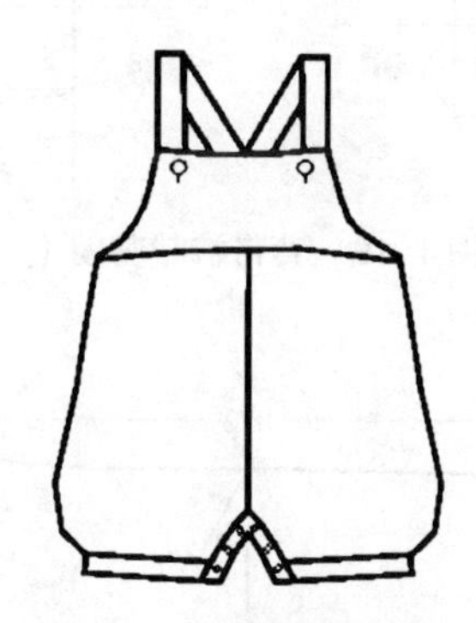
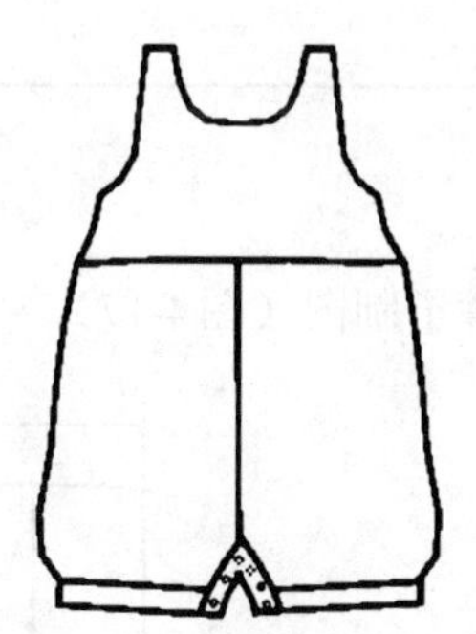

图4–15　背带长裤设计图

5. 制图步骤

（1）前衣片制图（图4-16）

① 作长方形。长方形宽为$B/4$，高为背长。

② 作袖窿深。净袖窿深加上放松量5cm。

③ 作前片基本型。前领宽为1/5颈根围加上放松量0.2cm，前领深为前领宽加上放松量0.5cm。

④ 作前肩斜线。在1/2肩宽处取落肩1.5cm。

⑤ 作上衣衣摆线。前片增加1.5cm的腹凸量，以适应婴儿的体型特征。

⑥ 作前片护胸。前片护胸的领宽点为自侧颈点沿肩线下移1cm，领深自基本型领深点下移4cm。领深线上的背带宽2.5cm，延长背带长2cm作为调节量，护胸的宽度以背带的位置为基准，沿背带线向上1cm作弧线，作护胸袖窿弧线。

⑦ 作护胸贴边。前中心宽度为4cm，侧缝处宽度为4cm。

（2）后衣片制图（图4-16）

① 作长方形。长方形宽为$B/4$，高为背长。

② 作袖窿深。净袖窿深加上放松量5cm。

③ 作上衣衣摆线。自背长线向下取3cm作上衣衣摆线。

④ 作后片护胸。后片护胸的领宽点为自侧颈点沿肩线下移1cm，领深点沿后中辅助线下移4cm，背带宽为2.5cm。

⑤ 作护胸贴边。护胸后中心宽度为6cm，侧缝处宽度为4cm。

⑥ 后片背带和前片背带在肩线处合并。

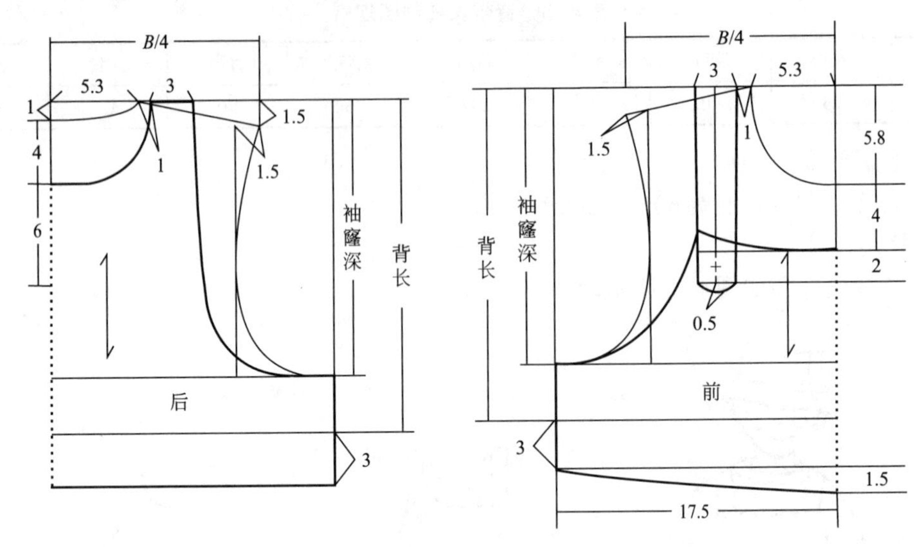

图4-16　背带裤裁剪图（一）

（3）裤子制图（图4-17）

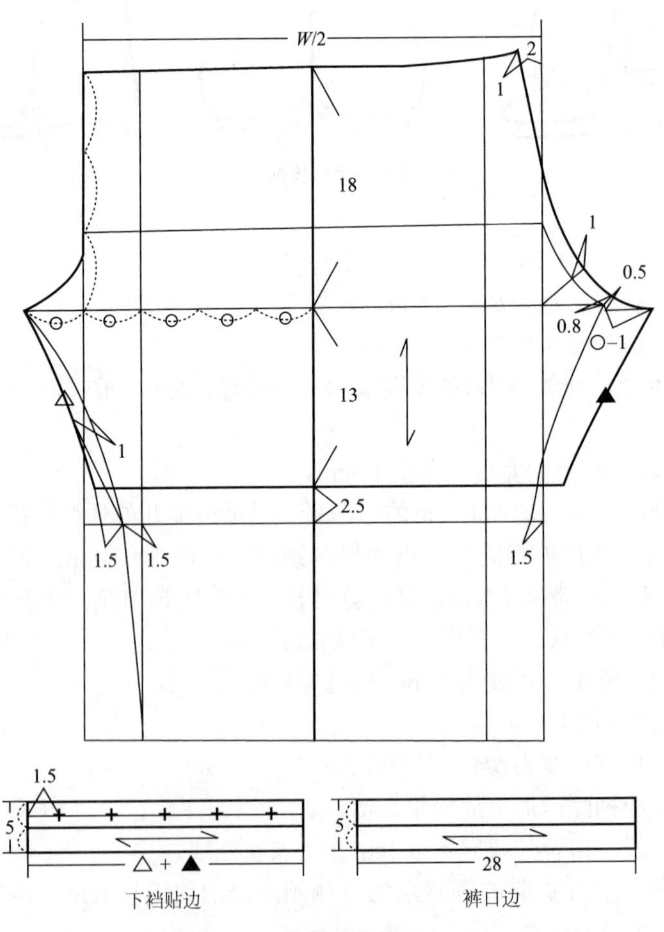

图4-17　背带裤裁剪图（二）

① 在一片裤原型基础上进行绘制。
② 作长方形。长方形宽为1/2臀围，高为裤长。
③ 作横裆线。沿上平行线向下量取上裆量为横裆线。
④ 作后裆起翘量。为了增加裤子的宽松度，后裆起翘量取1cm。
⑤ 作裤摆线。以前裤口尺寸在基本中裆尺寸的基础上展开1.5cm，裤口边宽为2.5cm。
（4）贴边制图（图4-17）
① 作下裆贴边。前后片下裆贴边宽取2.5cm，里和面可连裁。
② 作裤口贴边。裤口贴边长为28cm，宽为2.5cm，里和面可连裁。

（二）背带小短裤

背带小短裤成品规格见表4-7。背带小短裤设计图和裁剪图如图4-18和图4-19所示。

表4-7 背带小短裤成品规格 单位：cm

部位	裤长	腰围	臀围
规格	25	72	72

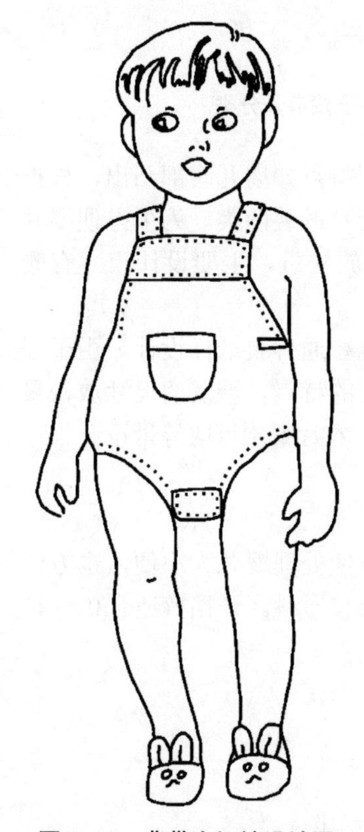

图4-18 背带小短裤设计图

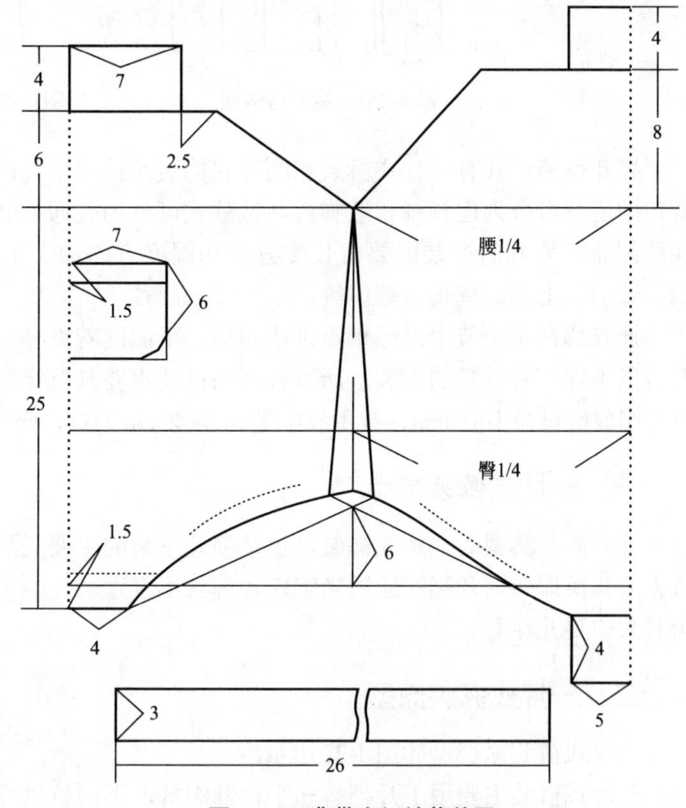

图4-19 背带小短裤裁剪图

第三节 裤装

裤子是包覆人体臀、腹并区分两腿的基本着装形式。它与裙子最大的区别就是裤子有裤长、上裆、下裆，从围度上讲有腰围、臀围、横裆、中裆和裤口等，如图4-20所示。裤子根据裤长可分为游泳短裤、运动短裤、短裤、中短裤、中长裤、三股裤和长裤，如图4-21所示。

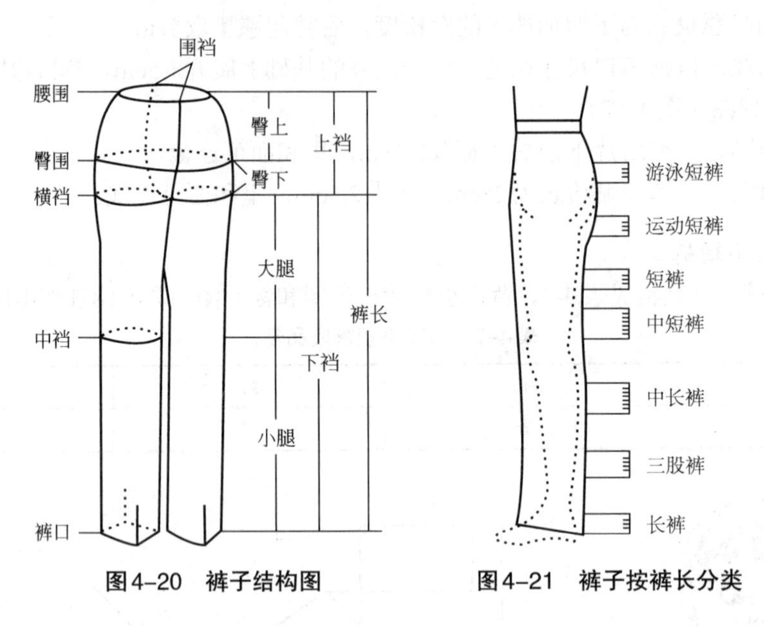

图4-20　裤子结构图　　图4-21　裤子按裤长分类

婴儿裤装形式有一片式裤装和两片式裤装，针对婴儿的生理特点如婴儿腹部凸出，根据裤口的造型可分为连脚裤和散脚裤，按款式可分为普通裤装和连身裤装两类。为了方便婴儿换脱尿布，婴儿的裤装就要在长度方向和围度方向加大足够的放松量，主要设计尺寸有腰围、臀围、上裆、裤长、裤口等。

连衣裤在第一节中已经重点讲述完毕，下面就着重分析婴儿普通裤装纸样设计。由于婴儿阶段不宜穿着过紧的裤装，所以普通的裤装也要具有穿脱便利的特点。涉及的尺寸放松量以腰围放松量最小值4cm、臀围放松量14～20cm为宜，而且前后衣片臀围可取等量设计。

一、一片式裤装特点

开裆裤是典型的一片式裤装，也是婴儿下装的主要类型，方便处理婴儿大小便，也方便成人为其换尿布。开裆裤应适当宽松，裤长不宜过长，多采用棉布面料。开裆裤适合0～12个月大的婴儿穿着。

二、一片式裤装原型

一片式裤装原型，如图4-22所示。

一片式裤装主要用于开裆裤和平针针织裤，下面就以开裆裤为例。

1. 前裤片

（1）首先画垂线和水平线相交于0点。

（2）0-1立裆加2cm，过点1画水平线。

（3）1-2下裆长尺寸减2cm，过点2画水平线。

（4）1-3线段1-2的1/2长，过点3画水平线。

（5）1-4 1/4臀围加1cm，过点4向上画垂线至点5。

（6）4-6线段4-5的1/3长。

（7）4-7线段1-4的1/4长减0.5cm。

（8）连接点5、点6，从∠4的角平分线上量取1.75cm为参考点，连接点6至点7成圆顺的曲线。

（9）2-8线段1-4的3/4加长1cm，过点8向上画垂线交于点9。

（10）9-10 1cm，连接点7、点10。

（11）画前下裆缝：从7-10线向内凹进0.25cm画曲线，延伸至点8，从点8向上4cm处开始为直线。

2. 后裤片

（1）5-11 2cm，过点11向上画垂线2cm至点12，连接点12、点0。

（2）4-13线段4-5的1/2长。

（3）7-14线段4-7的长度减0.5cm。

（4）14-15 0.5cm。

（5）连接点12、点13，从∠4的角平分线上向外量取2.75cm为参考点，连接点13、点15成圆顺的曲线。

（6）10-16 1cm。

（7）8-17 1.5cm，连接点15、点16。

（8）画后下裆缝：从15-16线向内凹进0.4cm画曲线，延伸至点17，从点17以上4cm开始为直线。

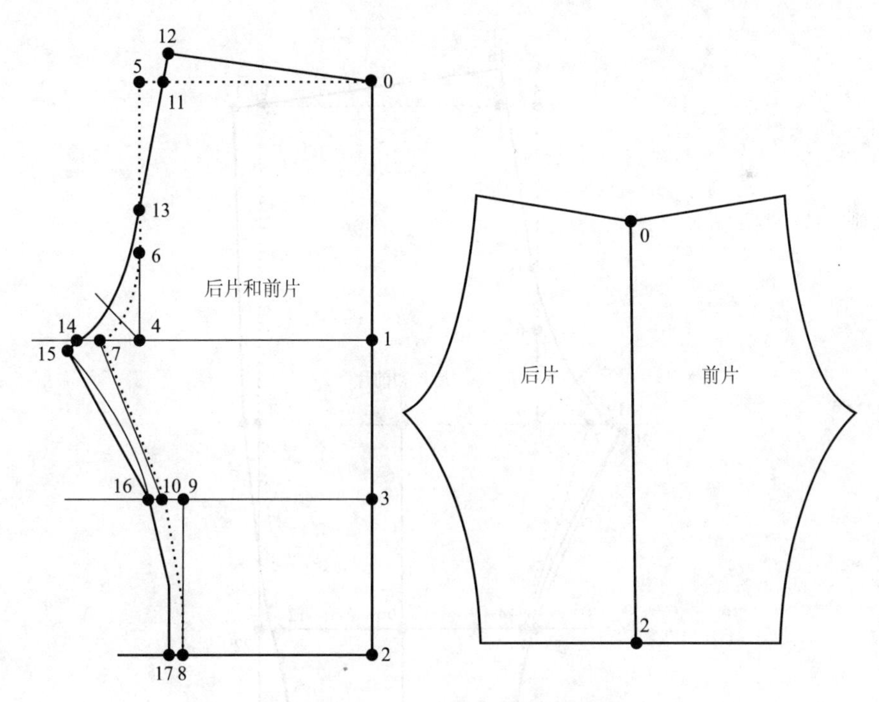

图4-22 一片式裤装原型裁剪图

3. 前、后一片式裤装原型的合成

先拓出后裤片原型轮廓，再拓出前裤片原型轮廓，将前、后片侧缝合在一起，对称摆放，便构成前、后一片式裤装的原型。

三、两片式裤装原型

两片式裤装原型，如图4-23所示。

1. 前裤片

（1）画垂线和水平线相交于0点。

（2）0-1 立裆加4.5cm，过点1画水平线。

（3）1-2 下档长减2cm，过点2画水平线。

（4）1-3 线段1-2的1/2长，过点2画水平线。

（5）1-4 1/4臀围加5cm，过点4向上画垂线延伸至点5。

（6）4-6 线段4-5的1/3长。

（7）4-7 线段1-4的1/4长减1cm。

（8）连接点5、点6，从∠4的角平分线上量取1.75cm为参考点，连接点6、点7成圆顺的曲线。

（9）4-8线段1-4的1/2长减0.5cm，过点8向下画垂线至点9和点10。

（10）10-11线段1-4的1/3长加1cm。

（11）连接点1、点11成圆顺的曲线，从点11向上4cm为直线，与中裆线的交点标出点12。

（12）10-13与线段10-11相等。

（13）9-14与线段9-12相等，连接点7、点14。

（14）画前下裆缝：从7-14线凹进0.25cm画曲线，延伸至点13，从点13向上4cm画直线。

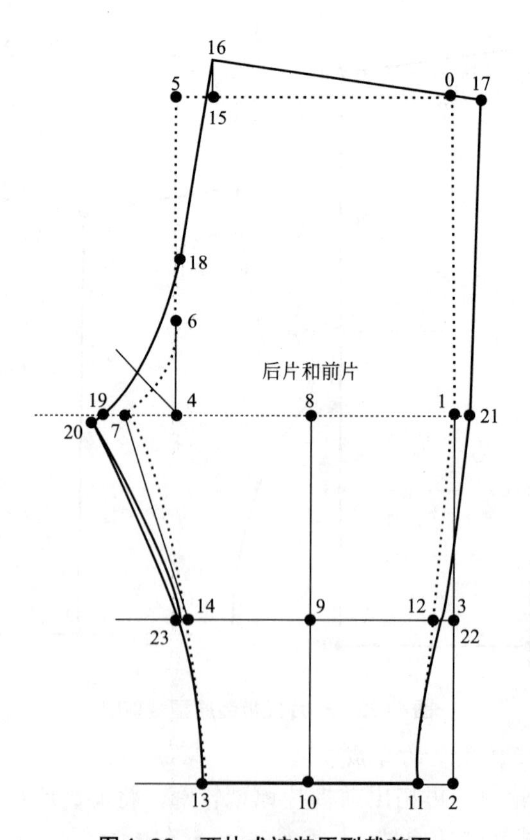

图4-23 两片式裤装原型裁剪图

2. 后裤片

（1）5-15 2cm，过点15向上画垂线2cm至点16。

（2）0-17 1.5cm，连接点16、点17。

（3）4-18线段4-5的1/2长。

（4）7-19线段4-7的长度减0.5cm。

（5）19-20 0.5cm。

（6）连接点16、点18，从∠4的角平分线上量取2.75cm为参考点，将点18、点20连成圆顺的曲线。

（7）1-21 0.7cm。

（8）3-22线段3-12的1/2长。

（9）从点17经过点21、点22直到点11连成圆顺的侧缝曲线，从点11向上4cm为直线。

（10）9-23与线段9-22相等，连接点20、点23。

（11）画后裆缝：从20-23线向内凹进0.4cm画曲线，延伸至点13，从点13向上4cm为直线。

【实例1】开裆裤

1. 量裁说明

（1）该款可制作成单衣。

（2）裆部用滚边处理，既起到了使用功能，又兼有美观功能。

（3）考虑大人帮小孩穿脱衣方便，腰口可绱松紧带或系带。

2. 制图规格

其制图规格见表4-8。

表4-8 开裆裤制图规格　　单位：cm

部位	裤长	臀围	直裆	罗纹宽
尺寸	38	60	16	4

3. 适合年龄

0～12个月婴儿。

4. 结构制图

开裆裤设计图如图4-24所示。

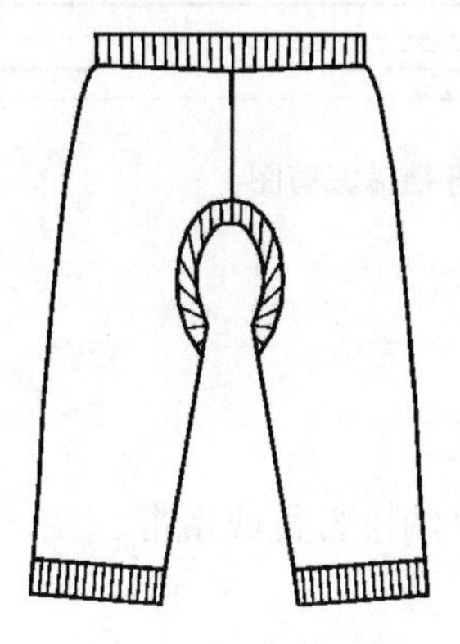
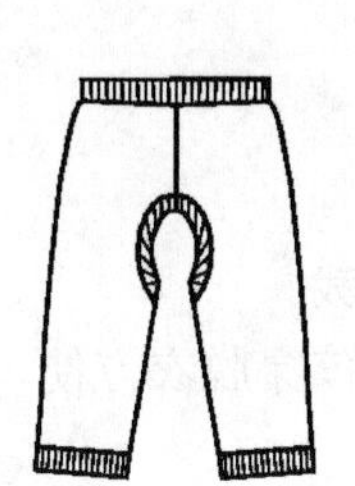

图4-24 开裆裤设计图

5. 制图步骤

开裆裤裁剪图如图4-25所示。

（1）作长方形。长方形宽为1/2臀围，高为裤长。

（2）作横裆线。自上平行线向下量取上裆量为横裆线。

（3）确定裤口尺寸。连接腰围辅助线和裤摆辅助线的中点，以确定侧缝线，向前、后中辅助线分别量取10cm作为前、后裤口尺寸。

（4）确定裆部开口位置。自横裆前中心点向上量取3cm，作为前片上裆开口止点。在后中心线上，取腰围辅助线与横裆线的中点作为后片上裆开口止点。自裤摆辅助线向上量取10cm作水平线，并且自侧缝线向前中心点量取裤口加1cm为前片下裆开口止点。自侧缝线向后中心量取裤口加1cm的尺寸，为后片下裆止口止点。

（5）作脚口罗纹宽。自裤口向下4cm宽，前片量取8cm，后片量取10cm。

（6）作腰头。腰头宽2cm，里、面连裁，长度为腰围实际尺寸。

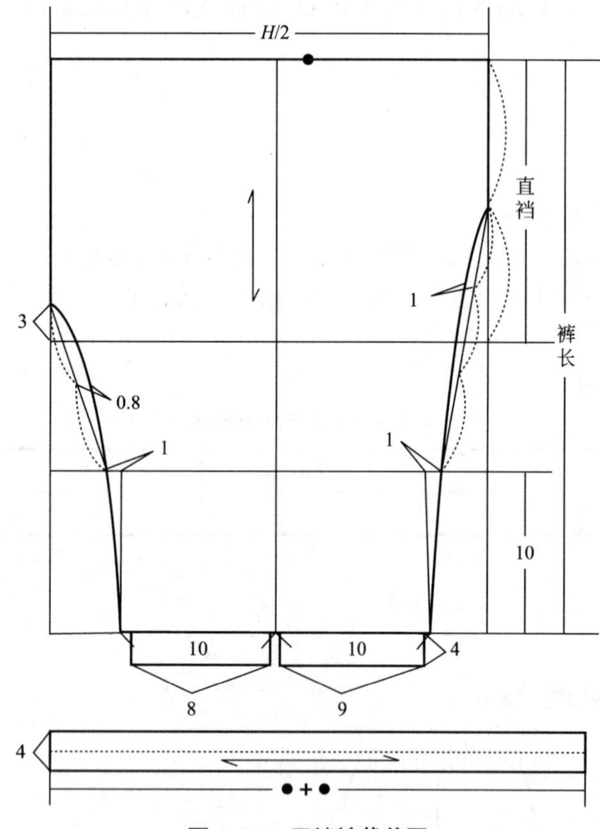

图4-25　开裆裤裁剪图

【实例2】一片裤

1. 量裁说明

（1）裤前、后片连裁。

（2）考虑大人帮小孩穿脱衣方便，腰口可绱松紧带或系带。

2. 制图规格

其制图规格见表4-9。

表4-9　一片裤制图规格　　单位：cm

部位	裤长	臀围
尺寸	46	72

3. 适合年龄

6～12个月婴儿。

4. 结构制图

一片裤设计图和裁剪图如图4-26和图4-27所示。

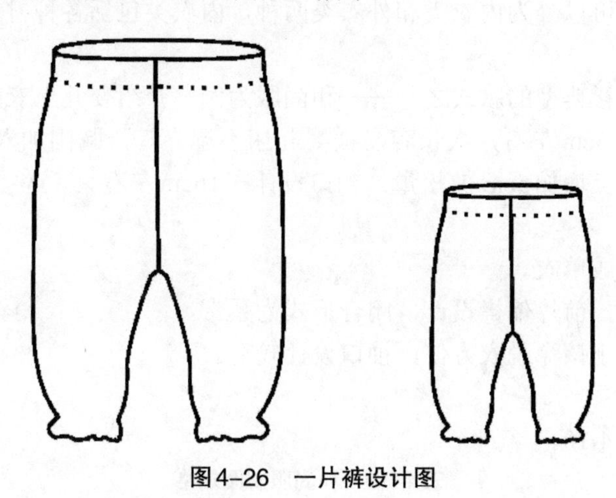

图4-26　一片裤设计图

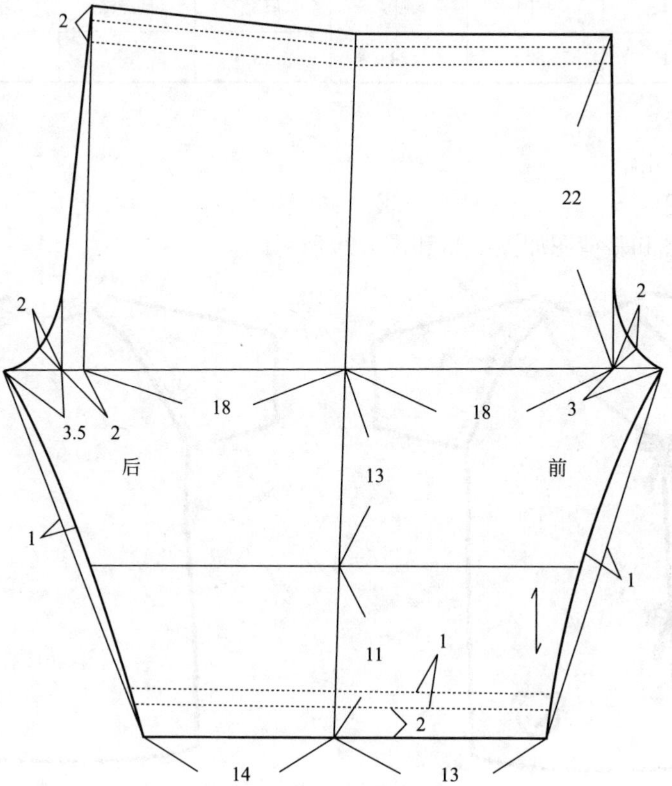

图4-27　一片裤裁剪图

第四节　上　衣

婴儿服装的上衣特点是款式简单、穿脱方便，以保护婴儿身体为第一目的，其面料多用天然纤维，符合人体工程学的要求，具有典型的透气吸湿性和柔软性。其领口一般为无领形式，以适应婴儿的短脖；袖子多采用连袖设计，保证有足够的宽松量，不影响婴儿活动。如和尚服为婴儿上衣中最经典的款式，采用偏襟式样，使叠门量宽大可以兼具护肚功能；衣长不宜过长，以免和尿布一起被弄脏。

婴儿的上衣通常可以分为内衣类和外衣类两种，内衣类包括各种衬衫，外衣类包括睡袋衣、披风等。

下面就以偏襟衬衫典型的款式之一——和尚服为例，介绍婴儿上衣的结构设计。和尚服衣长一般在臀围线下5cm左右，太长容易被婴儿尿不湿弄脏，胸围加入16cm放松量，袖窿深为在净袖窿深基础上增加5cm放松量，袖口设计在16cm左右。

1. 量裁说明

（1）该款可制作成单衣。

（2）无领、长袖，前片偏襟设计，闭合形式为系带。

（3）考虑大人帮小孩穿脱衣方便，袖口设计较宽。

2. 制图规格

其制图规格见表4-10。

表4-10　和尚服制图规格　　单位：cm

部位	衣长	胸围	领围	肩宽	袖窿深	袖长	袖口
尺寸	31	58	24	18	15	28	16

3. 适合年龄

3～6个月婴儿。

4. 结构制图

和尚服设计图和裁剪图如图4-28和图4-29所示。

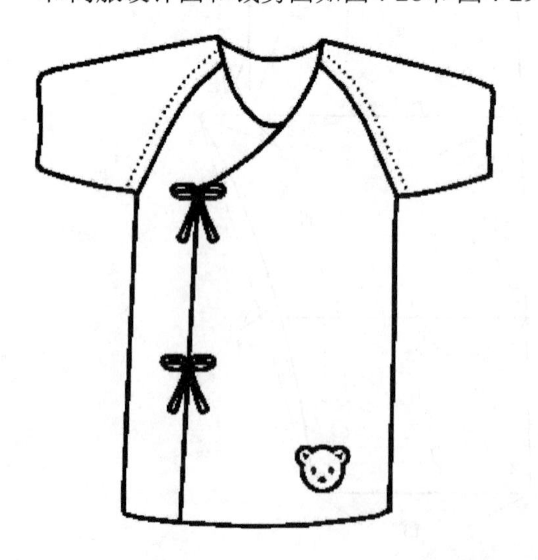

图4-28　和尚服设计图

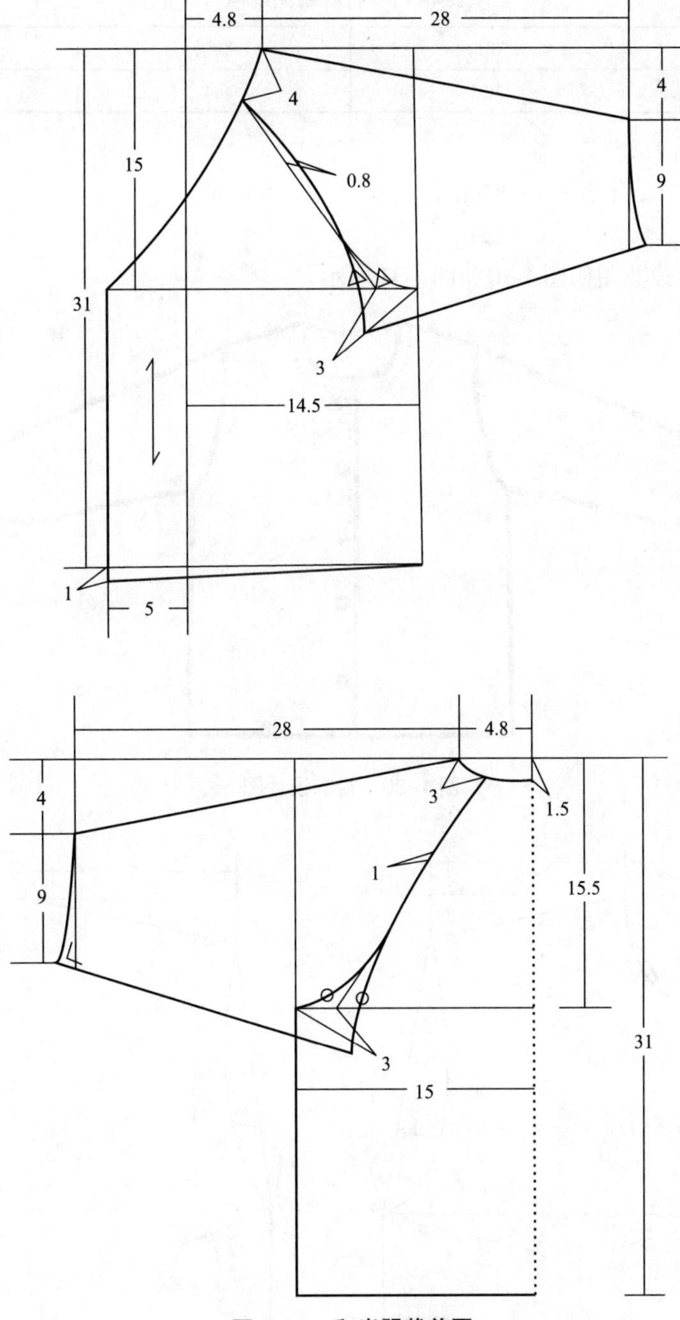

图4–29　和尚服裁剪图

【实例1】衬衣

1. 量裁说明

（1）该款可制作成单衣。

（2）无领、领圈贴边，沿领圈及门襟边缘缉明线。

2. 制图规格

其制图规格见表4-11。

表4-11 衬衣制图规格 单位：cm

部位	衣长	胸围	袖长
尺寸	30.5	64	23

3. 适合年龄

3～6个月婴儿，身高50～85cm。

4. 结构制图

衬衣设计图和裁剪图如图4-30和图4-31所示。

图4-30 衬衣设计图

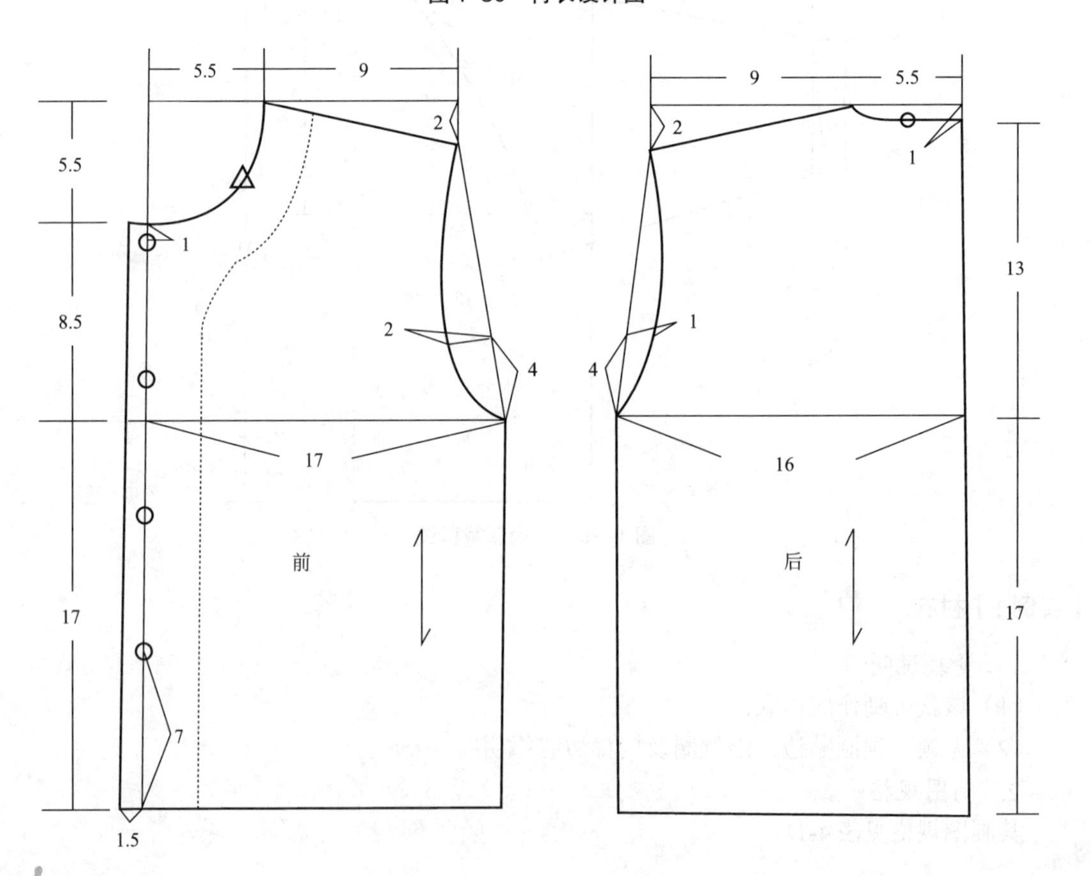

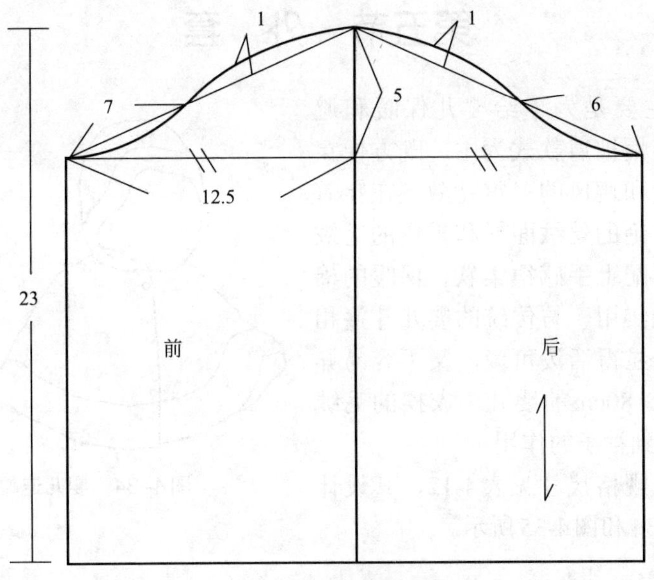

图4-31　衬衣裁剪图

【实例2】肚兜

肚兜是婴幼儿夏、秋季常用的服饰之一，在款式设计上要注意系带应通过侧颈点附近位置，背部用细腰带固定。其设计图和裁剪图如图4-32和图4-33所示。

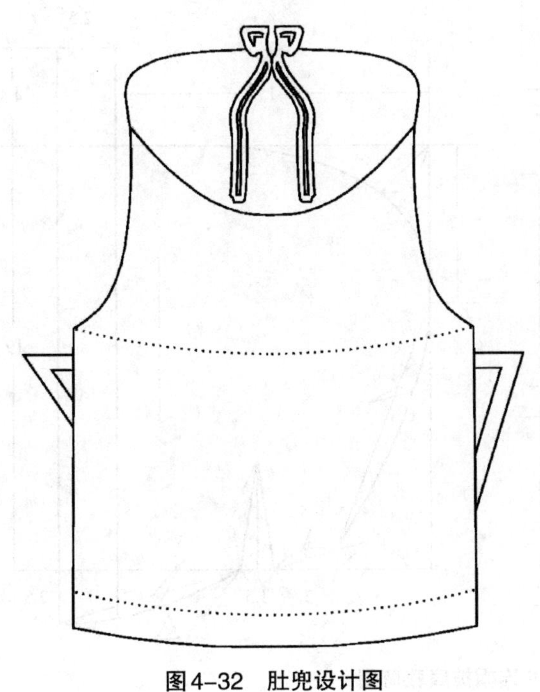

图4-32　肚兜设计图

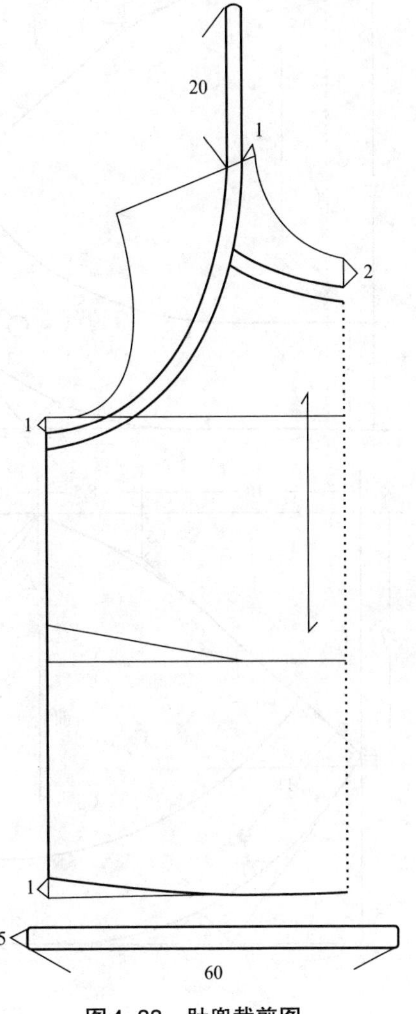

图4-33　肚兜裁剪图

第五节　外　套

婴儿的外套主要是为了给婴儿保暖和避风，一般多选择连帽披肩款式为主，既方便穿着，又起到了保暖和避风的多重功效。在穿着上选用色彩十分鲜艳的丝绒面料和雪白的毛绒材料搭配制作，再配上手感很柔软、保暖的棉绒里料，非常美观实用。与传统的婴儿斗篷相比，要短很多，既显得活泼可爱，又不容易弄脏，适合身长50～80cm的婴儿。衣摆的毛绒镶边上钉纽扣，起到袖子的作用。

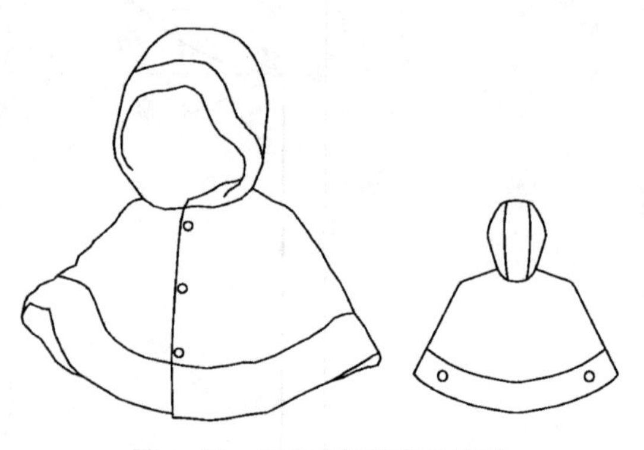
图4–34　婴儿连帽披肩设计图

婴儿连帽披肩规格尺寸见表4-12，其设计图和裁剪图如图4-34和图4-35所示。

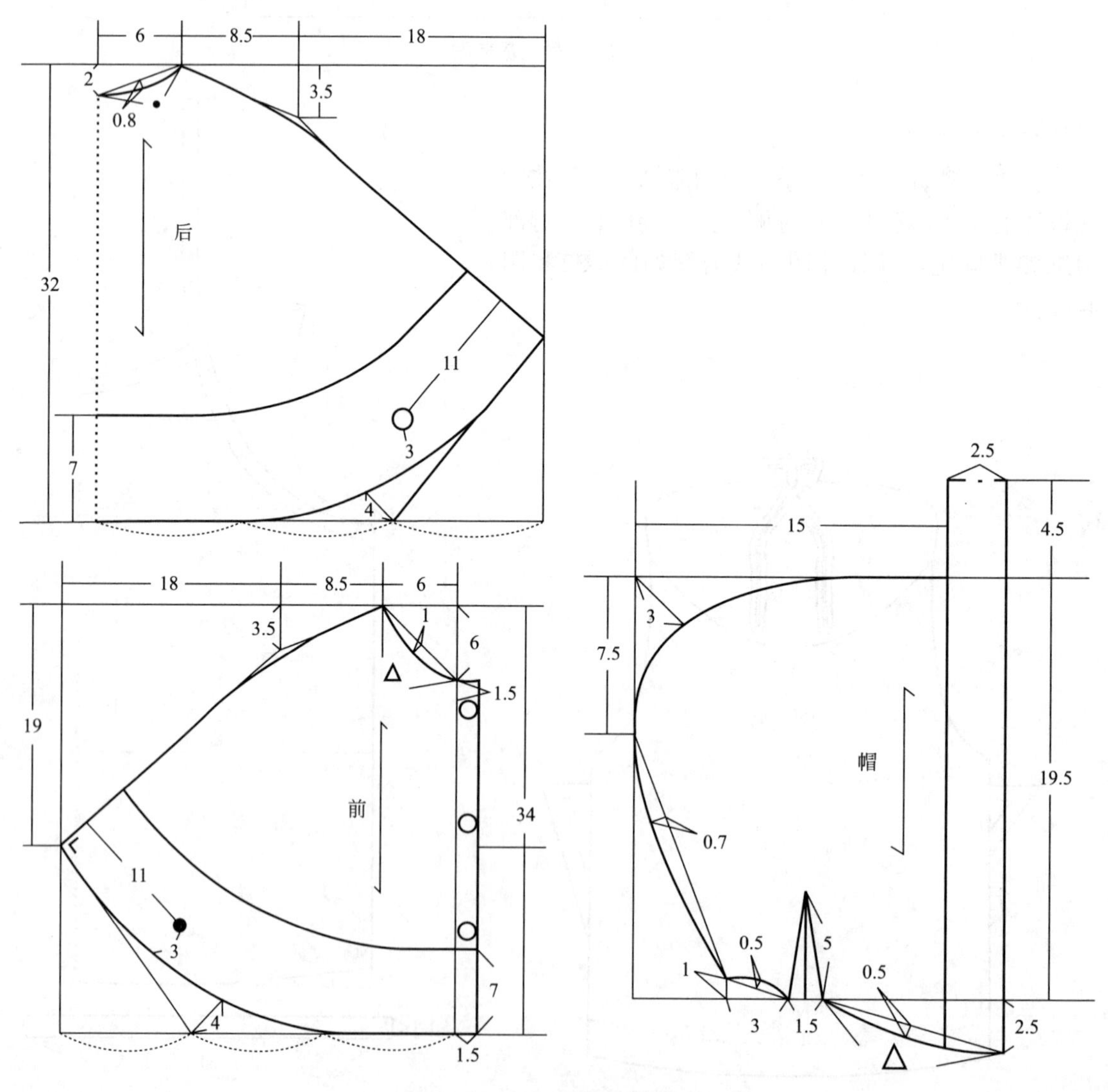

图4–35　婴儿连帽披肩裁剪图

表4-12　婴儿连帽披肩规格尺寸　　单位：cm

部位	衣长	胸围	肩宽	领围
尺寸	32	50	29	30

【实例1】连帽披肩

连帽披肩设计图和裁剪图如图4-36和图4-37所示。

图4-36　连帽披肩设计图

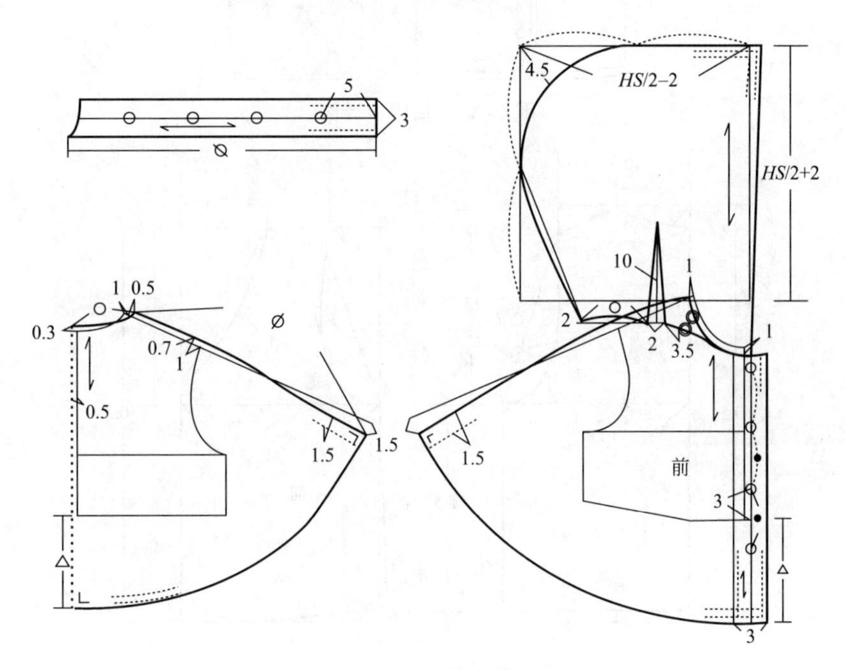

图4-37　连帽披肩裁剪图

第六节　背　心

背心式服装是婴儿外出必不可少的服装之一，领子通常采用圆形领或鸡心领，款式多为宽松，穿脱方便，既可夏天外穿防晒和防蚊虫的叮咬，也可天气转冷时与外套搭配穿着，面料以针织物为主。

下面就以背心典型的款式之一——马甲为例，介绍婴儿背心式服装的结构设计。

1. 量裁说明

（1）该款可制作成单衣。

（2）无袖背心，V字领，采用纯棉制作。

2. 制图规格

其制图规格见表4-13。

表4-13　马甲制图规格　　单位：cm

部位	衣长	胸围
尺寸	29	59

3. 适合年龄

0～3个月婴儿。

4. 结构制图

马甲设计图和裁剪图如图4-38和图4-39所示。

图4-38　马甲设计图

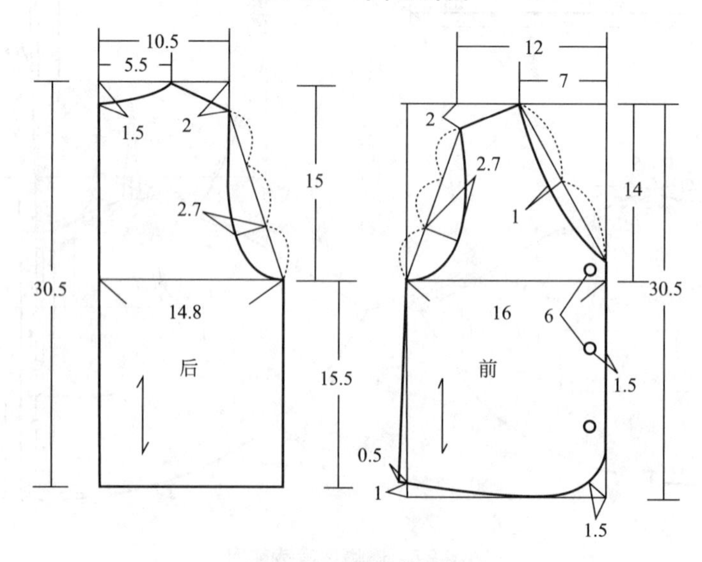

图4-39　马甲裁剪图

第五章 幼儿装裁剪实例

幼儿与婴儿在体征、心理和行为上都有了明显区别，幼儿与婴儿的最大区别就在于幼儿具有好动的生长阶段特征。针对这一特征设计的服装就要以保护幼儿的身体、满足其方便运动和强调安全性为主要功能，同时要避免容易受伤的特点。这也是1～6岁幼儿的服装人性化设计的首要任务和目标。

这一时期的幼儿身高、体重都迅速发展，体型特点是头大，颈短且粗，肩窄，四肢短，挺胸凸肚，胸、腰、臀三个部位尺寸的差别不大，或腰围大于胸围和臀围。幼儿的服装种类很丰富，包括内衣裤、外套、连衣裙、背带裤、大衣、衬衫等服装，以及帽子、围嘴、手套、鞋子等服饰品，如图5-1所示。

图5-1 幼儿装

第一节　幼儿装设计

幼儿装人性化设计通常需要考虑以下几个方面。

一、面料方面

1岁的孩子刚开始学习行走，随着年龄的增长，开始有滚爬和跑跳等动作，活动量逐渐加大，导致这一时期的服装易脏、易破，因此应采用吸湿排汗、透气、易洗、耐磨的服装面料。如春季采用泡泡纱、麻纱布等透气性好、吸湿性强的纯棉面料，使孩子穿着凉爽；秋冬季采用保暖性强、耐洗耐穿的灯芯绒、涤卡、斜纹布等。

二、色彩方面

幼儿期的孩子已逐渐对色彩产生了意识，两三岁时可以分辨少数几种颜色，3岁时可以说出几种基本色的名称。因而，这一时期要注意培养孩子的色彩感觉。幼儿大多喜欢明亮而纯的颜色，尤其喜欢红色，在服装色彩设计时应考虑幼儿的色彩喜好。另外，幼儿新陈代谢旺盛，出汗量多，内衣尤其易脏，因而色彩设计上应采用以白色为基调的浅色系，给人以干净、明亮的感觉，同时也易发现污物。幼儿秋冬的套装，可采用深色，起到耐脏的作用。

三、款式方面

结合这一时期幼儿的体型特点，可以在肩部和前胸设计育克，或褶、细裥等，使衣服从胸部向下展开，自然地遮盖住突出的腹部。为了规避这一时期孩子腿短的生理特点，可以将裙长短至大腿，利用错觉造成下肢增长的视觉效果。

针对这一时期的孩子，还应考虑服装本身对孩子的教育意义及对孩子生活能力的培养。如对生活能力的培养，1～3岁的孩子要逐渐养成自己独立穿脱衣服的习惯，因而，服装开口的设计要能够方便孩子自己动手操作，一般宜开在前面，可以采用纽扣、揿扣或装拉链，也容易引起孩子独立操作的兴趣。穿脱容易的服装不仅能增加孩子自己动手的能力，提高孩子的自信心，还能从小培养孩子探索和挑战的精神。

这一时期的孩子逐渐接触社会，智力水平提高，个性也开始彰显外露，因而及时对其进行正确的审美教育也是必要的。幼儿的服装款式设计更应该丰富多彩，美观大方，可以用绣、贴、镶、印、染、缉明线等各种装饰手法。还可针对幼儿童稚可爱的特点，大胆采用仿生设计，将大自然中的动植物的形态、色彩与服装有机地结合在一起，不仅使幼儿的服装外观活泼、可爱，还能培养孩子自我潜意识的审美能力和对大自然的热爱。

此外，这一时期孩子的体型是挺胸凸肚，为了使其衣服前身下摆不起翘，在设计上前身要比后身长一些。考虑到幼儿通常肩窄的特征，衣服肩部尺寸应比较合体，但下摆要宽松一些，以方便孩子运动。幼儿的脖颈较短，因而不宜用繁杂的领型与装饰，领子应该平坦，低领高或无领高。

第二节　连衣裙

连衣裙作为休闲装的主要款式之一，在幼儿装中既起到了装饰美化功能，本身又具有很强的实用性，方便与各种服装的协调配合。款式特点为长度在膝盖以上，领口加碎褶，宽松度适中，无领、无袖，多采用针织面料，适合1～6岁幼儿，如图5-2所示。

在设计时，一般腰头采用松紧带的形式，腰线位置一般取中腰为宜，低腰和高腰不适宜幼儿的服装设计。款式上裤型过紧、裤长过短或过长都不适宜。配饰上尽量不要用过硬和其他装饰性的挂件等。

图5-2 幼儿连衣裙

以身高100cm的幼儿为例，其制图规格见表5-1。

表5-1 幼儿连衣裙制图规格 单位：cm

部位	裙长	胸围
规格	42	68

具体步骤如下。

（1）利用身高为100cm幼儿装衣身原型制图。

（2）根据款式，在原型基础上修改领窝线。

（3）根据裙长，作出底边线，并且延长侧缝线。根据造型，设计侧缝内收量。

（4）将前衣身腹凸量转移至领窝处，抽褶收掉余量，后中部分放出余量，平衡前后衣身。

（5）定出口袋位置，圆顺各轮廓线，具体裁剪图如图5-3所示。

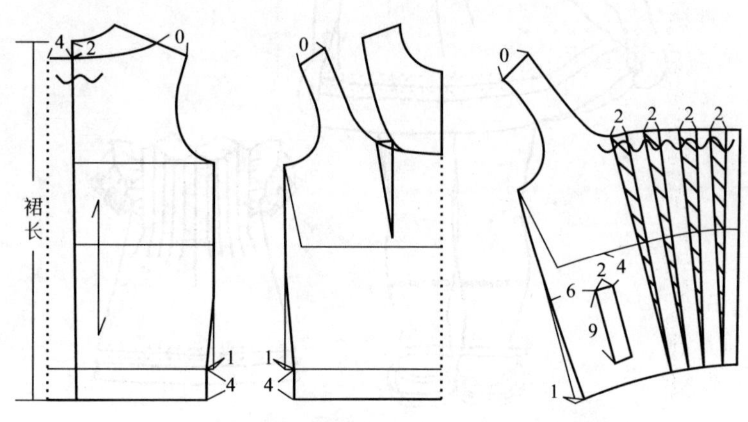

图5-3 幼儿连衣裙裁剪图（以衣身原型为基础）

（6）参考放缝图，如图5-4所示。

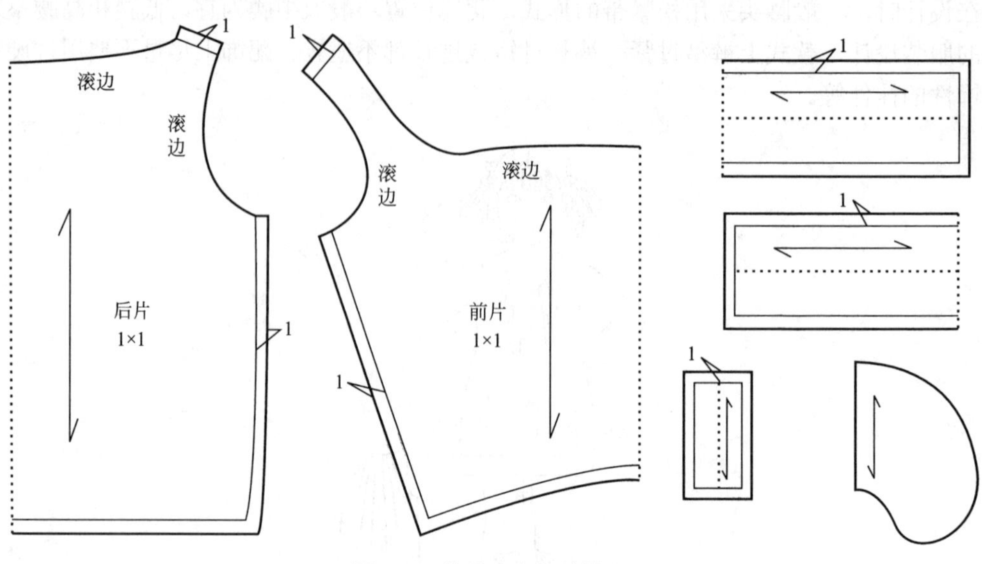

图5–4　幼儿连衣裙放缝图

【实例1】幼儿连衣裙

幼儿连衣裙设计图和裁剪图如图5-5和图5-6所示。

图5–5　幼儿连衣裙设计图

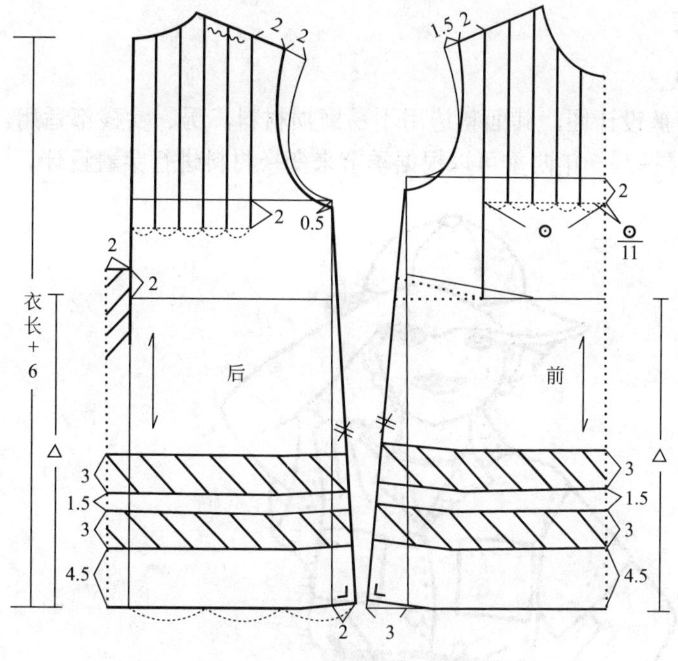

图5-6　幼儿连衣裙裁剪图

第三节　裤　装

幼儿裤装设计的基本原则为舒适、方便、有趣、亮丽，符合这一时期幼儿生理和心理方面的特征。裤装可以是一条独立的裤子，也可以是连身裤或背带裤，在服装组合中占有极其重要的地位，如图5-7所示。

图5-7　幼儿裤装

一、直筒裤

1. 款式特点

图5-8为直筒裤设计图，其面料选用不易磨损材料，男、女孩都适用。裤子可以是五分裤，也可以为七分裤，一年四季可以根据季节来变换材料进行穿着设计。

图5–8 直筒裤设计图

2. 适合年龄

2岁以上幼儿。

3. 面料说明

可以采用纯棉、纯毛及各种混纺织物。

4. 结构制图

直筒裤裁剪图如图5-9所示。

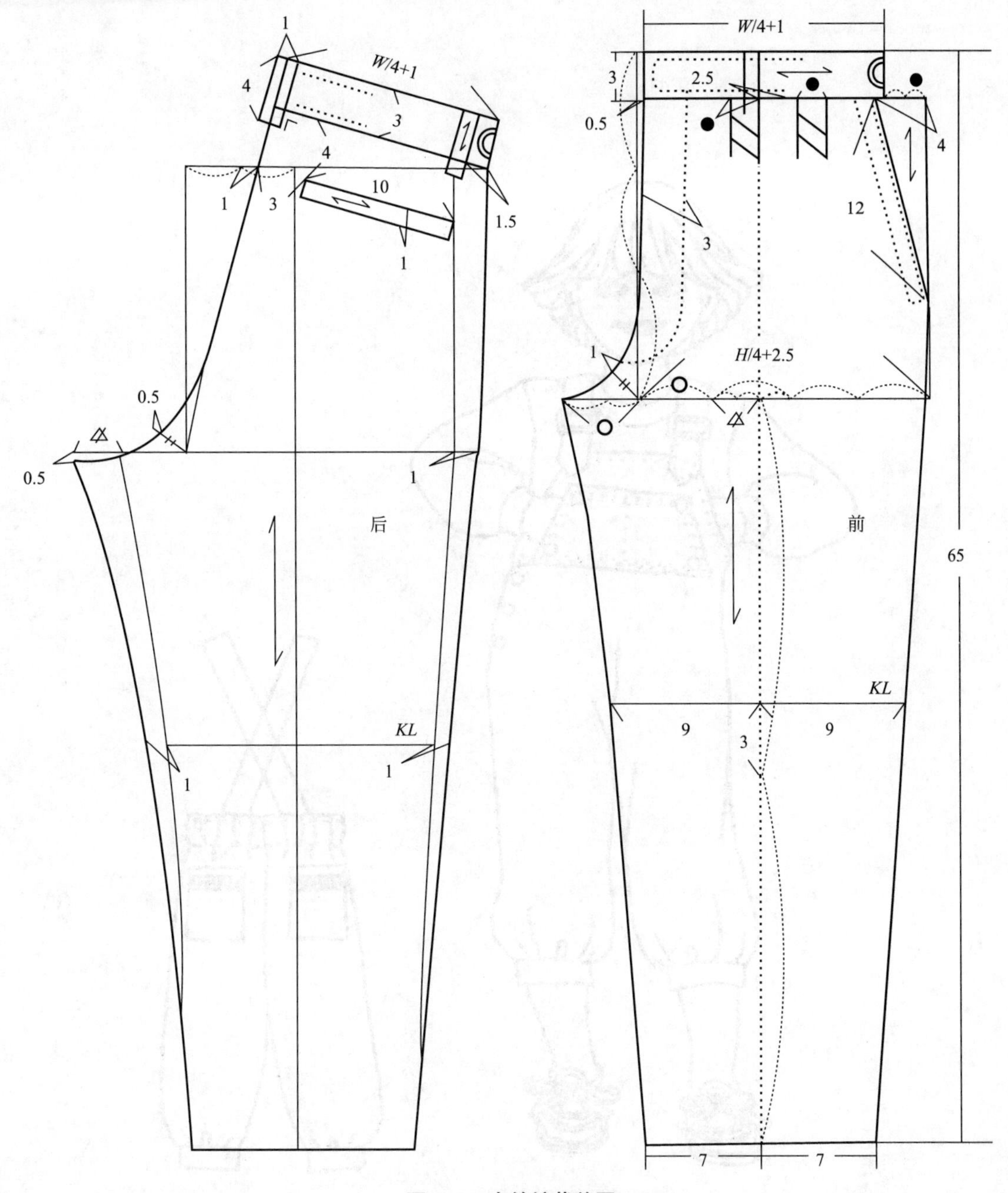

图5–9　直筒裤裁剪图

二、七分背带裤

1. 款式特点

该款式为宽松设计，具有很好的运动性能，所以在幼儿装中运用广泛，如图5-10所示。

2. 适合年龄

3岁以上幼儿。

3. 面料说明

可以采用纯棉、纯毛及各种混纺织物。

图5-10　七分背带裤设计图

4. 结构制图

七分背带裤裁剪图如图5-11所示。

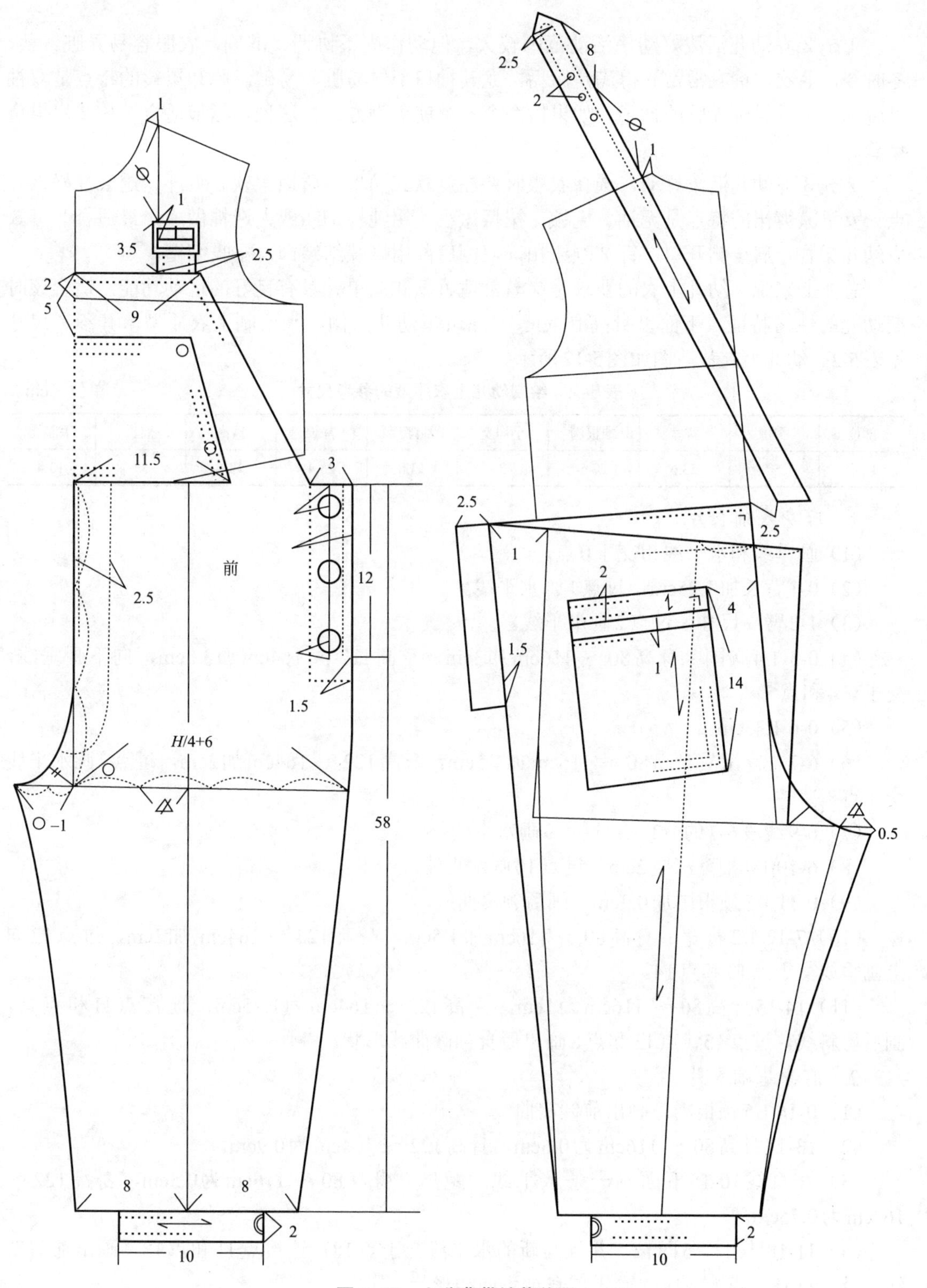

图5-11　七分背带裤裁剪图

第四节　上　衣

1～2岁幼儿活泼好动，活动范围较大，但动作尚不协调、准确，衣服容易弄脏。秋、冬时令，毛衣、棉衣常常弄得满是污垢，尤其袖口部位易脏、易破。脱卸罩衫的特点是双袖可脱卸，可以只洗弄脏的袖子。如果做两套衣袖就更为方便。这种罩衫最适合1～2岁男童穿着。

2～3岁幼儿活泼好动，选择衣服时要注意款式简单、质地柔软、吸汗、透气性好这几点。女童凉爽裙的特点是无袖、无领、裙摆短小，用纯棉细布或人造棉做成，最适合2～3岁幼儿穿着。肩一侧开口，钉2颗纽扣，双侧肩部用蝴蝶结装饰，裙收细褶。

总体上来说，幼儿上衣的要求是穿着舒适、款式简单并具有良好的运动功能，适合该时期幼儿的性格特征，下面以身高104cm、3～4岁幼儿为例，来绘制上衣原型，其参考尺寸见表5-2。幼儿上衣裁剪图如图5-12所示。

表5-2　绘制幼儿上衣原型的参考尺寸　　单位：cm

部位	胸围	背宽	颈根围	小肩宽	袖窿深	背长	臂高	袖长	手腕围
尺寸	57	23.6	27.5	8	13.8	25.4	12.6	37	13.4

1. *后身基础衣片*

（1）画垂线和水平线相交于0点。

（2）0-1背长加1.25cm，过点1画水平线。

（3）1-2臂高尺寸，过点2画水平线。

（4）0-3 1/4胸围：身高80～116cm加3cm，身高122～164cm加3.5cm，向下画垂线，交于点4和点5。

（5）0-6 1.25cm。

（6）6-7袖窿深：身高80～116cm加1.5cm，身高122～164cm加2cm，过点7画水平线交于点8。

（7）6-9线段6-7的1/2长，过点9画水平线。

（8）6-10 1/4袖窿深减2cm，过点10画水平线。

（9）0-11 1/5颈根围加0.3cm，画后领窝曲线。

（10）7-12 1/2背宽：身高80～116cm加1.5cm，身高122～164cm 加2cm，过点12向上画垂线交于点13和点14。

（11）14-15身高80～116cm为1cm，身高122～164cm为1.25cm，连接点11和点15，画后肩斜线。过点15、点13和点8画出后身袖窿曲线形状。

2. *前身基础衣片*

（1）0-16 1/5颈根围，画出前领窝曲线。

（2）13-17身高80～116cm为0.6cm，身高122～164cm为0.9cm。

（3）在直线10-15下面画一条水平线，距离：身高80～116cm为0.5cm，身高122～164cm为0.75cm。

（4）11-18与11-15同长，并且与新的水平线交于点18，连接点11和点18，画出前肩斜线。经过点18、点17和点8画出前身袖窿曲线形状。

对于收腰的服装，当身高达到116cm，前腰节线在点1处应下降1cm。

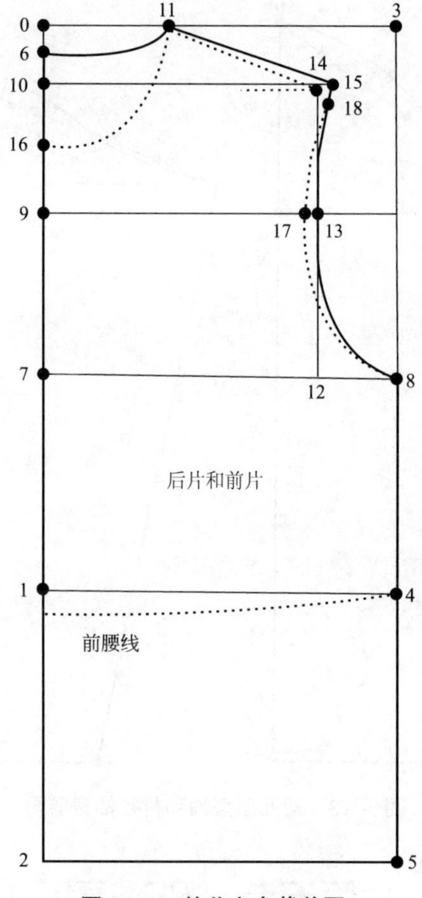

图5-12 幼儿上衣裁剪图

3. 原型袖片

（1）从0点向下画垂线。

（2）0-1在上身原型中，线段6-7的1/2长加1cm，过点1画水平线。

（3）0-2袖长减1cm，过点2画水平线。

（4）0-3在衣身原型中，点15至点8的袖窿曲线长。

（5）2-4线段1-3的2/3长加0.5cm，连接点3和点4。

（6）将0-3线段六等分，标出点5、点6、点7、点8、点9，画袖山曲线，在点5处凹进0.4cm，点8处抬起；身高80～116cm抬起1.25cm，身高122～164cm抬起1.5cm，如图5-13所示。

4. 衬衫袖片

（1）从0点向下画垂线。

（2）0-1在上衣原型中，线段6-7的1/3长，过点1画水平线。

（3）0-2袖长减3cm，过点2画水平线。

（4）0-3在衣身原型中，点15至点8的袖窿曲线长。

（5）2-4线段1-3的2/3长减0.5cm，连接点3和点4。

（6）将0-3线段五等分，标出点5、点6、点7、点8。画袖山曲线，在点5处凹进0.3cm，在点7和点8之间抬起；身高80～116cm抬起1cm，身高122～164cm抬起1.25cm。

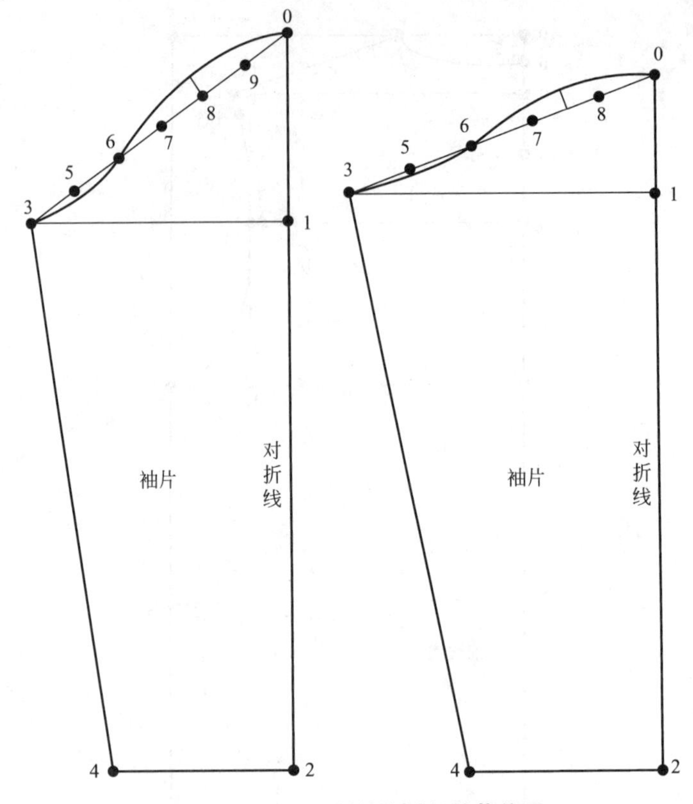

图5-13 幼儿原型袖和衬衫袖裁剪图

第五节 外 套

该时期的幼儿外套的主要特征就在于保暖、方便、休闲、随意。在款式上多采用纯棉、花呢、绒面材料，如图5-14所示。

图5-14 幼儿外套

牛仔外套是幼儿外套的经典款式之一，其设计图和裁剪图如图5-15和图5-16所示。

图5-15　牛仔外套设计图

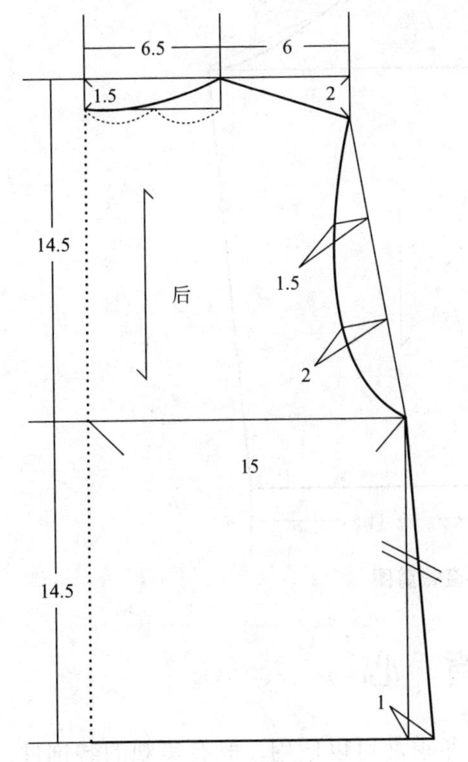

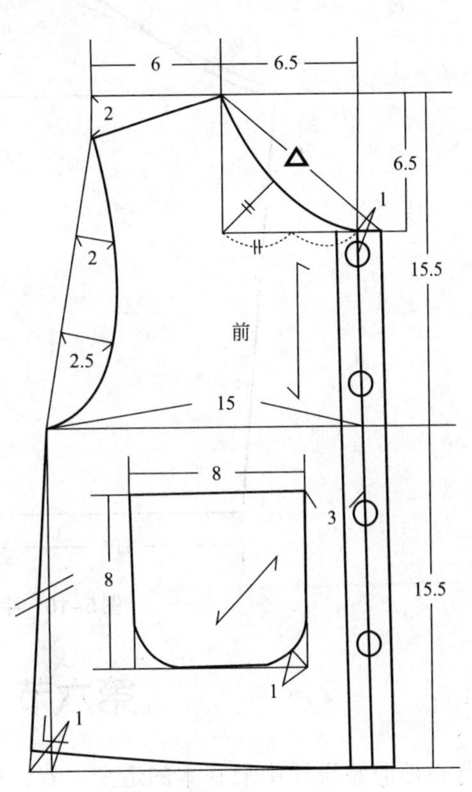

图5-16

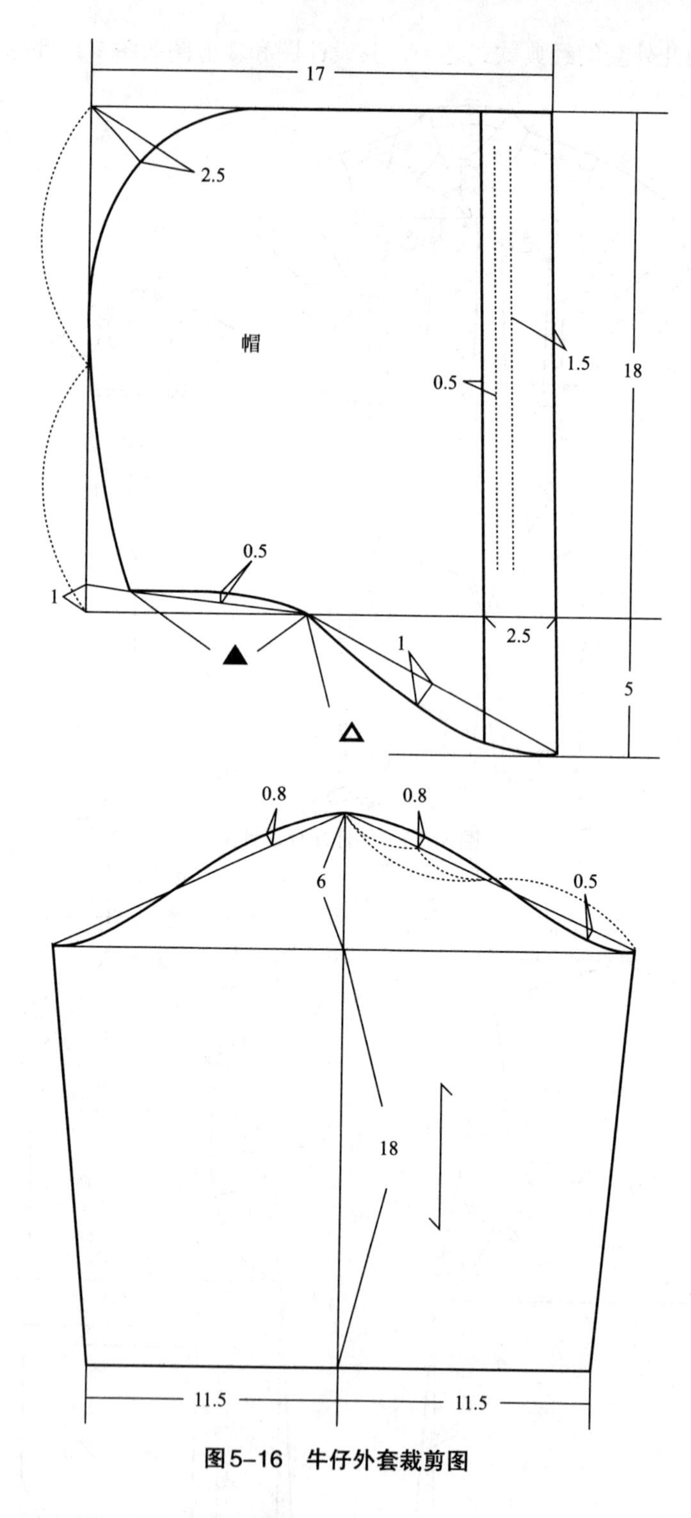

图5-16　牛仔外套裁剪图

第六节　背　心

背心是服装设计中最基本的造型，春、秋、冬季都可以适用，既有美观的装饰性，又有调节温度的良好功能，可以与不同的服装进行混搭，适用于不同年龄段的人群，如图5-17

所示。

图5–17 背心

背心设计图和裁剪图如图5-18和图5-19所示。

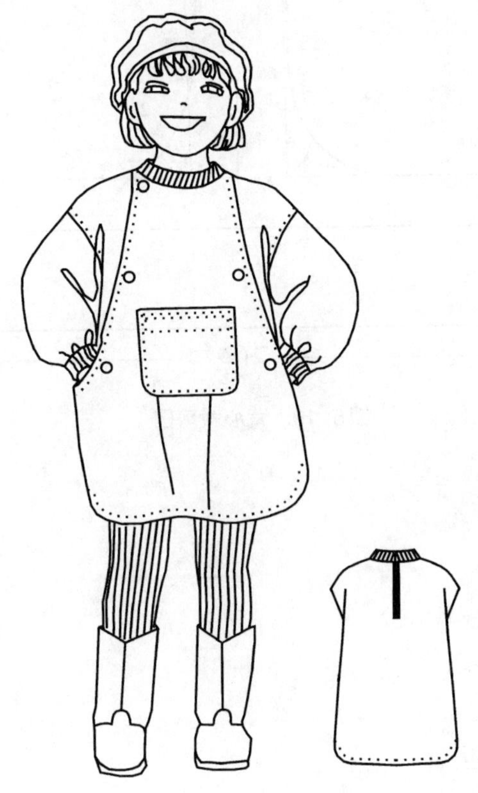

图5–18 背心设计图

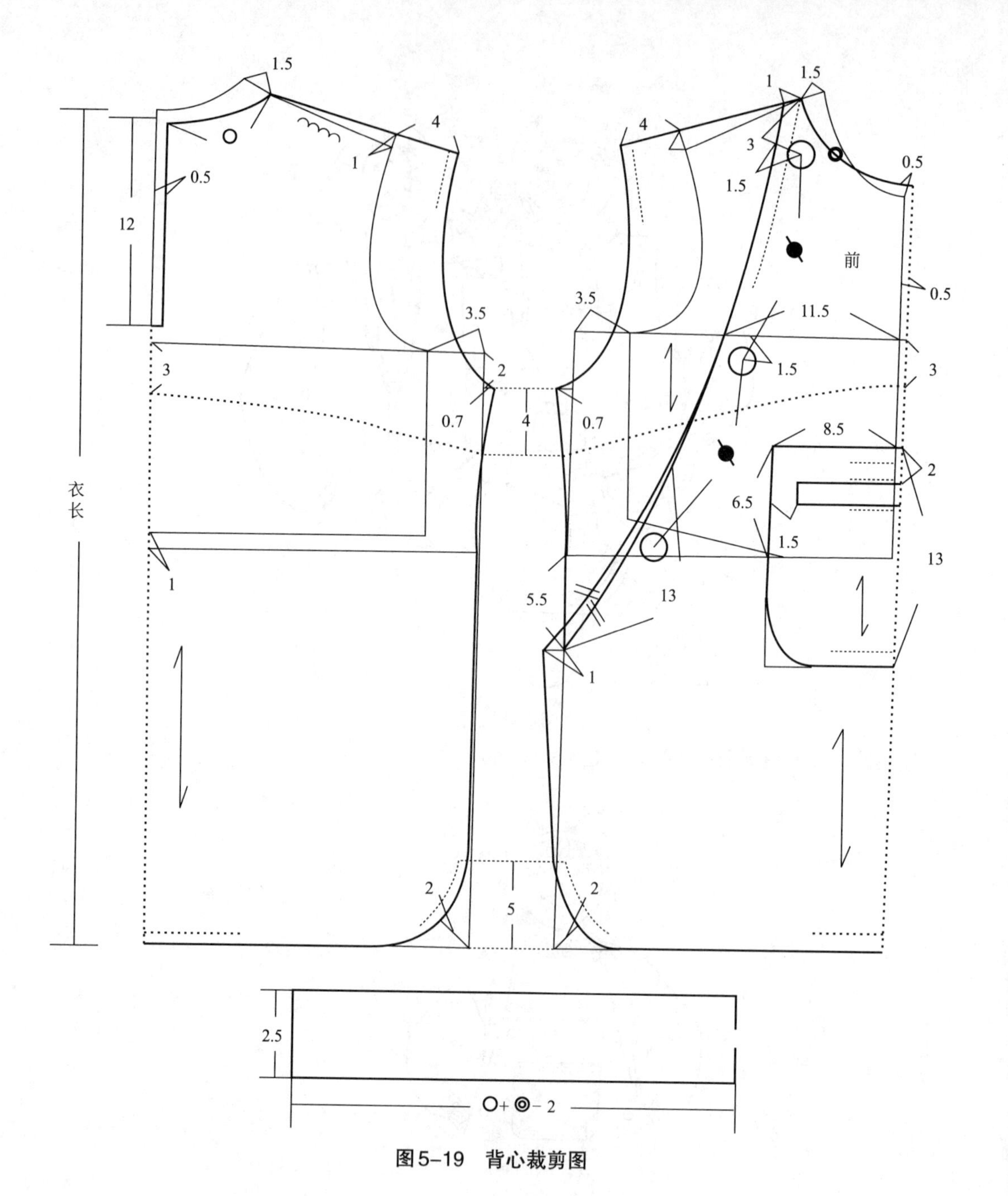

图5-19 背心裁剪图

第六章　童装裁剪与制作实例

第一节　裤子制作

童裤的基本款式为直筒裤，通常通过调节腰臀差，以适合年龄较小的儿童，这一过程涉及裤长、腰围、臀围、直裆、裤口。正常裤长一般是从腰围线到踝骨的距离；腰围加放2cm放松量；臀围加放12cm放松量；直裆加放2cm放松量；裤口可以随款式变化进行调节，也可以随设计进行适当变化。裤子设计图如图6-1所示。

图6-1　裤子设计图

一、儿童牛仔裤

1. 款式特点

儿童牛仔裤是童装中最常见的服装款式之一，该款牛仔裤配以斜裁的淡蓝色毛呢花格的脚口，显得非常活泼可爱，稚气大方，如图6-2所示。

2. 适合年龄

适合6岁以上儿童。

3. 面料说明

普通牛仔面料。

4. 制图规格

其制图规格见表6-1。

5. 结构制图　男童牛仔裤裁剪图如图6-3所示。

表6-1　男童牛仔裤制图规格　　单位：cm

部位	裤长	腰围	臀围	脚口
尺寸	74	84	88	14

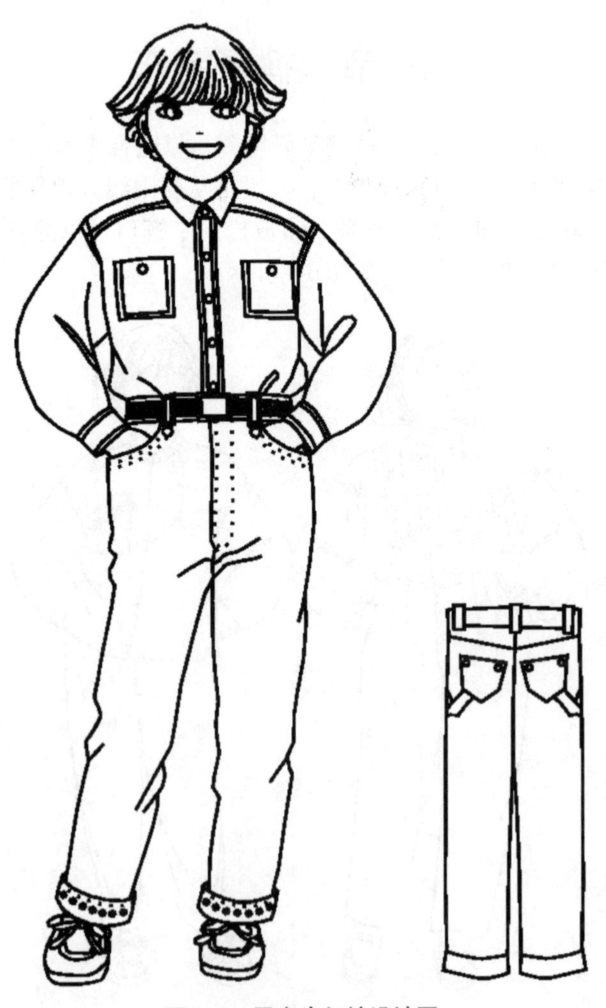

图6-2　男童牛仔裤设计图

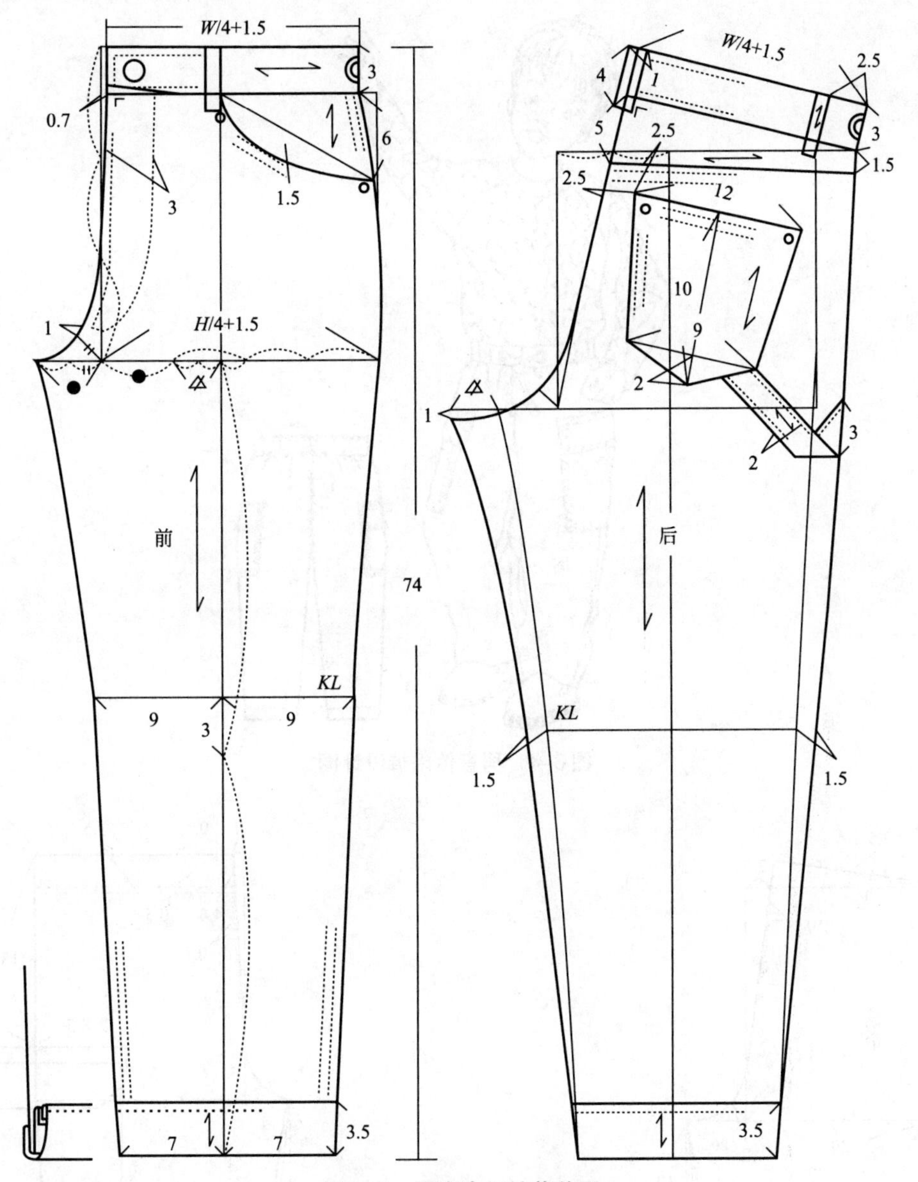

图6-3 男童牛仔裤裁剪图

二、儿童休闲裤

1. 款式特点

该款是比较流行的男童休闲裤，设计上采用宽松的造型，配以别致大方的口袋，腰部束橡皮筋，如图6-4所示。

2. 适合年龄

6岁以上儿童。

3. 面料说明

采用薄型面料制作。

4. 结构制图

男童休闲裤裁剪图如图6-5所示。

图6-4 男童休闲裤设计图

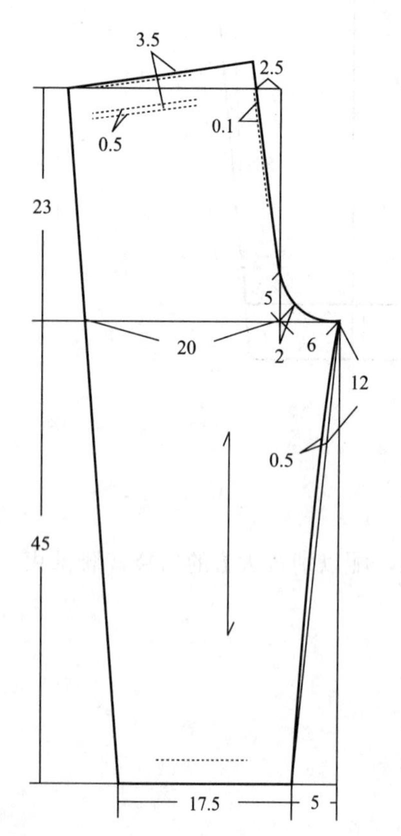

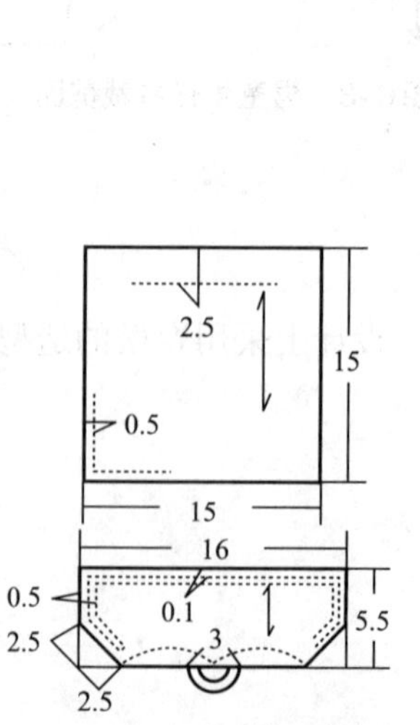

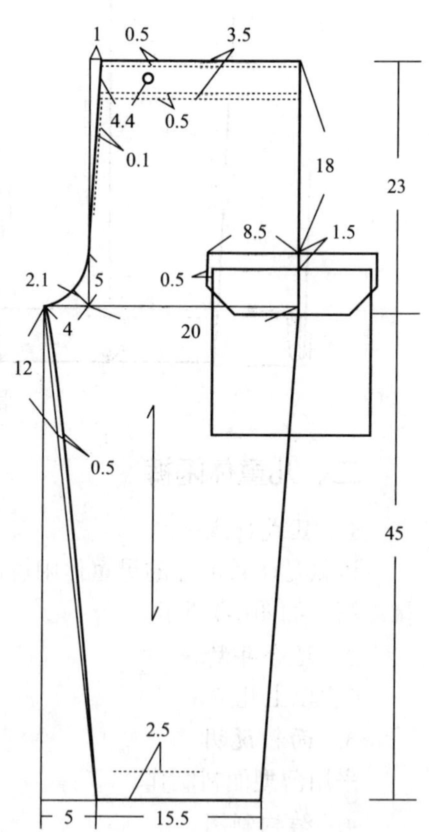

图6-5 男童休闲裤裁剪图

第二节　上衣制作

童装外套主要包括各式休闲T恤、大衣、衬衣、马甲、夹克衫等服装，造型上主要以宽松款式为主要设计手段，方便儿童的活动为主，同时保持服装的基本特征。通常以装袖和插肩袖为主，可以加大袖窿深点和加大袖肥，以便儿童上肢运动，如图6-6所示。

图6-6　上衣设计图

一、休闲T恤

1. 款式特点

休闲T恤适合春、秋季节穿着，面料有薄有厚，款式上可以有袖也可以无袖，既可以单穿也可以配合其他服装进行穿着。其设计随衣长、宽松量、领型的变化而变化，形式多种多样，既能体现儿童的活泼又能展现儿童的天真，方便儿童灵活运动。

该款式为宽松式设计，2粒扣领型设计，袖口和衣摆做收紧设计，如图6-7所示。

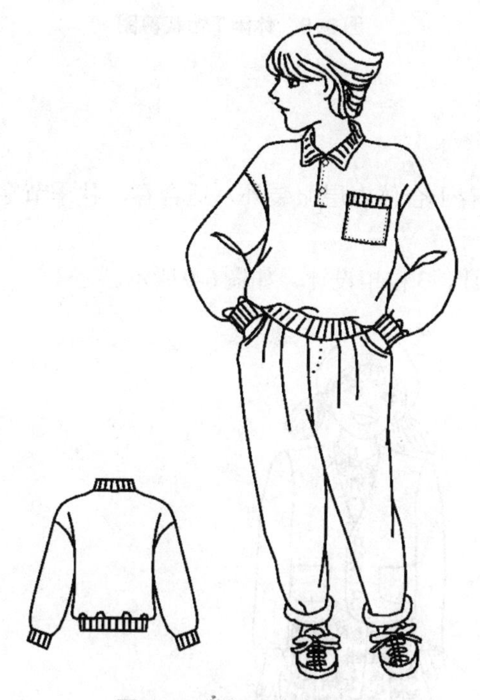

图6-7　休闲T恤设计图

2. 适合年龄

6岁以上儿童。

3. 面料说明

普通纯棉面料、超高支纱纯棉面料和各种合成纤维混纺织物。

4. 结构制图

休闲T恤裁剪图如图6-8所示。

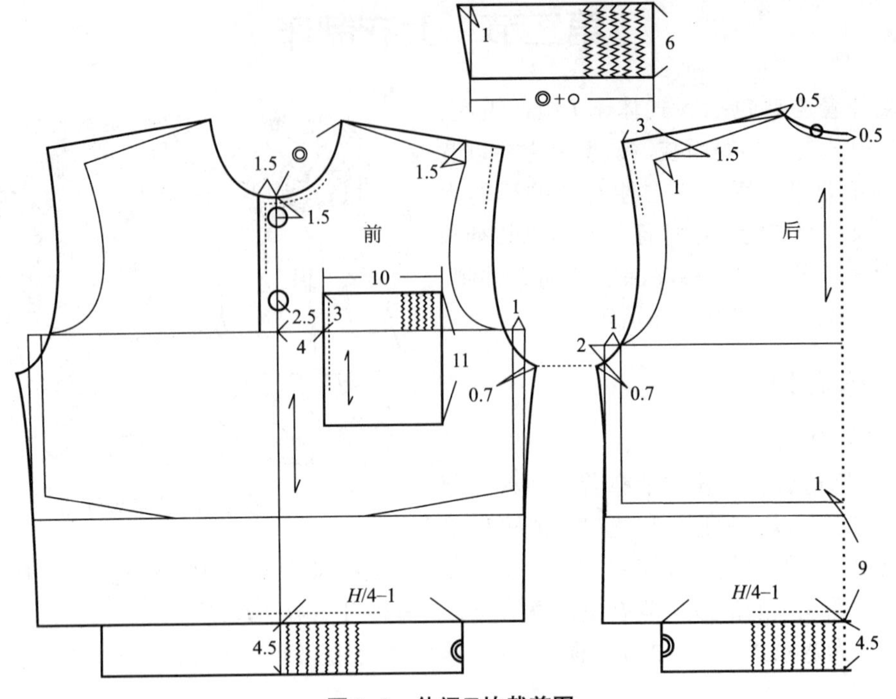

图6-8 休闲T恤裁剪图

二、无领西服外套

1. 款式特点

无领西服外套适合穿着于合体内层服装外，适合春、秋季节穿着，能体现儿童的活泼天真，方便儿童灵活运动。

该款式为较宽松式设计，3粒扣设计，如图6-9所示。

图6-9 无领西服外套设计图

2. 适合年龄

各年龄段儿童。

3. 面料说明

该款式可以采用纯棉、各种合成纤维混纺织物等面料。

袖子制作参照两片袖的具体制作步骤，在此省略。

4. 结构制图

无领西服外套裁剪图如图6-10所示。

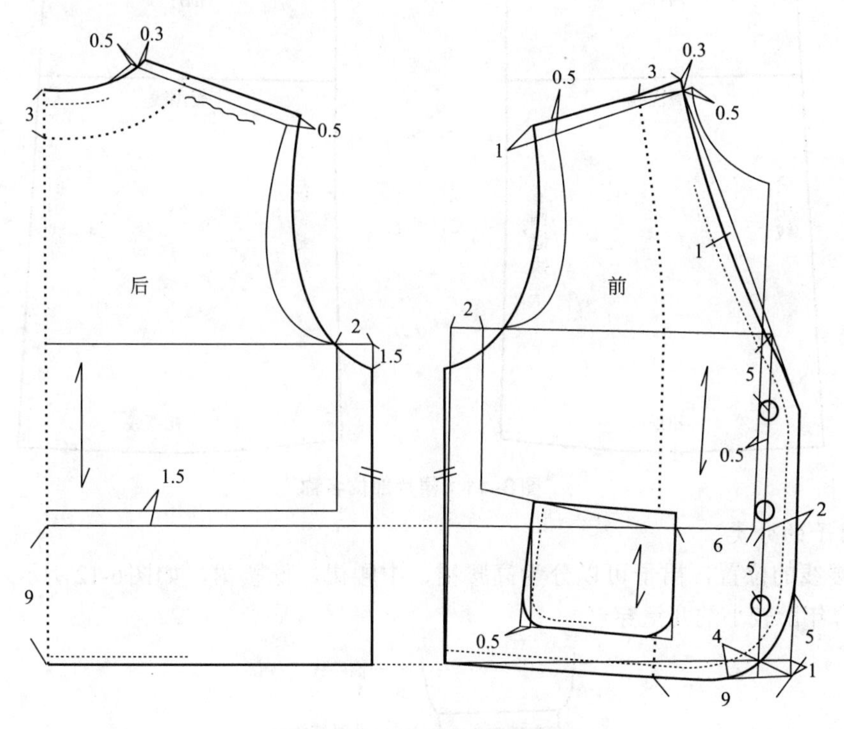

图6-10 无领西服外套裁剪图

第三节 裙装制作

童装下装包括裙装和裤装。裙装既包括独立的半截裙，也可以是从连衣裙的腰到下摆的部分。下装的结构变化较上装小一些，因此服装企业大多采用直接法进行纸样制图。

童装由于体型所处的特殊阶段和活动量大的原因，为方便活动，常见廓型为A字裙、圆裙、褶裙等。为了方便儿童的活动，裙子的长度一般定在膝围线以上，最长不宜超过小腿中部。如果裙长盖过膝盖的话，则一定要保证裙摆有足够的摆量。与高腰裙相比，儿童更适合穿低腰裙。

一、裙装结构原理

裙装虽然是童装中最简单的结构，但是造型丰富。童装款式设计可以借鉴成人裙装设计，同时还要考虑儿童不同生长阶段的体型特点、运动量、童装市场定位、流行趋势及季节等因素。因此在结构上，童装的裙子与成人的有所差别。

1. 裙片各结构线名称

为了制图方便，应了解裙片的各结构线名称，如图6-11所示。

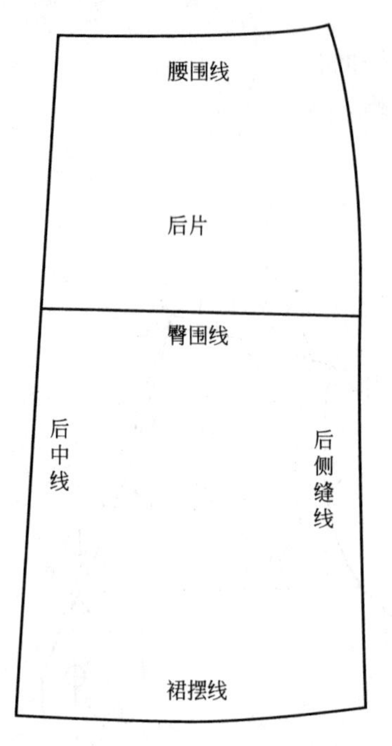

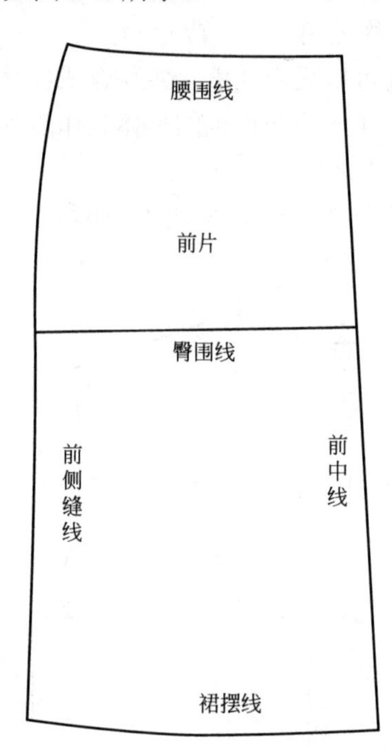

图6-11 裙片部位名称

2. 裙子的分类

根据腰线的位置，裙子可以分为高腰裙、中腰裙、低腰裙，如图6-12所示。其中，低腰裙不适合年龄较小的儿童穿着。

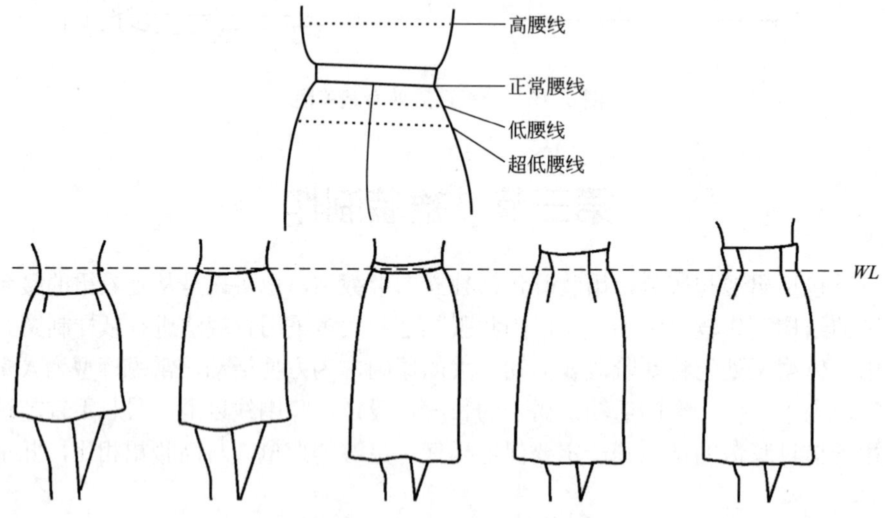

图6-12 不同腰线裙装设计图

根据裙摆的长度，可以分为超短裙、迷你裙、短裙、中长裙、长裙、超长裙等，如图6-13所示。其中，超长裙不适宜儿童穿着。

根据裙摆的形态，可以分为直筒裙、包裙、A字裙、大摆裙等，如图6-14所示。其中，包裙在童装中应用得非常少。

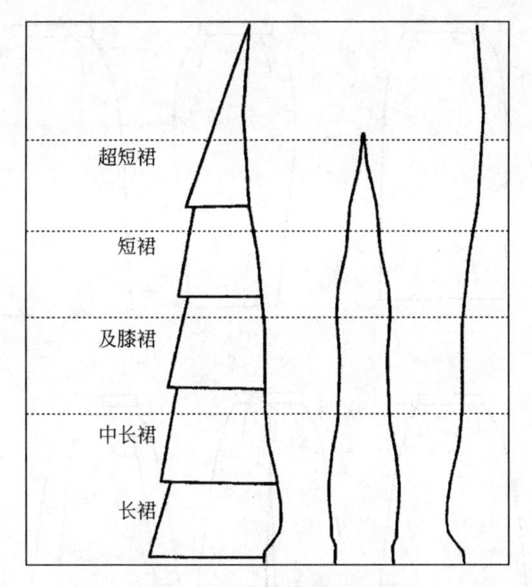

图6-13　不同裙长设计图

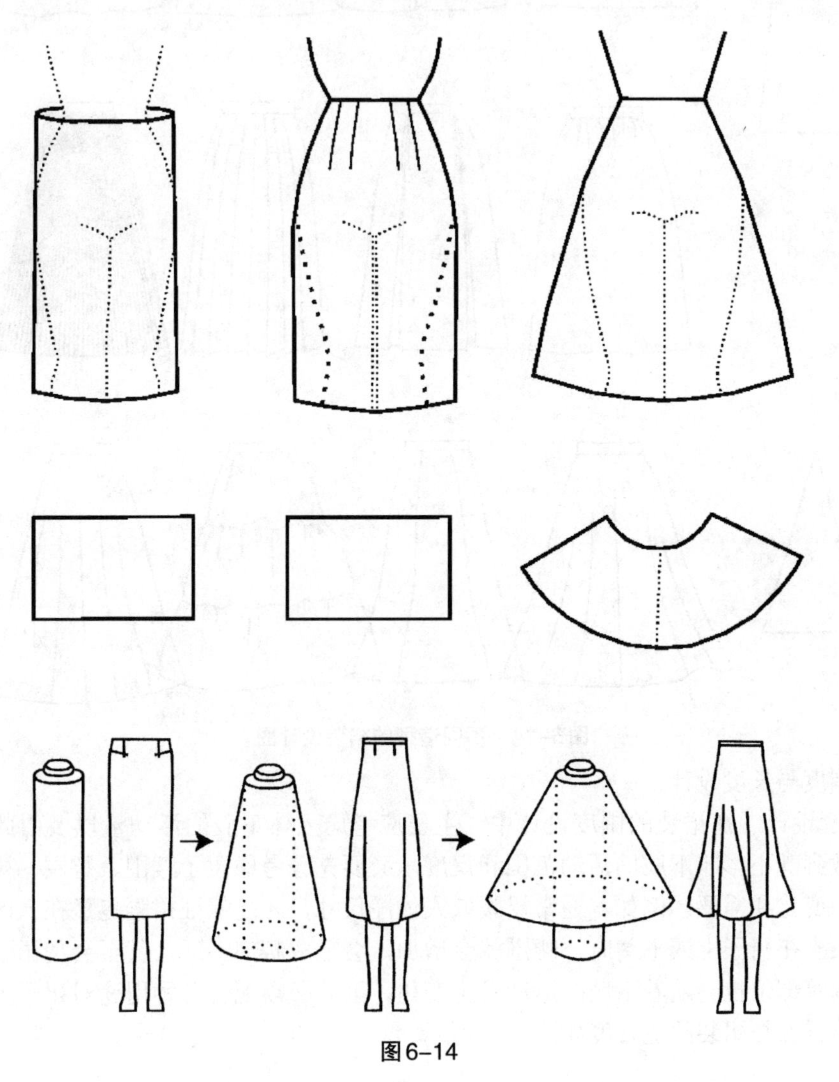

图6-14

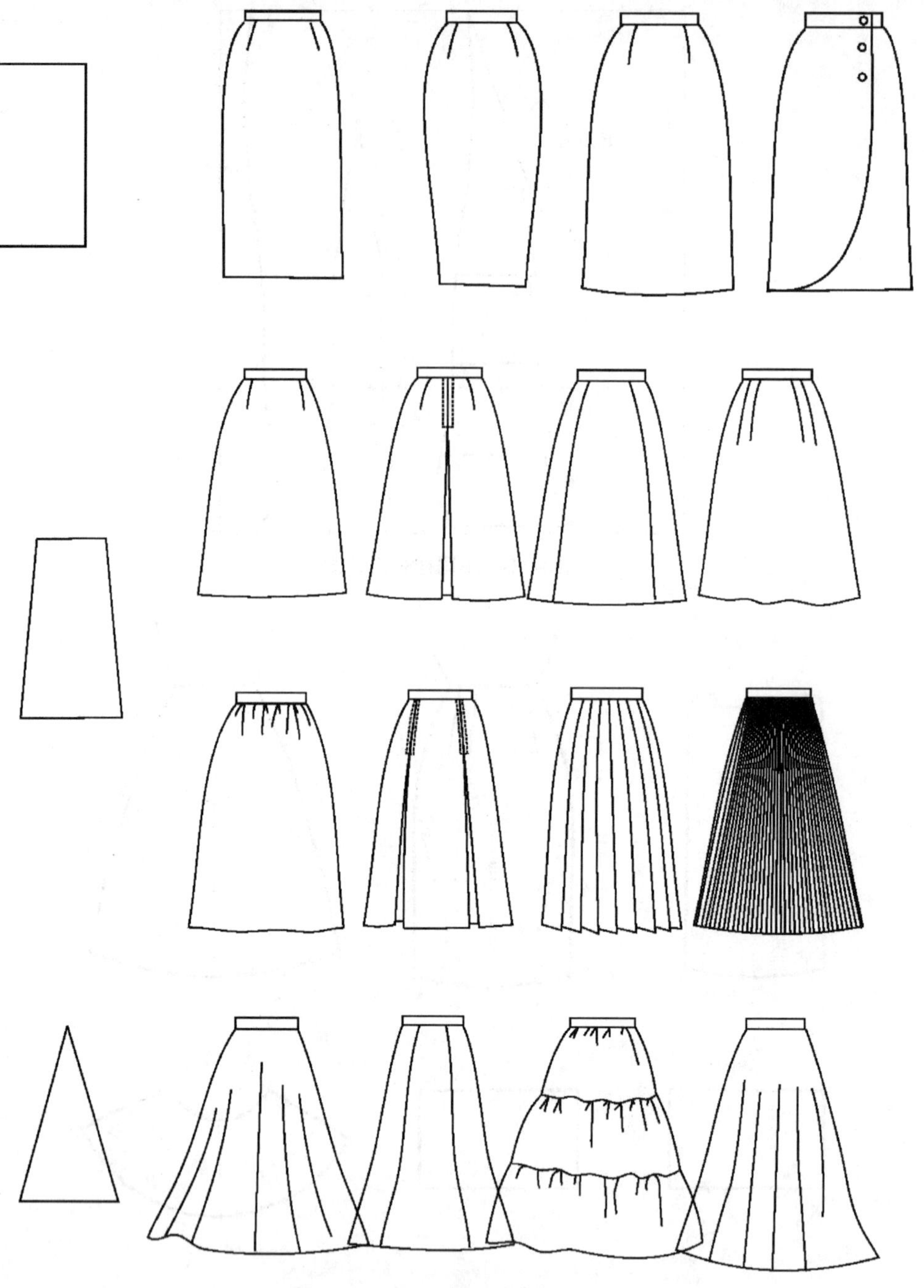

图6-14 不同造型的裙装设计图

（3）围度与长度设计

① 围度设计 在裙装的围度设计中，主要应考虑人体下肢的活动量以及由此带来的围度变化，做到既不影响下肢的活动范围和尺度，又要充分考虑裙子腰围、臀围、裙摆、裙长等各方面的变化和需要。例如，通常裙腰取人体净尺寸，才能保证裙腰包裹在人的腰围线位置，但当人坐在椅子上或下蹲时，腰围就会增加，会造成腰部不适，甚至会使裙子开线或损伤，而臀围等部位也会随着下肢的运动发生变化，因此必须配合各种用途对裙子进行不同的设计。人体臀部与裙装的适合度如图6-15所示。

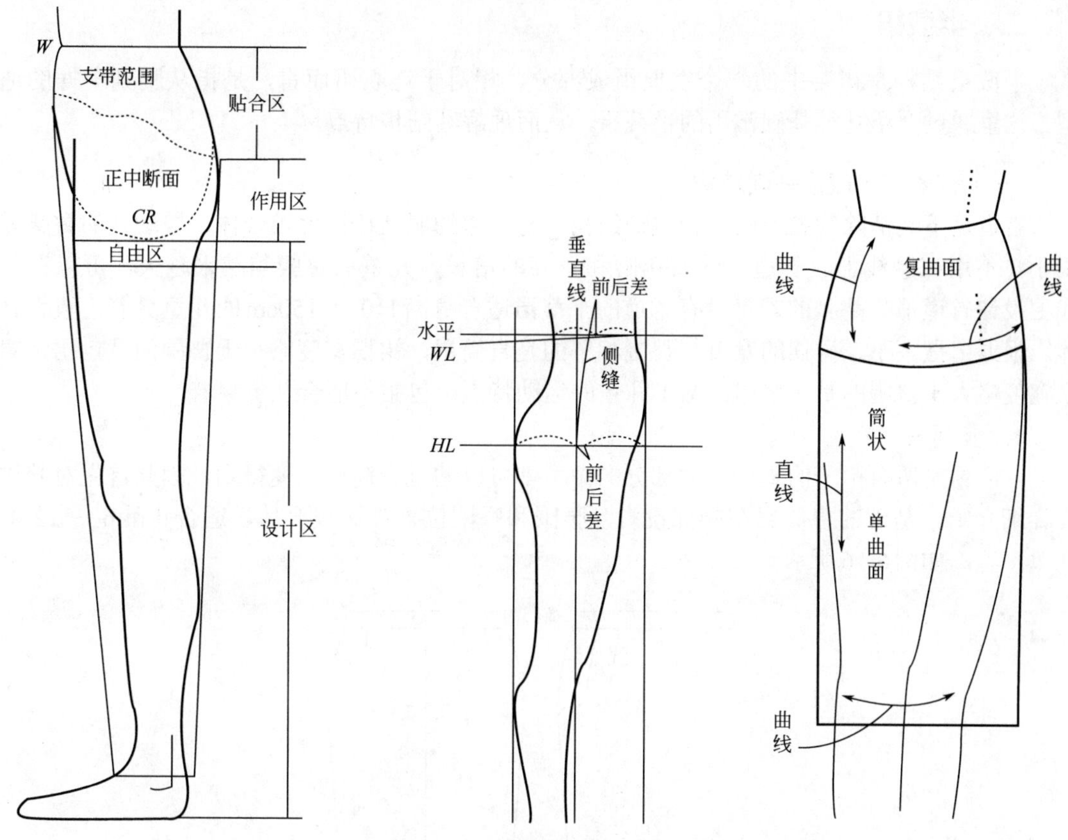

图6–15 人体臀部与裙装的适合度

裙装中的围度设计主要是指腰围和臀围的放松量设计。腰围和臀围尺寸的测量都是在自然直立状态下水平围量一周得到的。根据实验，人体坐在椅子上时，腰围围度约增加1.5cm，臀围围度约增加2.5cm；坐在地上时，腰围围度约增加2cm，臀围围度约增加4cm。此外，腰围在儿童呼吸前后有1.5cm的差异，在儿童进食前后有4cm的变化。

② 长度设定 童装的裙长首先是根据年龄、用途来确定的，其次要考虑到流行趋势。由于儿童的运动特点以及儿童的生理特点，既不适宜设计成迷你裙，也不适合设计成拖地长裙，儿童的裙长设计应在股上长×1.5到脚踝之间。一般而言，膝盖上下的位置为童裙的最佳长度。

表6-2是根据我国儿童服装号型系列标准，设计裙装所需的部位尺寸。

表6–2 童裙相关部位参考尺寸

单位：cm

部位	尺寸							
身高	80	90	100	110	120	130	140	150
胸围	48	52	54	58	62	64	68	72
腰围	47	50	52	54	56	58	60	64
臀围	50	52	54	60	64	68	74	80
背长	19	20	22	24	28	30	32	34
腰长（不含腰头）	14	14	14.5	14.5	15	15	15	17
腰至膝盖尺寸	25	29	33	37	41	45	50	53

二、半截裙

半截裙结构是裙装中的一个重要组成部分，相对于连衣裙而言，是指从腰到裙摆的造型。这里通过介绍几种基础常用的半截裙，从而理解其结构特点。

（一）有省道半截裙基础结构

省道是下装消除臀腰差的一种短缝结构，有省道的服装往往比较合体。婴幼儿的臀腰差很小，不用在腰线上收省道，随着年龄和身高的增长，儿童的臀腰差越来越大，可以在腰线上设计省道消除臀腰的差量，有省道的半截裙适合身高110～150cm的儿童穿着，较为合体。根据裙摆大小，裙摆的宽度与臀围相等的是直筒裙，裙摆宽度略小于臀围的是包裙，裙摆宽度略大于臀围的是A字裙，鉴于儿童的运动特点，包裙不适合儿童穿着。

1. 直筒裙

直筒裙是所有裙子的基础，大部分的裙型都可以通过直筒裙演变得到，因此首先对其进行详细介绍。基础的直筒裙在腰部设省，腰围和臀围位置都比较合体，适合年龄6～12岁儿童穿着，如图6-16所示。

图6-16　直筒裙

（1）规格设计　直筒裙的裙长一般在膝盖上下，可以随款式变化进行调节；臀围在净臀围的基础上加放6cm；腰围在净腰围基础上加放2cm。

以身高150cm的儿童为例，其规格见表6-3。

表6-3　直筒裙规格　　单位：cm

部位	裙长	腰围	臀围	腰长	腰头宽
规格	50	66	86	17	3

（2）制图方法　直筒裙裁剪图如图6-17所示。

① 后片制图

a. 作长方形。长方形宽以人体最宽的臀围作为参考，1/4片为$H/4$=21.5cm，高位裙长50cm。

b. 作臀围线。量取腰长17cm作上平线的平行线即为臀围线。

c. 作腰围线。后腰围尺寸为$W/4$=16.5cm，得到臀腰差量，为了均匀分散省量达到合体的目的，三等分臀腰差量，一份放在侧缝，另两份在腰线上作为省量。为了使腰线能够与侧缝成直角，最终使前后腰线顺滑，侧缝点起翘0.7cm，此数值随着臀腰差变化，臀腰差越大此数值越大，臀腰差越小该数值越小，在0.5～1.5cm之间变化。由于人体后腰节位置比腰线位置靠下，故后中心下落0.7cm，此数值随年龄的增大而增大，一般在0.5～1cm之间变化，连顺腰线。

d. 作省道。按照均匀分配的原则，三等分腰线，在等分点上作腰线的垂线作为省道中线，考虑到臀围的活动，靠近后中的省道长度距臀围5cm，靠近侧缝的省道再短1cm，每个省量=（$W-H$）÷4÷3=1.7cm。

e. 将腰线起翘处与侧缝连顺。

② 前片制图　前片的制图步骤与后片基本一致，有以下不同之处。

a. 前中心不下落。

b. 由于腹凸的位置高于臀凸，所以省道的长度应该有所减少，才能更符合人体标准。

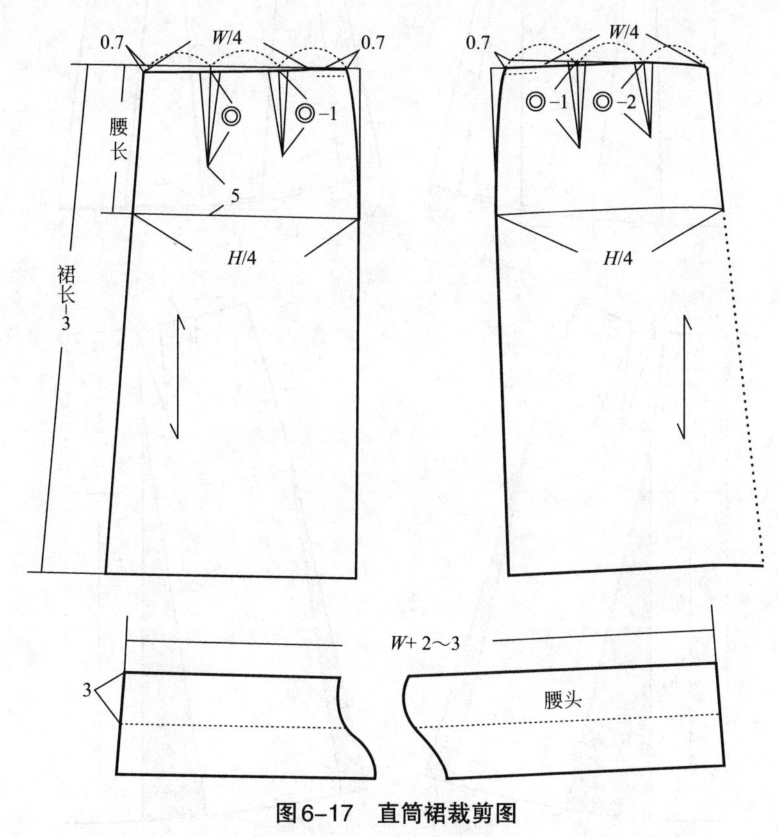

图6-17　直筒裙裁剪图

2. *A字裙*

A字裙在结构上和直筒裙差不多，只是裙摆略有打开，呈A字形，较为合体，比直筒裙更易于运动，在童装中应用较多。A字裙既可以通过对直筒裙变化得到，也可以直接制图得到，如图6-18所示。

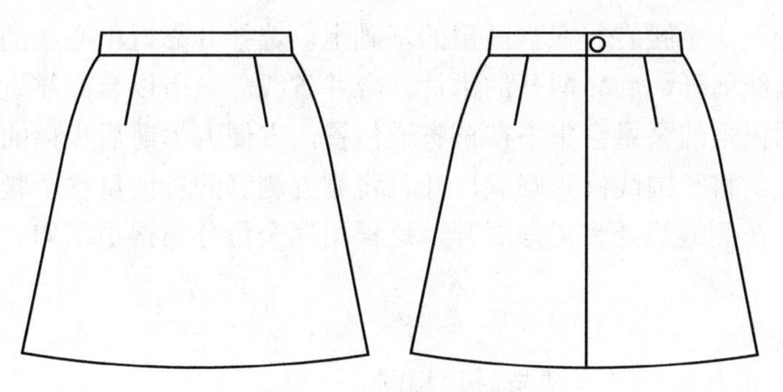

图6-18　A字裙设计图

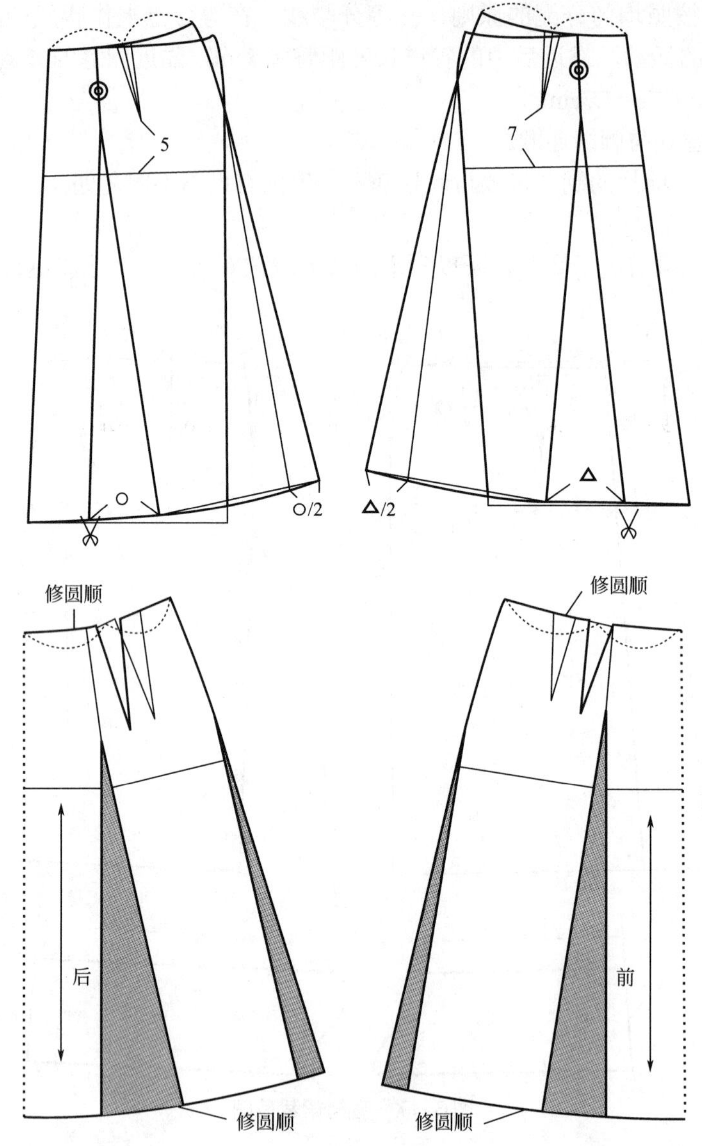

图6-19　A字裙裁剪图（一）

（1）规格设计　同直筒裙。

（2）制图方法一（图6-19）

① 后片制图

a. 剪切旋转合并一个腰省。在直筒裙的基础上，选择开靠近中心线的省道，沿省尖点作裙摆的垂线，沿垂线剪开，旋转剪开的裙片，合并省线。之所以合并靠近中心线的省道，是因为这样作出来的裙摆的余量会集中在该省道位置，方便人体前后步幅的运动。

b. 修正腰围线。将腰围线修正圆顺，并且将靠近侧缝的省道量移至腰线两等分处。

c. 作侧缝线。在侧缝线处将裙摆展开，这样裙摆余量分布得更均匀。展开量为剪切展开量的1/2。

d. 连顺裙摆弧线。

② 前片制图　前片的旋转方法与后片相同。

以上方法在旋转腰省的同时，增大了臀围的尺寸，对于合体的A字裙来讲，是不需要增加臀围量的，所以可以采取下列直接制图法，避免了臀围量加大的情况。

（3）制图方法二（图6-20）

① 后片制图

a. 作长方形。长方形宽以人体最宽的臀围作为参考，1/4片为$H/4$=21.5cm，高位裙长56cm。

b. 作臀围线。量取腰长17cm作上平线的平行线即为臀围线。

c. 作侧缝辅助线。从臀围线向下量取10cm找到一个参考点，在此点向外量1cm，连接臀围与侧缝的交点，上下延长，该线即为侧缝线的辅助线。

d. 作腰围线。后腰围尺寸为$W/4$=16.5cm，得到侧缝线参考线与腰的差量，两等分此差量，一份放在侧缝，一份在腰线上作省道，侧缝点起翘1.6cm，后中心下落0.7cm，连顺腰线，省道位置在腰线两等分处，省道中心线距臀围线7cm。

e. 将腰线起翘处与侧缝连顺。

f. 连顺裙摆弧线。为了使侧缝在缝合后裙摆水平，故裙摆在侧缝处起翘1cm，此值随裙摆的加大而变大。

② 前片制图

a. 前中心不下落。

b. 省道的长度减短。

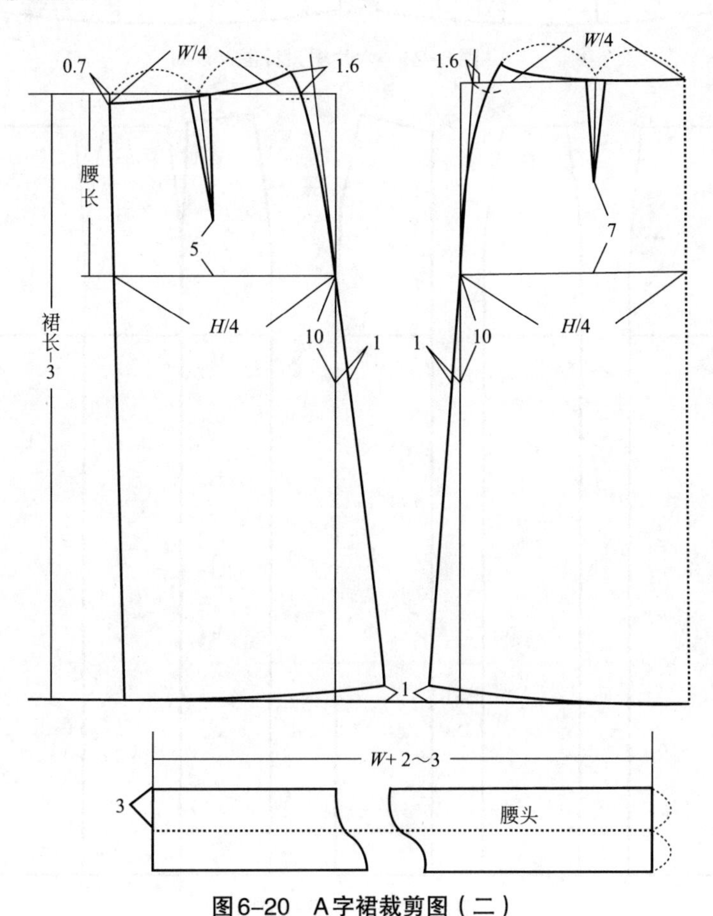

图6-20　A字裙裁剪图（二）

3. 片裙

所谓片裙，即是将裙摆分割成一片一片的裙型。根据直筒裙可以得到的最简单的片裙，可将省尖点直接拉到下摆，剪开，圆顺原来的省道线成为分割线即可。从结构原理上讲，由于人体臀腰有一定的差量，所以必须通过一些结构线的造型才能合体，在腰线上设置省道是一种方法，通过分割线、抽褶、褶裥的方法也能实现合体的目的，而片裙即是将省量分散在各纵向分割线中。六片裙设计图和裁剪图如图6-21和图6-22所示。四片裙设计图和裁剪图如图6-23所示。

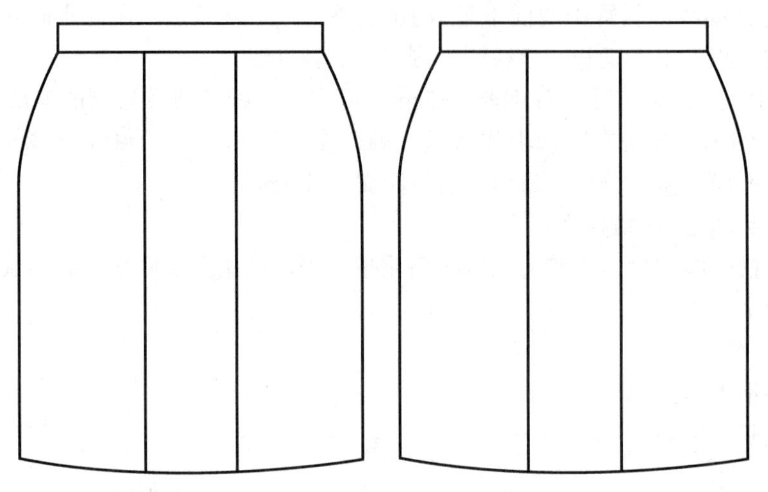

图6–21　六片裙设计图

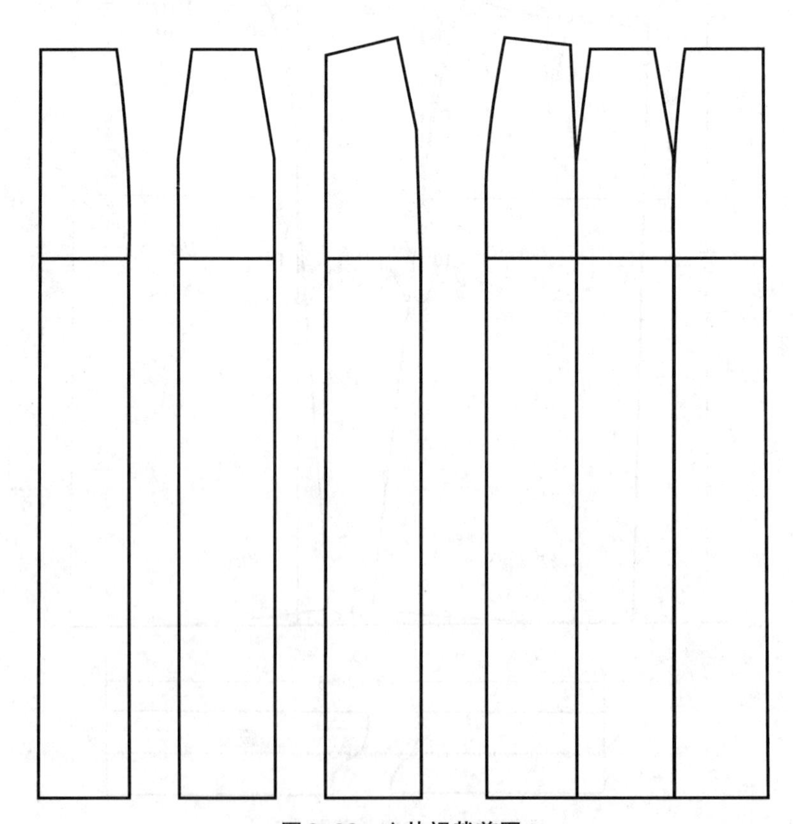

图6–22　六片裙裁剪图

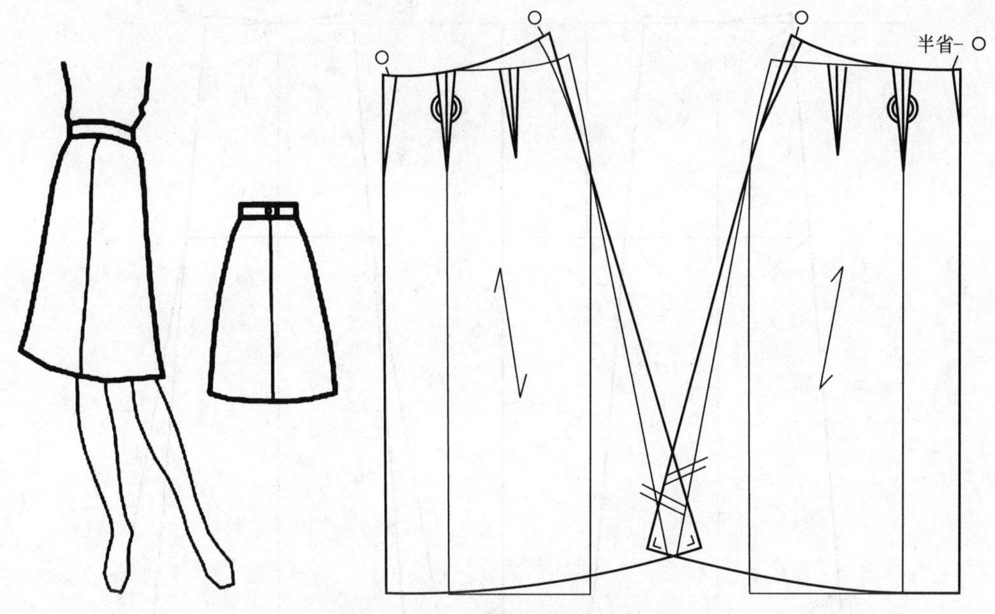

图6-23　四片裙设计图和裁剪图

片裙是一种合体裙型，适合年龄较大的儿童穿着，其纸样除了通过直筒裙变化而来，还可以直接绘制。片裙一般分为四片裙、六片裙和八片裙，下面以六片裙为例，用直接法进行制图。

（1）规格设计　片裙放松量设计参考直筒裙。以身高130cm的儿童为例，其规格设计见表6-4。

表6-4　片裙规格　　单位：cm

部位	裙长	腰围	臀围	腰长	腰头宽
规格	45	60	74	15	3

（2）制图方法　在普通片裙的纵向分割线上稍加变化，就可以得出其他裙型，如鱼尾裙。只要腰围和臀围不受影响，其轮廓线可以自由设计，以不妨碍走路和美观为准，如图6-24和图6-25所示。

图6-24　纵向分割六片裙款式图

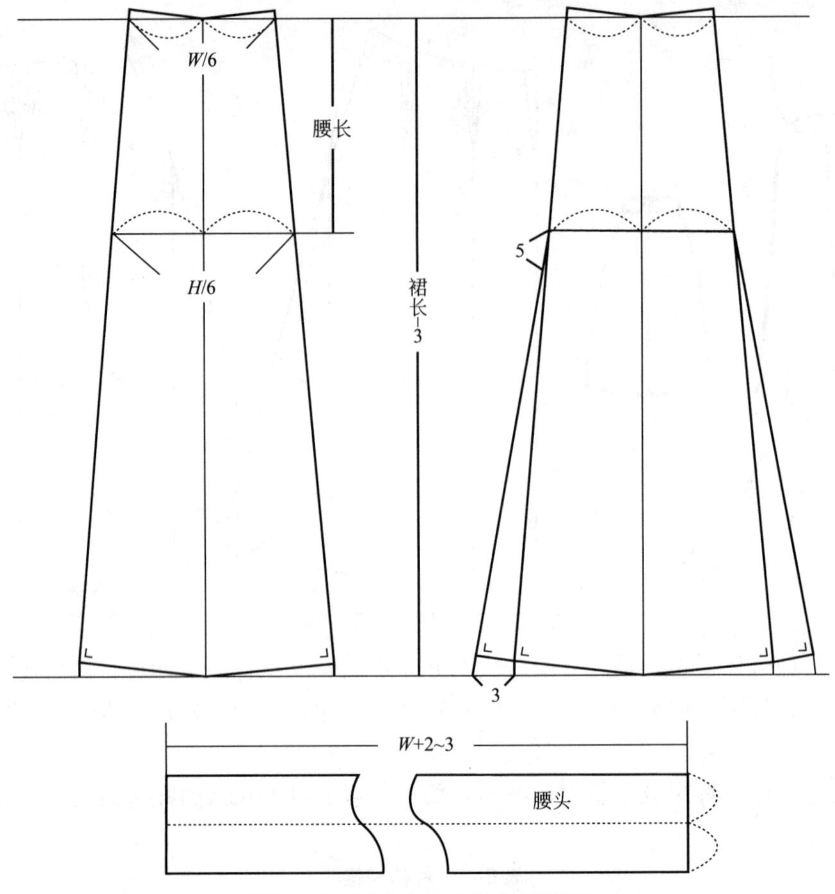

图6-25　纵向分割六片裙裁剪图

当然，片裙不仅仅是纵向的分割，也可以是横向的、斜向的或不规则分割。图6-26是由直筒裙结构变化得到的螺旋六片裙裁剪图。

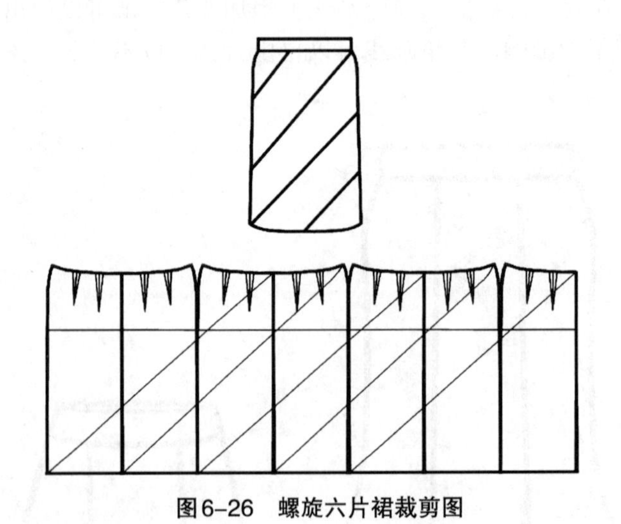

图6-26　螺旋六片裙裁剪图

此造型在制图时要注意以下几点。

① 设定的分割线要尽量在省尖点附近，延长或减短也可横向稍移动省尖点至分割线处，否则无法将省量转入分割线。

② 作完图要修正曲线，务必使两缝边长度一致。

4. *百褶裙*

图6–27　百褶裙设计图

百褶裙是通过在腰部压褶裥的方法收腰，将省量转入褶裥量使腰围合体，而裙摆打开，让臀围活动量较大，有一种韵律美，适合各个年龄段的儿童穿着，如图6-27所示。百褶裙的长度和褶的多少可以根据个人喜好自行设计。制作百褶裙的面料一般为纯涤纶，因为涤纶的洗可穿性和弹性较好。

（1）规格设计　百褶裙的裙长一般在膝盖上5cm左右，可以随款式变化进行调节；腰围在净腰围基础上加放4cm。

以身高120cm的儿童为例，其规格设计见表6-5。

表6–5　百褶裙规格

单位：cm

部位	裙长	腰围	臀围	腰长	腰头宽
规格	44	60	72	15	3

（2）制图步骤（图6-28）

① 百褶裙的轮廓实际上就是一个矩形，其结构图实际上是展示褶裥位置的示意图。先作一个矩形，长为大于1/2臀围的任意设计尺寸，在通常情况下，常以布料的幅宽去掉缝份来确定，宽为裙长减去腰头宽。然后距上平线一个腰长，作出臀围线。

② 确定褶裥数量。以12个褶裥的百褶裙为例，即前后裙片分别有6个褶裥。在矩形的长边上量取$W/2$，剩余量即要折进的褶裥量，分为6份，每份用 * 来表示。

③ 按照图6-28所示，分别用 *、$W/12$和$H/12$三个量，将矩形进行分割。阴影部分便是百褶裙的褶裥部分。

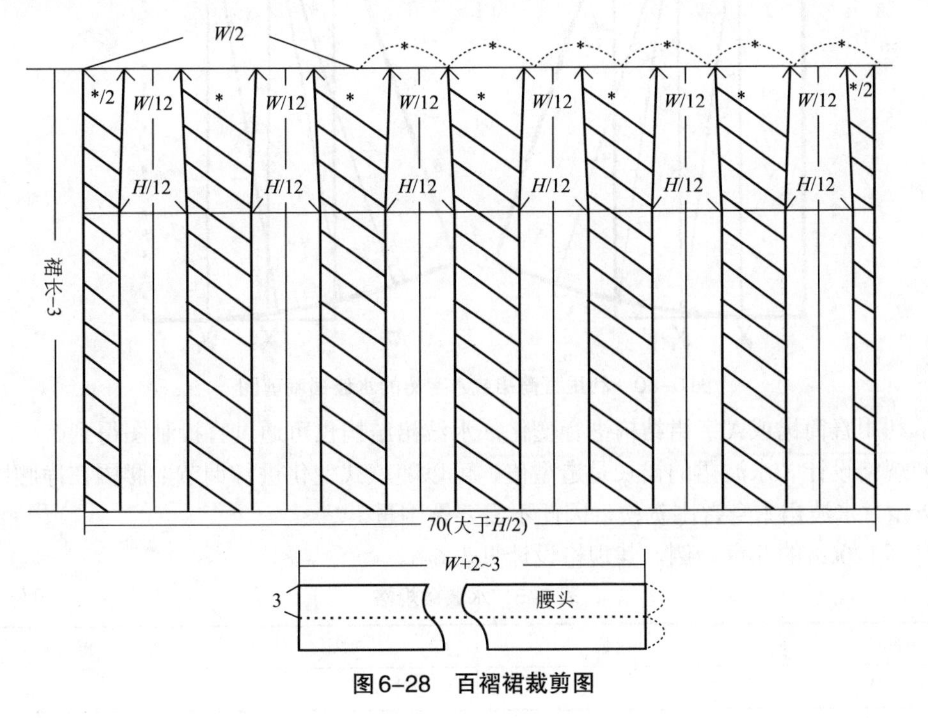

图6–28　百褶裙裁剪图

（二）无省道半截裙基础结构

针对年龄较小的儿童，合体的裙装会影响其活动和生长，因此需要加入更多的放松量。从直筒裙到A字裙的变化可以看出，合并省道，打开底摆，是加入更多放松量的一种可行的方法。

1. 水波裙

水波裙也称角裙，顾名思义就是裙摆如同水波一样有自然的波浪，如图6-29所示。在制图时可将直筒裙或A字裙腰部的省道完全合并，从而加大裙摆的量，如图6-30所示。由于这种方法在收掉省道的同时，加大了臀围，符合水波裙本身臀围放松量较大的要求。

图6-29 水波裙设计图

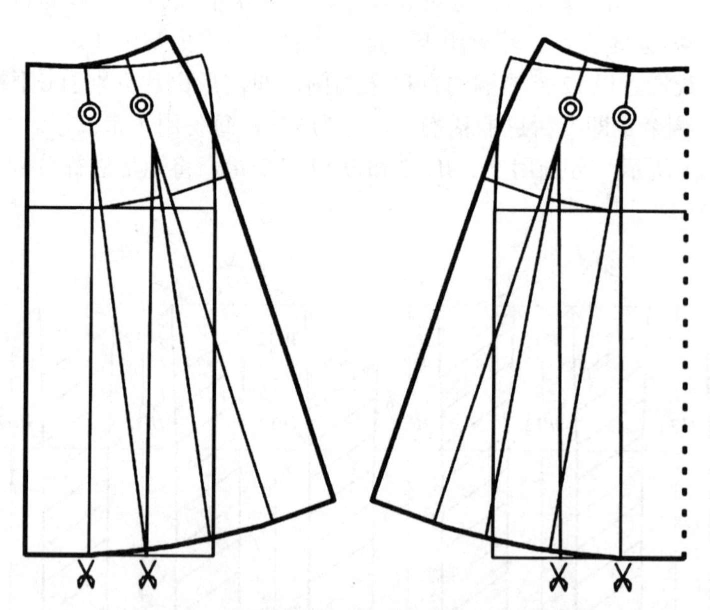

图6-30 利用直筒裙或A字裙的水波裙裁剪图

除了利用直筒裙或A字裙结构进行变化，水波裙结构也可通过直接制图得到。

（1）规格设计　水波裙的裙长是造型值，可以随款式变化进行调节；腰围在净腰围基础上加放2cm。水波裙本身臀围宽松，因此不需要臀围量。

以身高120cm的儿童为例，其规格设计见表6-6。

表6-6 水波裙规格　　单位：cm

部位	裙长	腰围	腰头宽
规格	45	58	3

（2）制图步骤（图6-31）

① 作上平线、中线和底边线。

② 相距4cm作上平线的平行线。在这条平行线上找到一点，与中线和上平线的交点连接得到一个线段为$W/4$。以这条线段为底边，作一个等腰三角形。

③ 过等腰三角形的另一条腰，作其垂线，长度等于裙长减去腰头宽。这条垂线实际是水波裙的侧缝线。过侧缝线的下端点作其垂线，与底边线交于一点。

④ 圆顺裙腰线和裙摆线。

制作水波裙应选用悬垂感很好的面料，才会在裙摆处产生“水波”效果。根据经验，裙侧腰点每上抬4cm，1/4裙片上会产生一个“波浪”，以此类推，上抬8cm会产生两个“波浪”，水波裙也因此而得名。但一般不会无限制上抬，当超过8cm时，裙摆已经非常大，这时可采用圆桌裙或圆台裙的制图方法得到其结构。

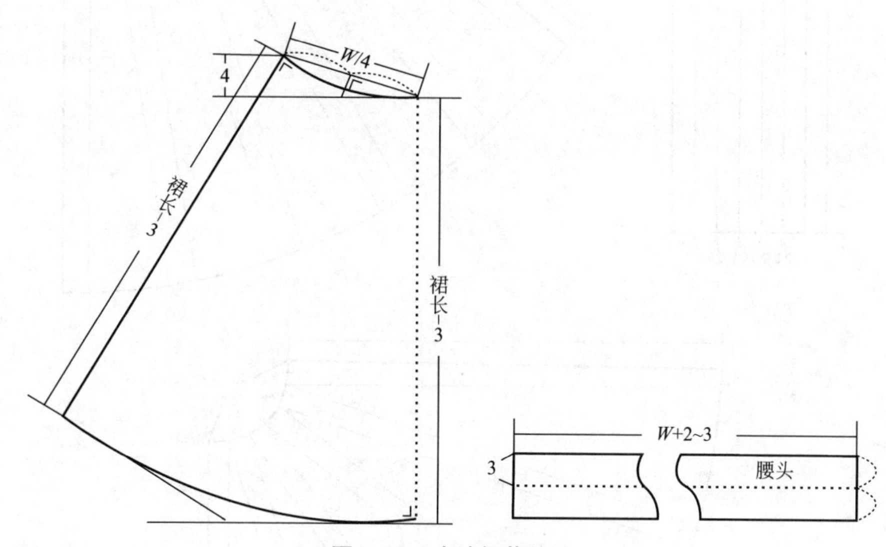

图6-31 水波裙裁剪图

2. 圆桌裙和圆台裙

圆桌裙又称整圆裙，是指腰围展开等于360°的裙型，如图6-32所示；圆台裙是指腰围展开呈扇形，小于360°的裙型。这种裙型，裙长一般在膝盖以上，裙摆飘逸，活动量大，适合各个年龄段的儿童穿着。

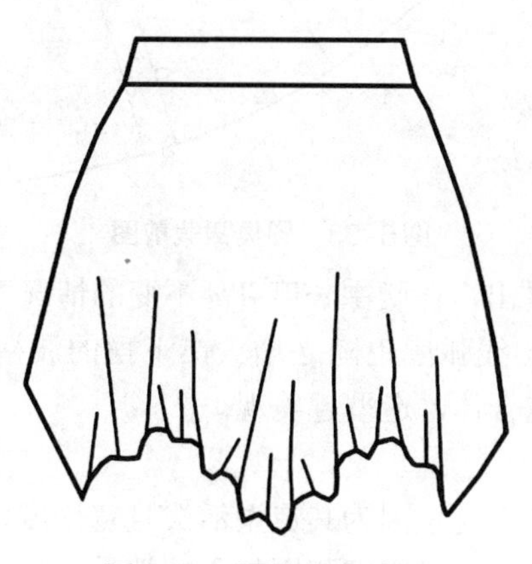

图6-32 圆桌裙设计图

根据直筒裙到水波裙的变化思路可以看出，随着腰部省道数目和省道量的减少，裙摆随之增大，侧缝起翘量也在增大，水波裙已经将腰部的省量收完，如果继续加大下摆，裙摆的波褶量就会更大，如图6-33所示。以下以1/4裙片为例，说明圆台裙和圆桌裙的制图思路。

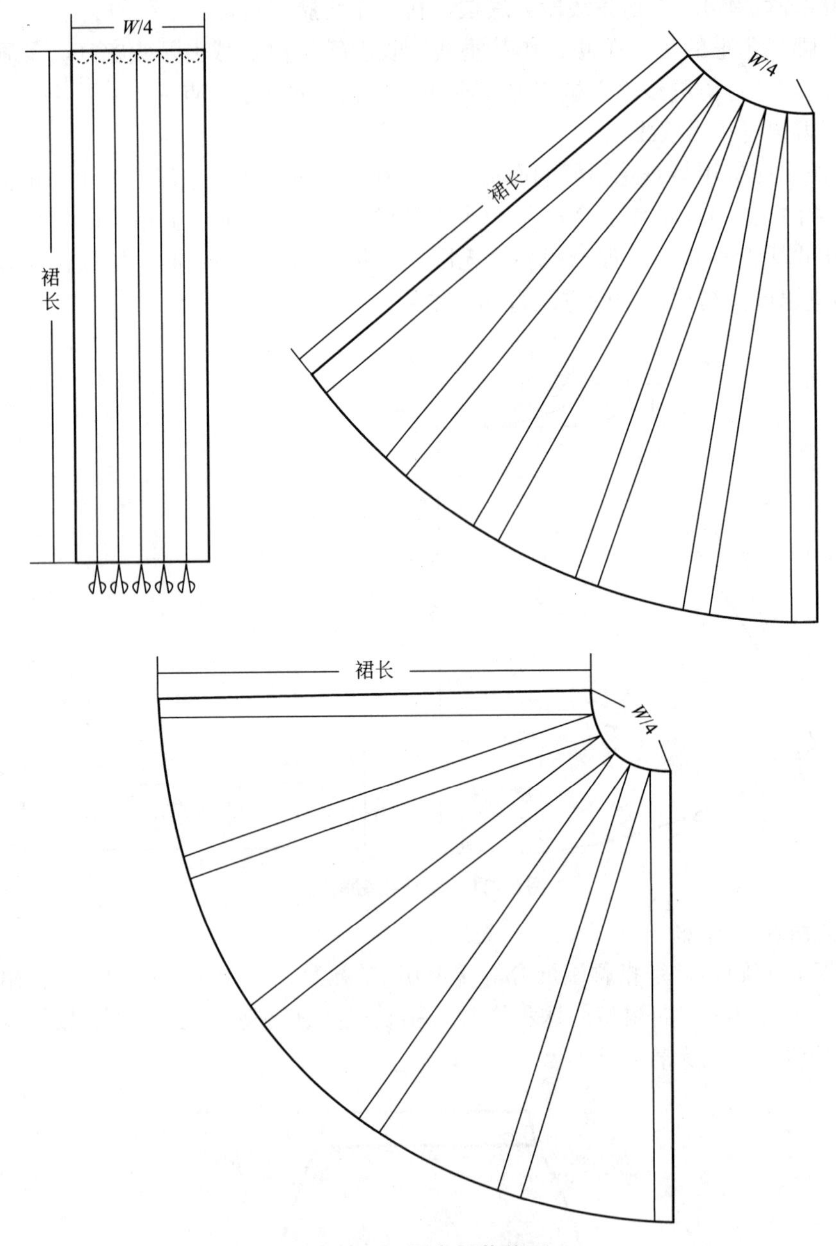

图6–33　圆桌裙裁剪图

从图6-33上可以明显地看出，在腰围长度$W/4$不变的情况下，切分裙片，随着裙片切展开量的增大，裙摆量增大，腰线弧度也随之增大，下摆的波褶增多。当然，切分的片数越多，腰围线就越顺滑，腰部越合体，造型越美观。

3. *碎褶裙*

碎褶裙在童装中运用非常广泛，因为其造型活泼且宽松度好，适合各个年龄段的儿童穿着。基础碎褶裙的结构非常简单，只需在腰围加入抽褶量，制作中在腰部绱橡皮筋即可。如

图6-34所示，取一个矩形，宽为一个裙长，长为1/2臀围加上抽褶设计量。在企业中，常用“2缩1”、“3缩1”、“3缩2”等表示加入抽褶量的多少。例如图6-34中的“2缩1”，代表在$H/2$基础上再加放1倍的量，制作时将2倍的量抽缩为1倍，形成碎褶。

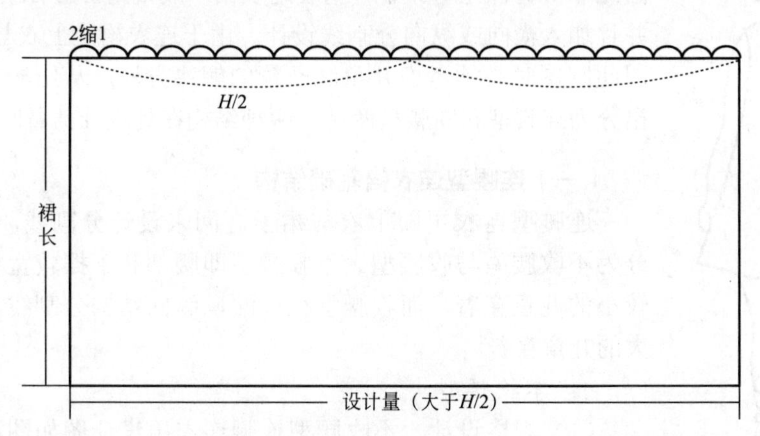

图6-34　碎褶裙裁剪图

碎褶裙还可以进行横向分割抽褶，形成常见的蛋糕裙，分段比例可以按造型自定义，如图6-35所示。

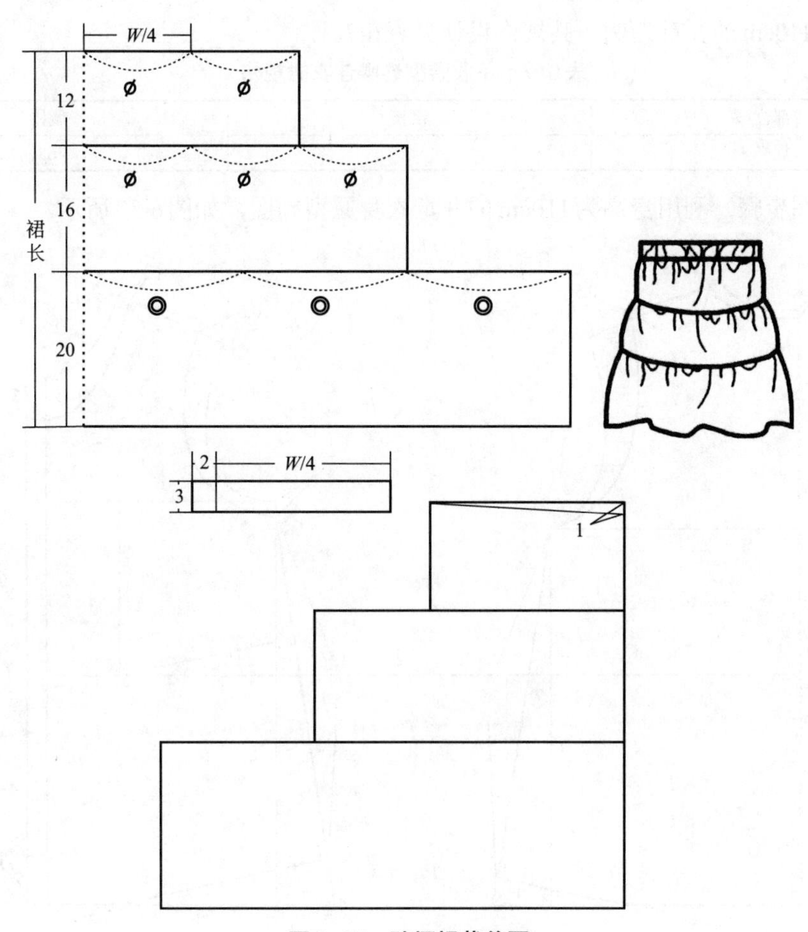

图6-35　碎褶裙裁剪图

三、连衣裙

图6-36　不收腰型连腰连衣裙设计图

连衣裙是将上衣和裙子连成一体的服装，有较好的运动功能性，因此非常适合儿童穿着。童装连衣裙一般采用H形、X形和A形轮廓，并且加入横向或纵向分割线设计。由于连衣裙是上衣与裙子的连体，因此制图时必须考虑儿童肚凸量的解决方法。从结构上来分，连衣裙分为连腰型和断腰型两种，两种结构在处理肚凸量时略有不同。

（一）连腰型连衣裙基础结构

连腰型连衣裙即上衣与裙子之间未设计分割线，是一个整体，分为不收腰型与收腰型。不收腰型即腰部和下摆较宽松，适合年龄较小的儿童穿着，而收腰型往往配以纵向结构分割线，适合年龄较大的儿童穿着。

1. 不收腰型

（1）规格设计　不收腰型连腰连衣裙设计图如图6-36所示。这种裙型适合6～7岁女童，裙长一般设在膝盖上面位置；胸围在净胸围基础上加放14cm左右；由于不收腰且裙摆宽松，因此不需要腰围和臀围量。

以身高110cm的儿童为例，其规格设计见表6-7。

表6-7　不收腰型连腰连衣裙规格　　单位：cm

部位	裙长	胸围
规格	42	68

（2）制图步骤　利用身高为110cm的儿童衣身原型制图，如图6-37所示。

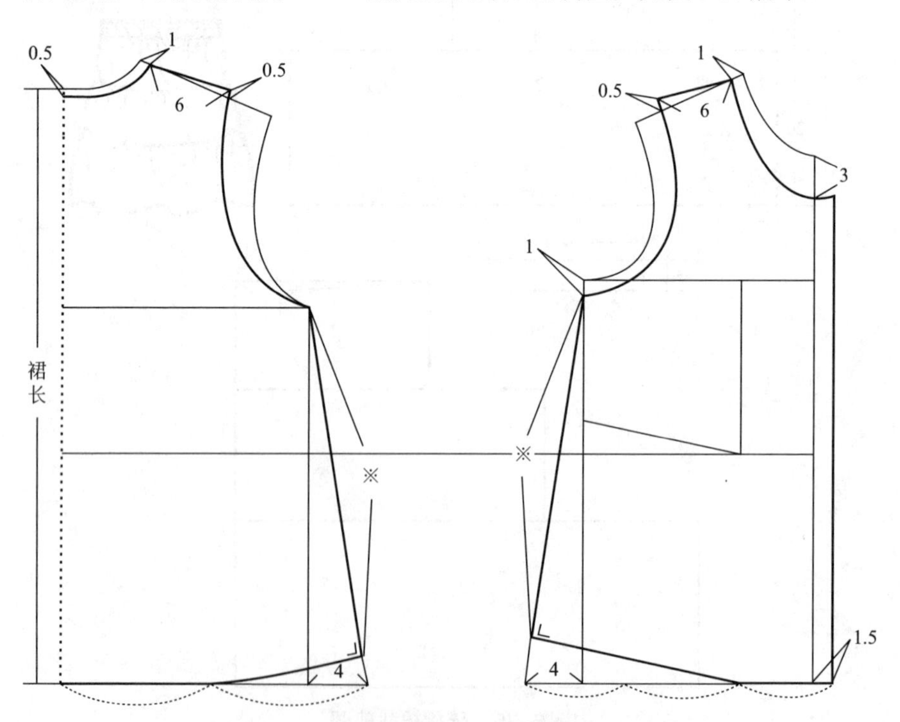

图6-37　不收腰型连腰连衣裙裁剪图

① 首先，进行衣身定位。

② 根据裙长，作出底边线，并且延长侧缝线。根据造型，设计侧缝摆度。

③ 根据款式，在原型基础上修改领窝线和袖窿线，作出叠门襟。为防止肩带下滑，减小肩斜。

④ 先作后片底摆起翘，得到裙后片侧缝线为“※”。前片由下挖袖窿1cm和底摆起翘的方法，平衡前后衣身。

⑤ 圆顺各轮廓线。

2. 收腰型

（1）规格设计 收腰型连腰连衣裙属于比较合体的造型，依靠收省方式贴合人体形态，适合8～9岁女童穿着，如图6-38所示。裙长可根据款式进行调节；腰围在净腰围基础上加放10cm左右；腰围加放8cm左右。

图6-38 收腰型连腰连衣裙设计图

以身高130cm的儿童为例，其规格设计见表6-8。

表6-8 收腰型连腰连衣裙规格 单位：cm

部位	裙长	胸围	腰围	腰长
规格	70	74	66	15

（2）制图步骤 利用身高为130cm儿童衣身原型制图，如图6-39所示。

① 首先，进行衣身定位，并且根据裙长，作出底边线。

② 确定胸围大小。1/4胸围尺寸收进1cm，保证10cm的放松量。

③ 根据款式，在原型基础上修改领窝线和袖窿线，注意前后肩线长度应相等，而且保持前后衣身平衡，前袖窿下挖1cm。

④ 延长侧缝线。侧缝收腰0.5～1cm，下摆根据造型向外展开2cm，并且作底摆起翘。

⑤ 前后腰省定位。省量∮按照（$B-W$）/4-0.5～1cm来确定。作出前后橄榄型腰省。

⑥ 前后侧缝差采取收省方式消除。

这类连衣裙实际上更多采用纵向分割线的形式，以连省成缝的方式将省量隐藏在分割线中。图6-38、图6-39也是以公主线做分割并加大裙摆的例子。

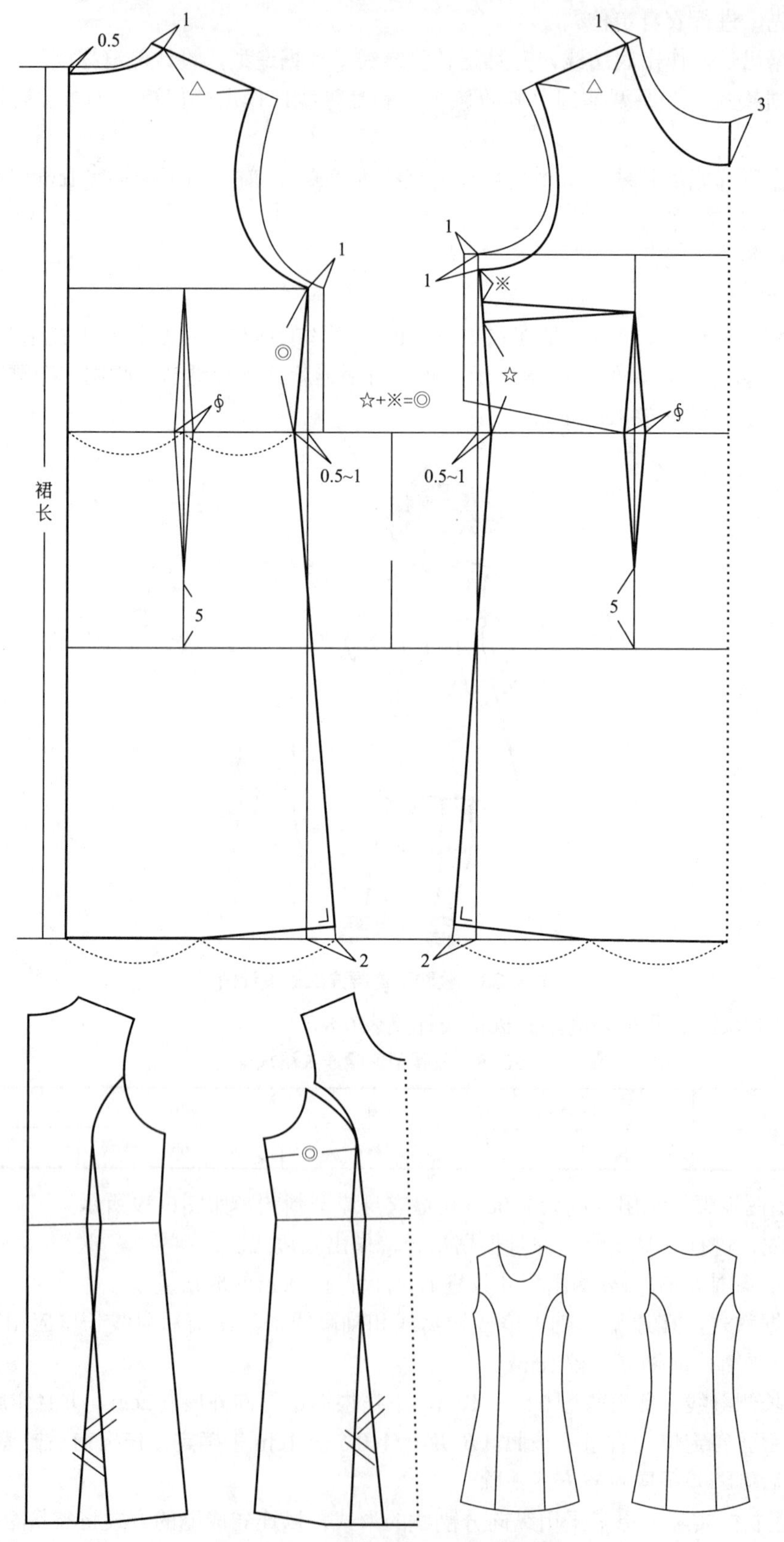

图6-39 收腰型连腰连衣裙裁剪图

（二）断腰型连衣裙基础结构

断腰型连衣裙即上衣和裙子之间有一条横向分割线。正因为有了这样一道分割线，使这类连衣裙在设计上更加丰富，更加有韵律。上衣和裙子完全可以各式各样，自由组合，例如背心式上身配水波裙，衬衣式样上身配百褶裙等。因此，在制图时，可以将上衣和裙子分开绘制，只要保证腰围线相等，制作时便可进行合缝。断腰型连衣裙适合各年龄段女童穿着。

如图6-40所示，便是两款上身背心式样、下身水波裙式样的断腰型连衣裙。从图中可以看出，断腰型连衣裙将肚凸量放在前片上衣和裙子的分割线中收去。同时也可以采用碎褶裙款式。

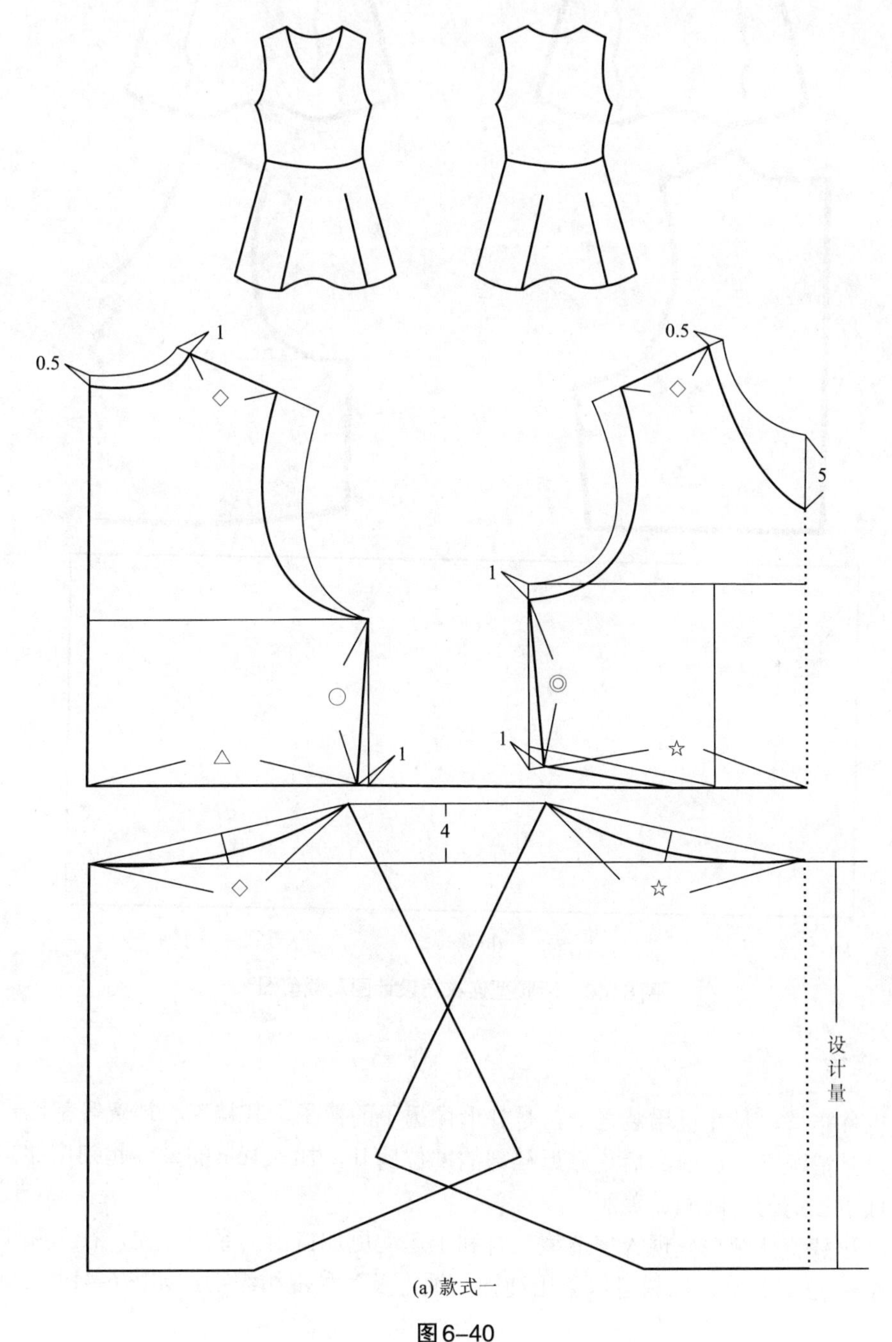

(a) 款式一

图6–40

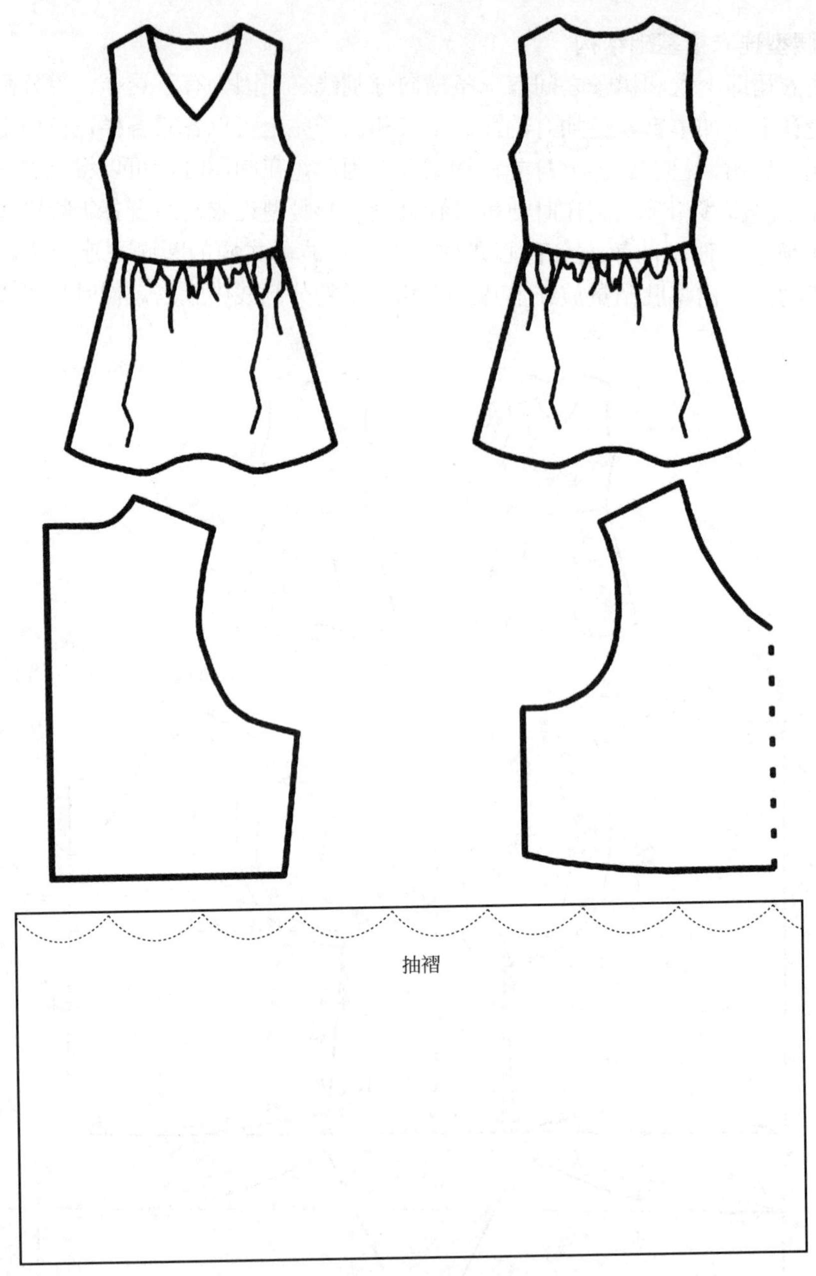

(b) 款式二

图6-40　断腰型连衣裙设计图及裁剪图

四、裤裙

裤裙也称裙裤，是儿童裙装之一，是外形像裙子的裤子。其裆深、裆宽等都比一般裤子要大，在通常情况下，在前、后片靠近裆部的部位剪开，加入1cm的量，起到增加裙摆的作用，使裙摆更加均匀、圆顺、美丽。

该休闲裙裤整体廓型呈现A字造型，有利于运动更加自由，穿脱方便，在童装中运用广泛。适合6～12岁儿童，面料可以采用纯棉、纯毛及各种混纺织物，如图6-41所示。

图6-41　儿童裙裤设计图

下面就以身高100cm的儿童为例，其规格设计见表6-9。

表6-9　儿童裙裤设计规格　　单位：cm

部位	裤长	腰围	臀围	直裆
尺寸	40	54	54	22

儿童裙裤裁剪图如图6-42所示。

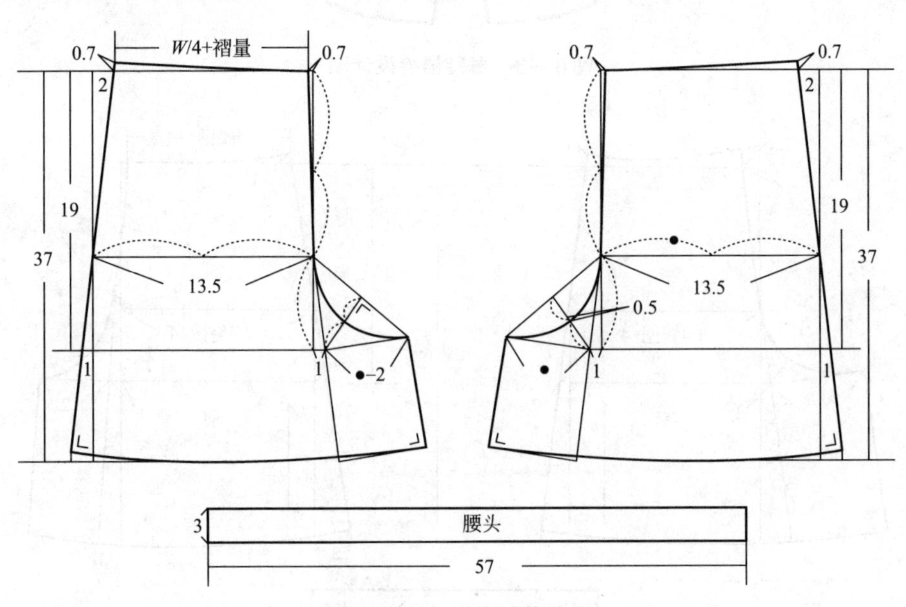

图6-42　儿童裙裤裁剪图

（1）前片结构

① 作长方形。长方形的长为直裆减去腰头宽，宽为1/4臀围。

② 作臀围线。臀围线位于腰围辅助线至横裆线的下1/3处。

③ 确定小裆宽度。小裆宽度为1/2腰围减2cm。

④ 作裙裤摆线。自横裆辅助线向下量取15cm作水平线为裙裤摆辅助线。

⑤ 作前裆弧线与前中线。作前裆宽和前中线辅助线的角平分线。前中腹量2cm，直线连接收腹点和前臀围点，完成前中心线和前裆弧线。

⑥ 作前腰围线。前腰围尺寸为W/4+3cm，侧缝起翘0.7cm。

⑦ 确定裙裤口宽。自直裆向侧缝延伸1cm，并且作前侧缝线和前内缝线，圆顺各线即可。

（2）后片结构　以前片为基础，作后腰围线。自后裆线向后片侧缝线量取距离等于后腰围尺寸为W/4+3cm，起翘量为0.7cm。

（3）腰头结构　腰头长度为W+3cm里襟量，宽为3cm。圆顺各轮廓线。

【实例1】童装裙裤

童装裙裤设计图和裁剪图如图6-43和图6-44所示。

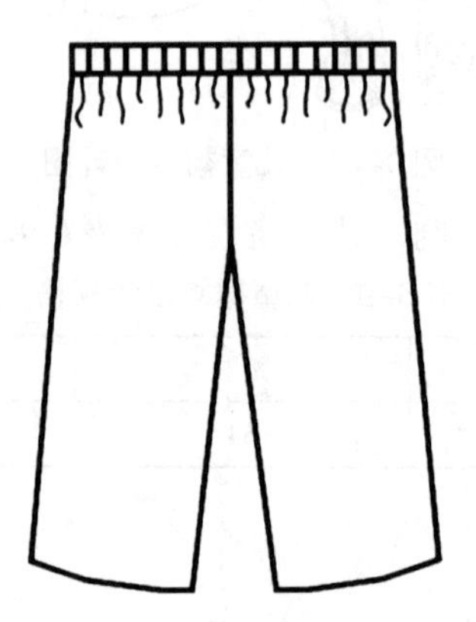

图6-43　童装裙裤设计图

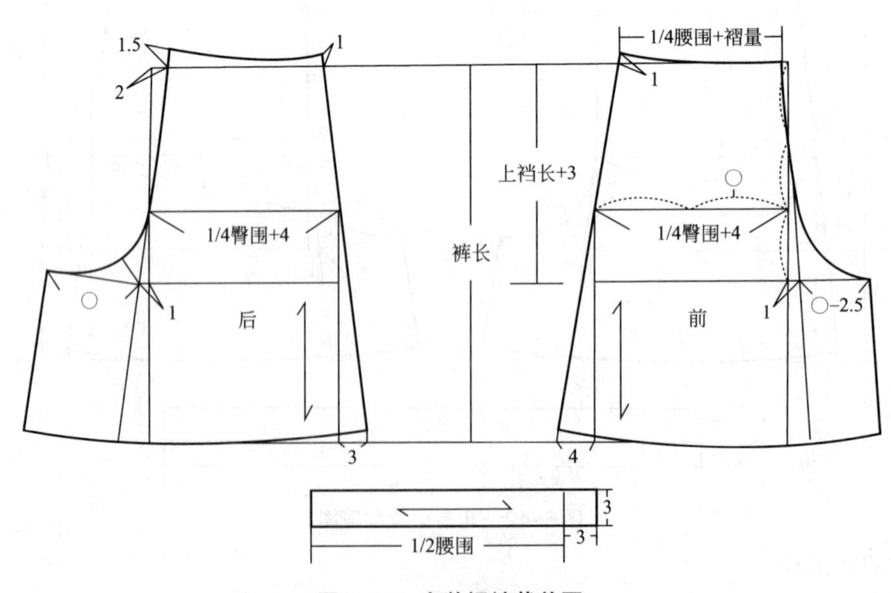

图6-44　童装裙裤裁剪图

第四节　外套制作

童装外套适合在秋、冬季外出、郊游、体育活动等场合穿着，款式主要包括马甲、夹克衫、大衣、羽绒服、运动服等服装，款式造型上一般以宽松造型为主，故放松量可适当加大，同时也方便儿童的自由活动。外套服装领型设计一般不采用无领造型，这是由外套服装防寒、保暖和防风的实用功能所决定的。同时，领宽可适当加大，并且搭配保暖的内领设计或柔软的围巾设计。衣袖的设计一般以装袖或插肩袖为主，在考虑到内层着装的前提下，适当降低袖窿深点和加大袖肥，以便儿童运动。袖口设计较多地采用收口设计，有助于取得更好的保暖效果。常用斜纹布、摇粒绒、灯芯绒、特殊涂层材料等中厚型面料。下面就以具体款式的设计为例来介绍童装外套的纸样设计。

一、连帽夹克衫

1. 款式特点

夹克衫是穿着在外层的服装款式之一。以宽松和运动为主要目的，外形设计有很大的灵活度，如对袖口、衣摆可根据其造型特征做收缩或放松的设计。因季节的不同，结合其实用功能可分为单层夹克和双层夹克。

该款式为宽松型设计，风帽领，前后衣片有公主线分割，胸前有弧形分割进行美化装饰，有袋盖式斜插袋，前中装拉链，衣服下摆与袖口有罗纹收紧，如图6-45所示。

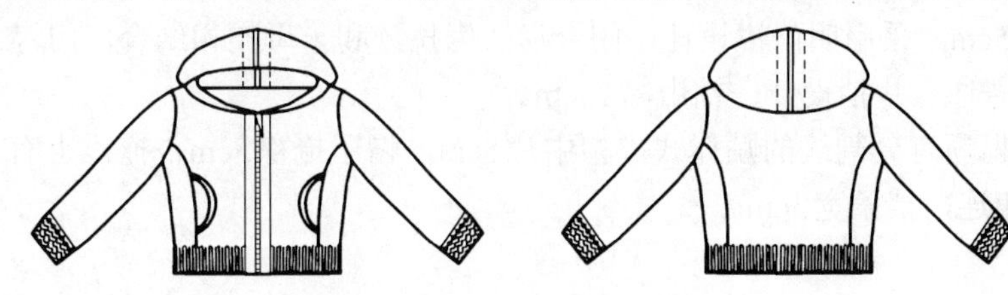

图6-45　连帽夹克衫设计图

2. 适合年龄

6～12岁儿童。

3. 成品规格设计

该款式夹克衫衣长一般在臀围线附近，可在背长基础上加上12～15cm，该数值随着儿童年龄的增长而变化，胸围可在净胸围的基础上加上18～25cm的放松量，同时要根据年龄和季节的不同适当调节。其规格设计见表6-10。

表6-10　连帽夹克衫规格　　单位：cm

部位	身高	后中长	胸围	肩宽	袖长	袖口	领围	帽高
规格	120	52	80	33.8	44	17	42	32

4. 制图步骤

利用衣身原型绘制夹克衫结构图。

制图步骤如下。

① 确定胸围尺寸。1/4胸围尺寸加放3cm。

② 作衣摆线。自腰围线向下13cm作水平线确定，衣摆加松紧带宽度为5cm罗纹。

③ 确定袖窿开深，可根据穿着需要适当调整。

二、防寒服

1. 款式说明

各类穿着舒适的防寒服和夹克衫是以服装原型为基础设计的。防寒服大多为连帽式，也有关门领的结构设计，配有可拆卸的帽子。此款为长款防寒服，带有可拆卸帽子，肩部合体，全身明线装饰，拉链闭合，前门襟装有子母扣，如图6-46所示。

2. 适合年龄

12岁左右儿童。

3. 成品规格设计

以身高140cm的儿童为例，其规格设计见表6-11。

表6–11 防寒服规格 单位：cm

部位	身高	衣长	胸围	腰围	袖长	袖口宽	头围
规格	140	72	90	86	50	13	54

4. 制图步骤（图6-47）

① 利用原型进行制图，在1/4胸围即基础上加大6.5cm，前后袖窿加深6cm。

② 前后胸围、肩宽、侧缝等对应部位尺寸相等。

③ 领口尺寸加大，领宽在原型基础上加宽3cm，前领深加深2cm，后领深加深0.5cm。

④ 门襟宽5cm，采用明门襟设计，闭合形式为拉链和子母扣相结合，门襟5粒扣。

⑤ 袖子为普通一片袖设计，袖山高13cm。

⑥ 帽子为帽顶有分割线的贴体式，帽中片8cm，帽子掩襟5cm，掩襟上有1粒扣，帽子与领口有挡条相连，挡条宽3cm。

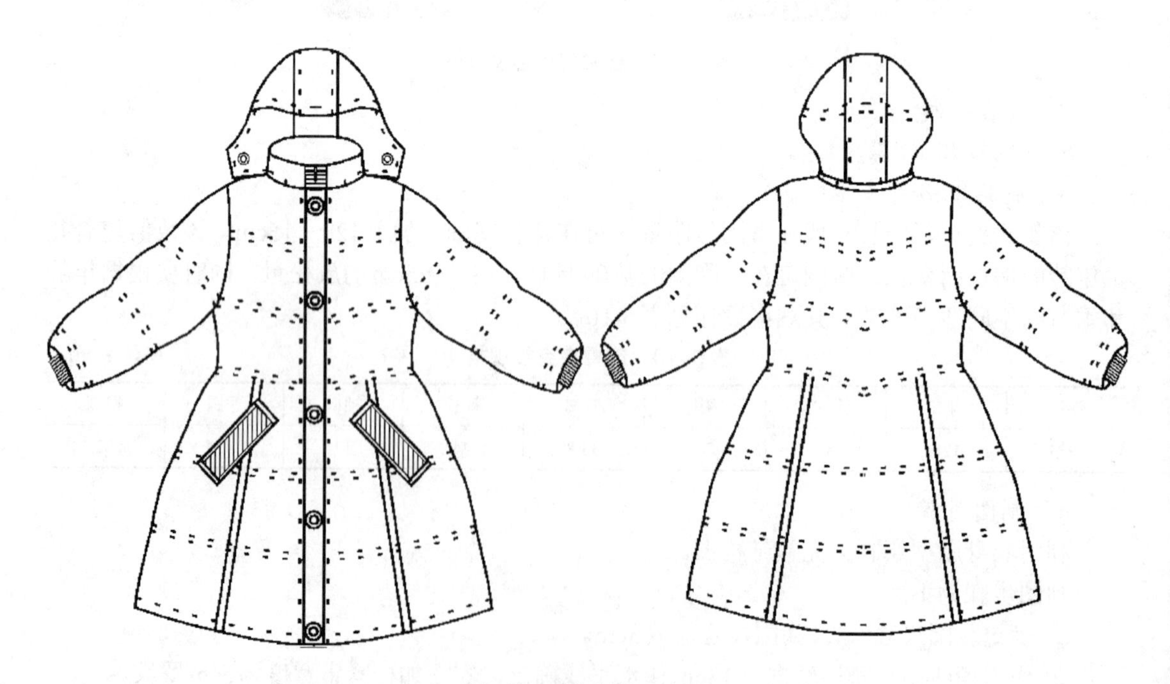

图6–46 防寒服设计图

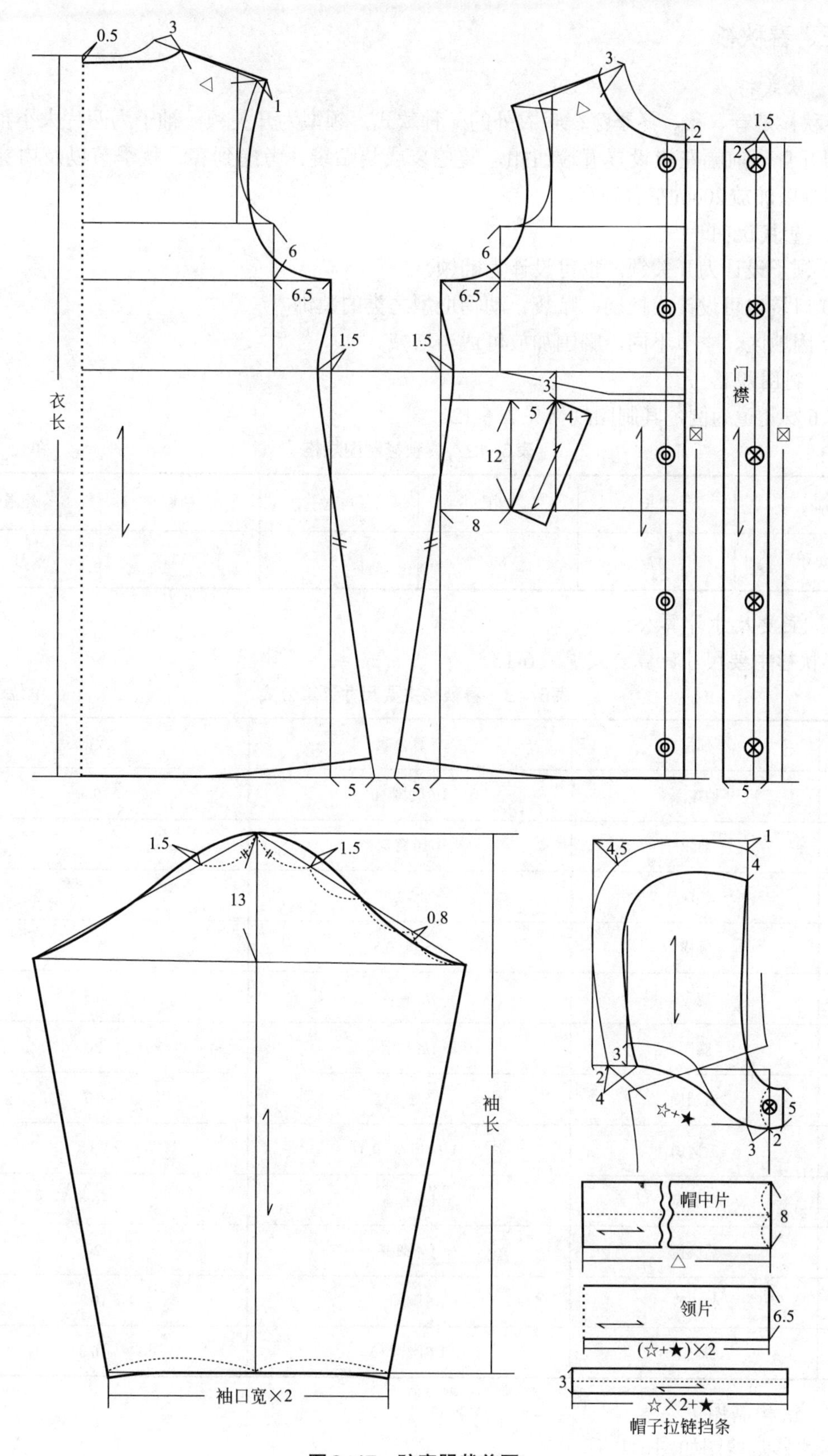

0.5
3
1
3
2
1.5
2
6
6.5
6
6.5
1.5
1.5
3
5
4
12
8
衣长
门襟
5
5
5
1.5
1.5
13
0.8
袖长
袖口宽×2
1
4.5
4
3
2
4
☆+★
5
3
2
帽中片
8
△
领片
6.5
(☆+★)×2
3
☆×2+★
帽子拉链挡条

图6–47　防寒服裁剪图

三、春秋衫

1. 款式特点

春秋衫是春、秋、冬季穿在毛衣外的一种款式，领型为开关领，袖子为两片大小袖，衣身是四开身，前幅左襟设置五粒纽扣，装挖袋或装贴袋。考虑到春、秋季节以及内穿的服装，胸围以加放20cm左右为宜。

2. 量裁说明

① 领子设计为开关领，也可设计为翻领。

② 口袋也可设计成挖袋、贴袋、动物造型之类的装饰。

③ 因地区、季节不同，胸围加放可适当增减。

3. 制图规格

以6岁儿童为例，其制图规格见表6-12。

表6-12　春秋衫制图规格　　单位：cm

部位	衣长	胸围	肩宽	袖长	领围
尺寸	47	80	33	37	31

4. 主要尺寸计算公式

春秋衫主要尺寸计算公式见表6-13。

表6-13　春秋衫主要尺寸计算公式　　单位：cm

序号	部位	计算公式	数据
1	袖窿深	1/6胸围+6	19.3
2	肩斜	1/10肩宽	3.3
3	领深	1/5领	6.2
4	领横	1/5领-0.5	5.7
5	肩宽	1/2肩宽	6.5
6	胸围	1/4胸围	20
7	后领横	1/5领-0.5	5.7
8	后肩斜	1/10肩宽-0.3	3
9	后肩宽	1/2肩宽	16.5
10	后胸围	1/4胸围	20
11	袖山高	1/6胸围-3	10.3
12	袖肥	1/6胸围+3	16.3

5. 结构制图

春秋衫裁剪图如图6-48所示。

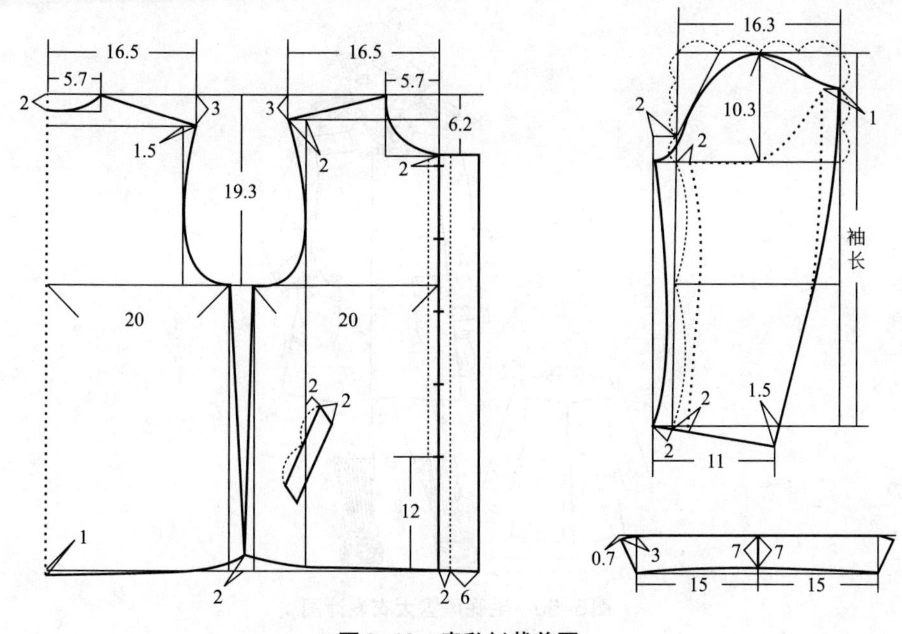

图6-48　春秋衫裁剪图

6. 缝位加放

春秋衫缝位加放图如图6-49所示。

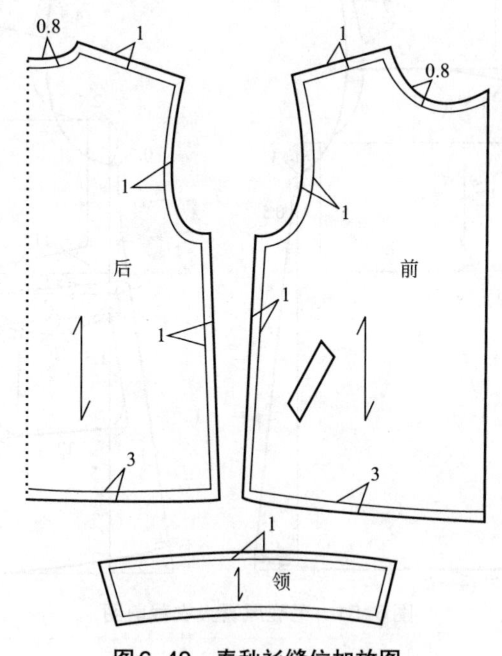

图6-49　春秋衫缝位加放图

【实例1】毛呢风雪大衣

女童毛呢风雪大衣适合各年龄段的女童穿用，款式特点为前襟四粒纽扣，口袋盖可裁成分开式，也可裁成口袋与袋盖连裁式，根据面料的多少灵活运用；属于短大衣，如果在此长度上追加10cm直接裁，就变成了中长大衣，需加一粒纽扣，末粒扣位于衣长的底边上20cm左右。此款毛呢风雪大衣的设计图及裁剪图如图6-50和图6-51所示。

图6-50　毛呢风雪大衣设计图

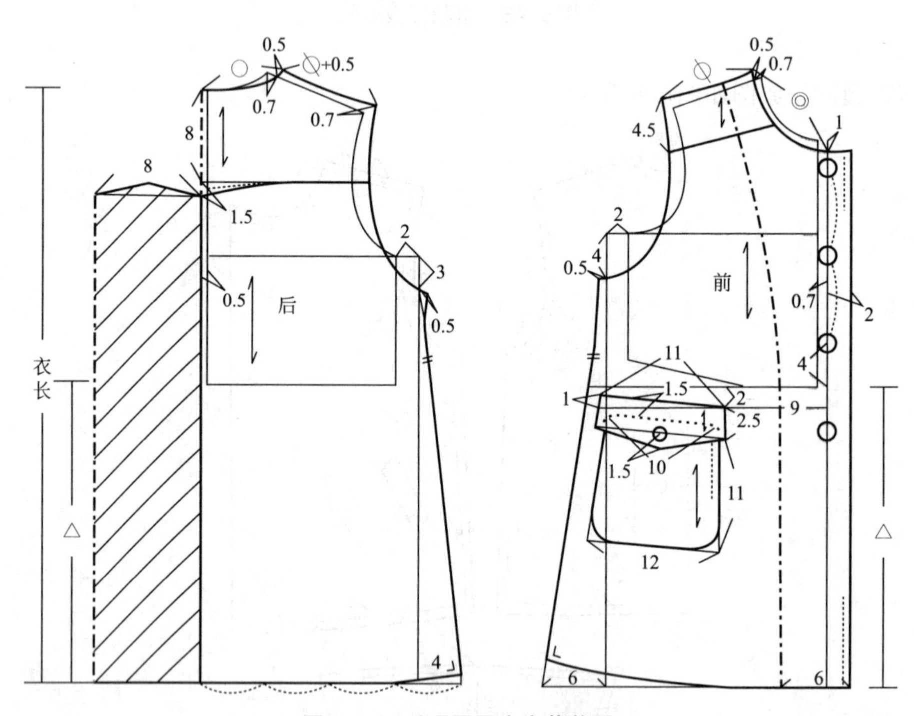

图6-51　毛呢风雪大衣裁剪图

第五节　背心制作

无袖上衣，也称马甲或坎肩，是一种无领无袖且较短的上衣。主要功能是使前后胸区域保温并便于双手活动。它可以穿在外衣之内，也可以穿在内衣外面，主要品种有各种造型的西服背心、棉背心、羽绒背心及毛线背心等。

现代背心款式按穿法有套头式、开襟式（包括前开襟、后开襟、侧开襟或半开襟等）；

按衣身外形有收腰式、直腰式等；按领式有无领、立领、翻领、驳领等。背心长度通常在腰以下臀以上，但女式背心中有少数长度不到腰部的紧身小背心，或超过臀部的长背心。一般女式背心为紧身形，男式背心多为宽大形。

背心一般按其制作材料命名，如皮背心、毛线背心等。它可做成单的、夹的，也可在夹背心中填入絮料。按絮料材质分别称为棉背心、羊绒背心、羽绒背心等。随着科技进步和服装材料的发展，自20世纪80年代起还出现医疗背心、电热背心等新品种。

该背心设计时要考虑领口、袖口和肩线的长度应相等，前、后片侧颈点的调整应一致，领口不宜过大，否则穿着时容易从肩部滑落。其设计图和裁剪图如图6-52和图6-53所示。

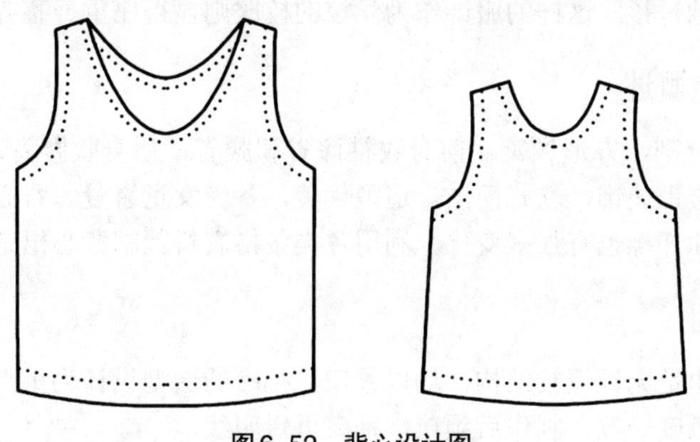

图6-52　背心设计图

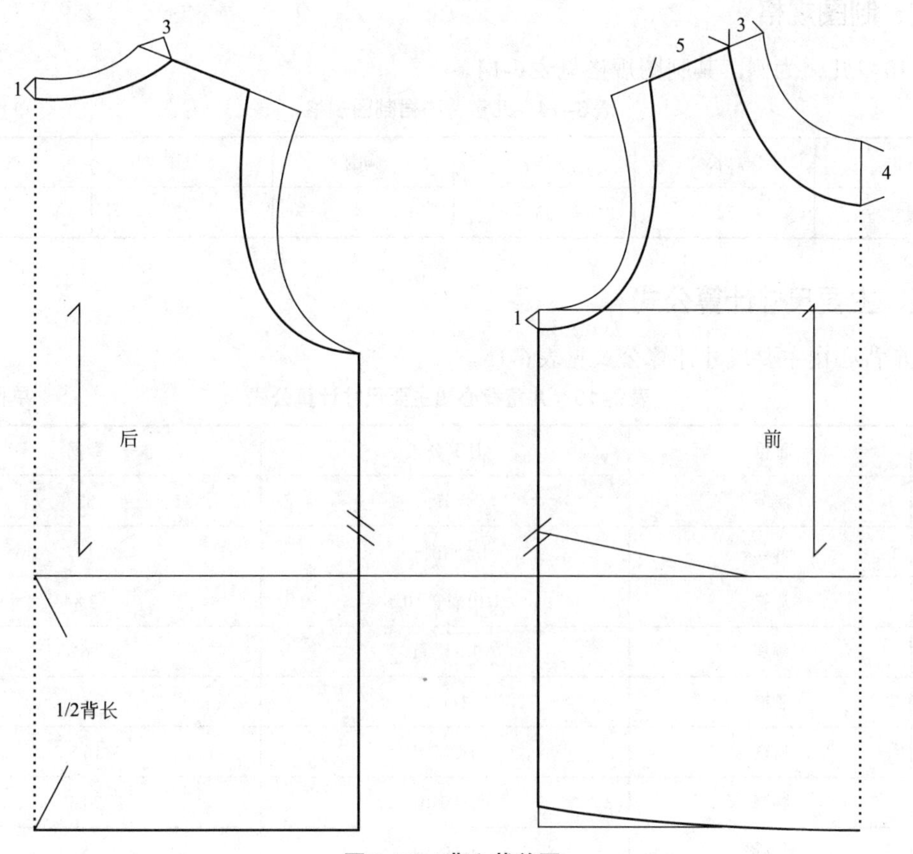

图6-53　背心裁剪图

以下以7～13岁儿童背心裙为例来介绍背心款式的制作。

一、款式介绍

背心裙又称马甲裙。其上面是一段背心式的上衣，下面和各种式样的裙子相连接，穿着方便，美观实用。里面可衬穿衬衫或各类针编织物与毛线编结服装，是春、秋季节理想的服装品种之一。儿童背心裙是指上半身连有无领无袖背心结构的裙装。这种造型多为中学校园服装所采用。

背心裙大都选用色调较深的素色衣料裁制，如海蓝色、墨绿色、藏青色等。里面可以搭配白色的长袖或短袖衬衫。这样的服饰作为学校的校服则显得庄重、整齐、统一。

二、款式特点概述

该款采用断腰分割，方形领窝，前身收袖窿省和腰省，后身收腰省，裙前中打工字褶，两个弯插袋，配以腰带装饰，款式简洁，造型优美，备受女童喜爱。背心裙除了裙可做多种变化外，背心领圈和开襟也有很多变化。利用各类条格衣料裁制背心裙是最好的。

三、量裁说明

由于该款背心裙是无领无袖结构，均以领口、袖窿的造型设计为重点，领口、袖窿处贴边弧度要与面料的弧度一致，制作后领口，袖窿再辑明线。

四、制图规格

以10岁儿童为例，其制图规格见表6-14。

表6-14　儿童背心裙制图规格　　单位：cm

部位	总长	肩宽	胸围	领围	腰节
尺寸	72	33	84	32	32

五、主要尺寸计算公式

儿童背心裙主要尺寸计算公式见表6-15。

表6-15　儿童背心裙主要尺寸计算公式　　单位：cm

序号	部位	计算公式	数据
1	腰节	腰节长	32
2	袖窿深	1/6胸围+5	19
3	肩斜	1/10肩宽+0.5	3.8
4	领深	1/5领+1	6
5	领横	1/5领	5
6	肩宽	1/2肩宽	16.5
7	胸围	1/4胸围	20.5
8	后领横	1/5领围	5

续表

序号	部位	计算公式	数据
9	后领深	定寸	2
10	后肩斜	1/10肩宽	3.3
11	后肩宽	1/2肩宽+0.5	17
12	后胸围	1/4胸围	20.5
13	裙长	总长-腰节	40
14	臀长	定寸	13
15	臀围	1/4臀围	19
16	腰围	同上衣腰大	17

六、结构制图

儿童背心裙设计图和裁剪图如图6-54和图6-55所示。

图6-54　背心裙设计图

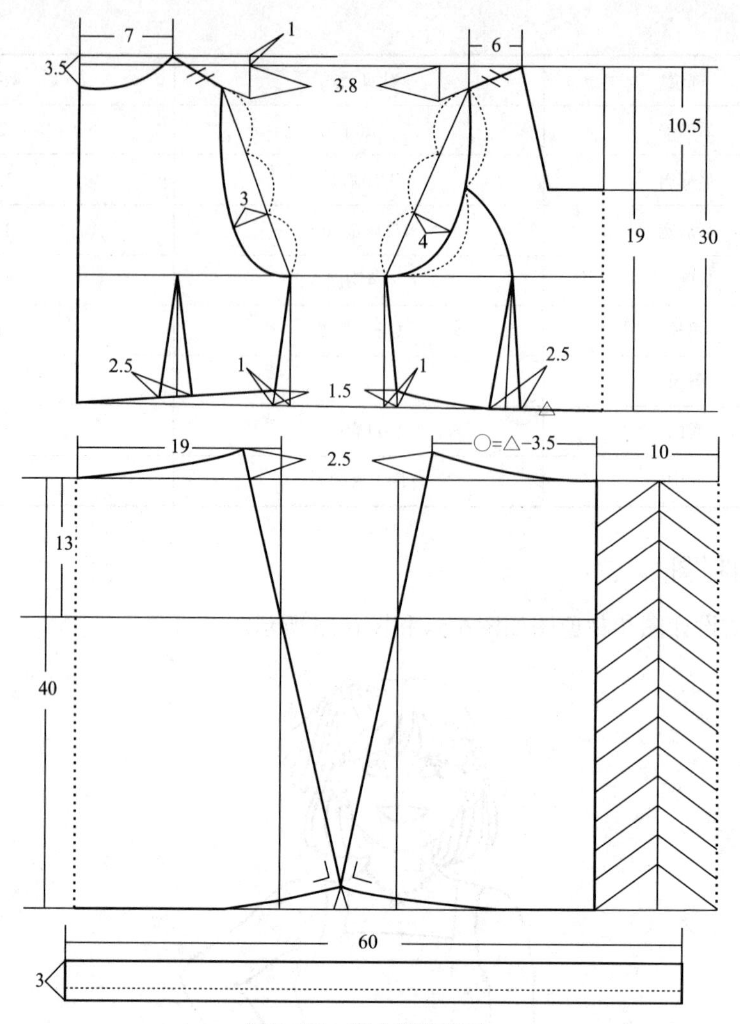

图6–55　背心裙裁剪图

七、制图步骤

1. 前衣片制图

（1）确定衣长。以衣长30cm为高，作上、下平行线。

（2）作袖窿深。自上平行线向下量取胸围的1/6加5cm等于19cm，为袖窿深。

（3）作胸围线。胸围线取胸围的1/4即为20.5cm。

（4）作领深和领横。领深为领子的1/5加5.5cm等于10.5cm，领横为领子的1/5加2cm等于7cm。

（5）作肩宽。肩宽为总肩宽的1/2即为16.5cm。

（6）作肩斜线。前肩点自上平行线下落3.8cm，连接侧颈点，自侧颈点取6cm为背带宽，即为肩斜线。

（7）作袖窿弧线。连接肩点到胸围点得到一条直线，三等分该直线，取其1/3处作垂线，垂线长为4cm处找到一点，过此点及侧颈点和腋下点画圆顺，即为前袖窿弧线。

（8）确定腰节线。腰节线要移近1cm，向上抬升1.5cm。圆顺衣摆线即可。

（9）作省道。省大为2.5cm，自袖窿弧线中点圆顺省道。

（10）圆顺衣身弧线。

2. 后衣片制图

后衣片在前衣片的基础上进行结构制图，不同之处如下。

（1）后片衣长在前衣片的基础上提高1cm。

（2）作领深和领横。领深在原有领深的基础上下移1.5cm，领横在原有领横的基础上加大2cm。

（3）作袖窿弧线。连接肩点到胸围点得到一条直线，三等分该直线，取其1/3处作垂线，在垂线上量取3cm找到一点，过此点及侧颈点和腋下点画圆顺，即为后袖窿弧线。

3. 裙片制图

（1）作长方形。以裙长为裙总长减去腰节3cm为40cm，宽为1/4腰围，画上、下平行线作出长方形。

（2）确定裥位。自腰围线和裙摆线向外移出10cm为工字裥位。

（3）作臀围线。自上平行线向下量取。

（4）确定腰围。腰口向上起翘2.5cm，圆顺腰围使之等于衣身底摆的长度。

（5）作前侧缝线。连接腰点过臀围点与裙摆相交成直角。圆顺裙摆。

4. 腰头制图

作长为60cm、宽为3cm的长方形为腰头。

八、裁片加放缝位和配裁零部件

裁片加放缝位和配裁零部件图如图6-56所示。

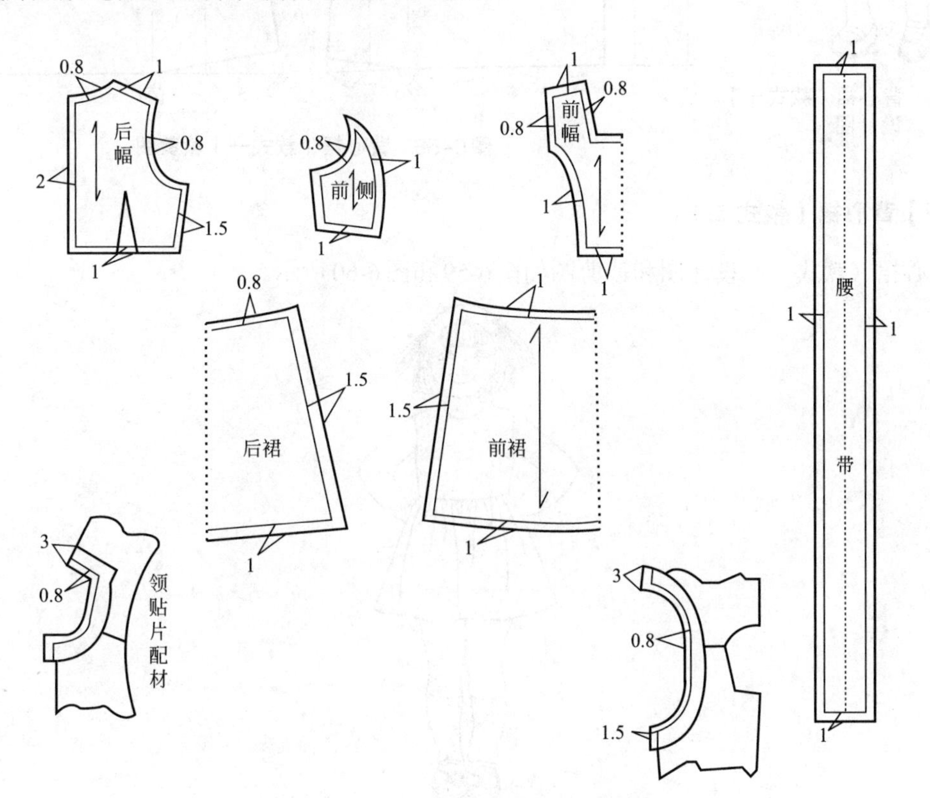

图6-56　裁片加放缝位和配裁零部件图

【实例1】背心裙（款式一）

背心裙是儿童常用的款式之一，具有穿脱方便的特点，适合各种面料，可以单穿，也可以与其他服装混搭穿出自己的特点和风格。背心裙（款式一）设计图和裁剪图如图6-57和图6-58所示。

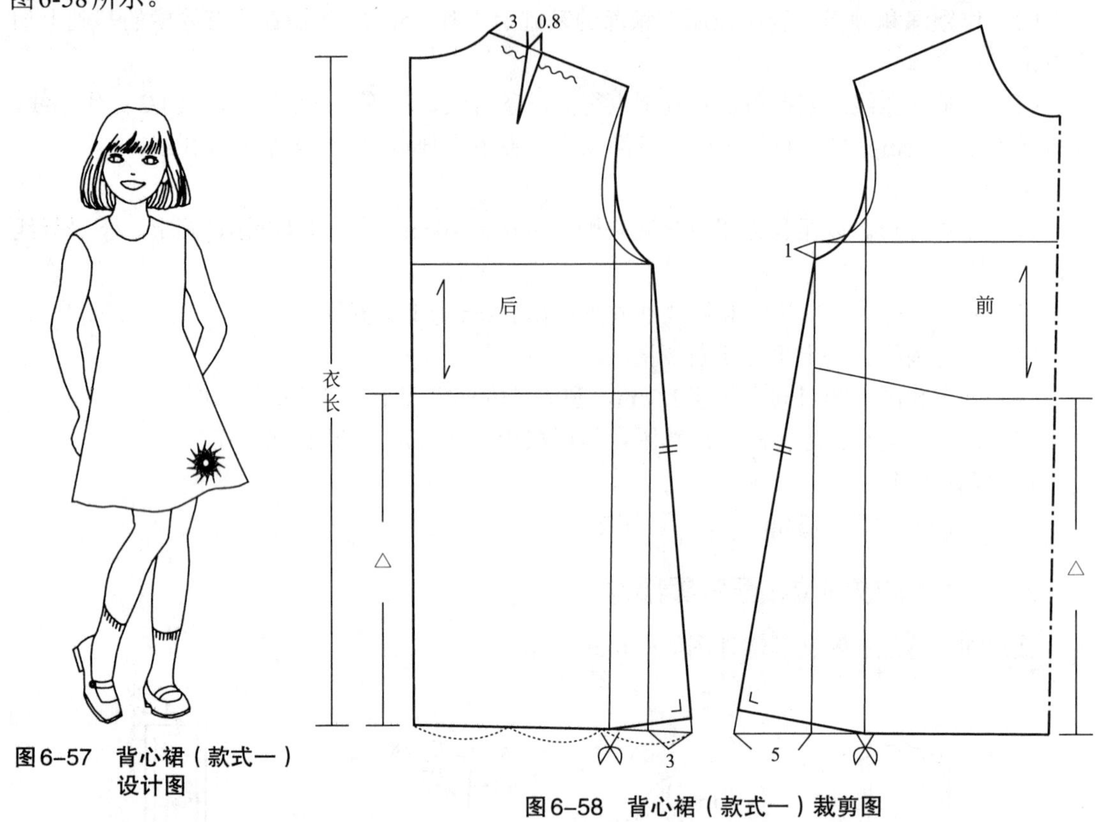

图6-57 背心裙（款式一）设计图

图6-58 背心裙（款式一）裁剪图

【实例2】背心裙（款式二）

背心裙（款式二）设计图和裁剪图如图6-59和图6-60所示。

图6-59 背心裙（款式二）设计图

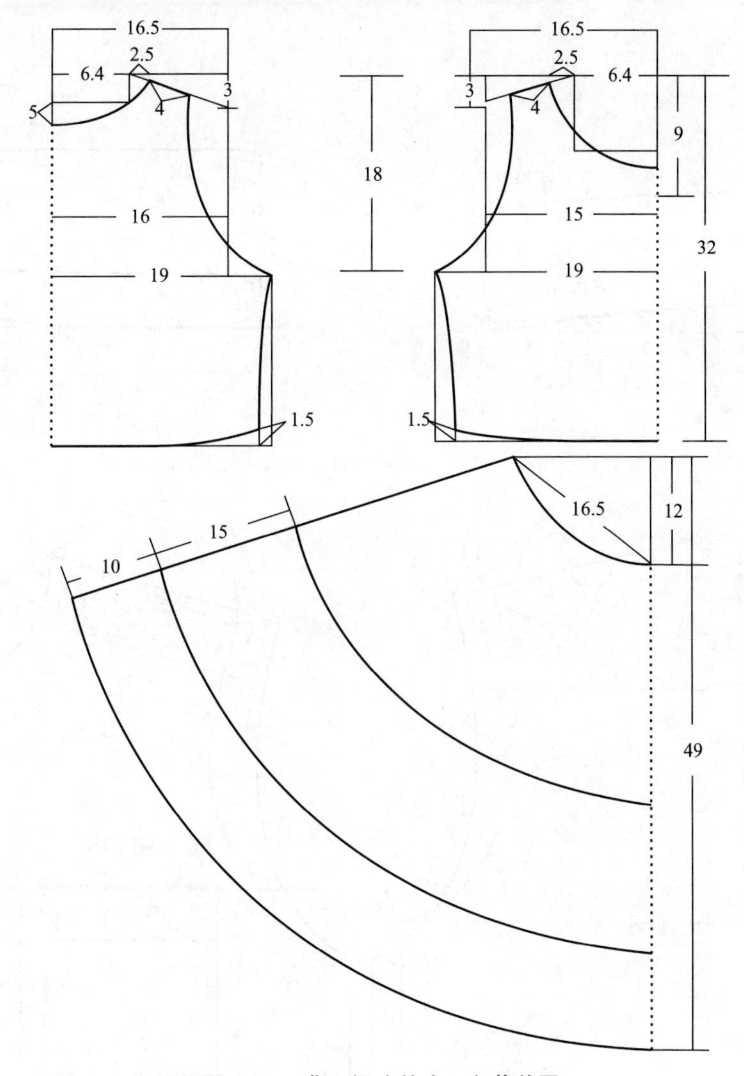

图6-60　背心裙（款式二）裁剪图

综合实例一：女童衬衣

衬衫上衣对于男童、女童都是日常穿着服装，适合各种面料的制作。条纹、格子、闪亮的图案和颜色、裙子和长裤的组合都可以考虑选择。

女童衬衣设计图和裁剪图如图6-61和图6-62、图6-63所示，排料图如图6-64、图6-65所示，领子制作如图6-66所示，袖子制作如图6-67所示，最后的女童衬衣成品图如图6-68所示。

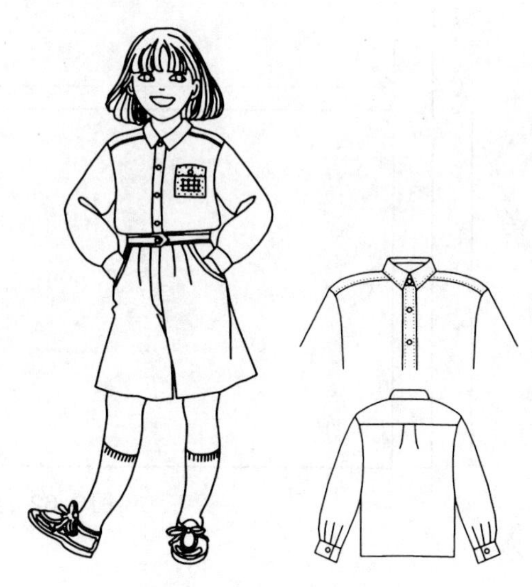

图6-61　女童衬衣设计图

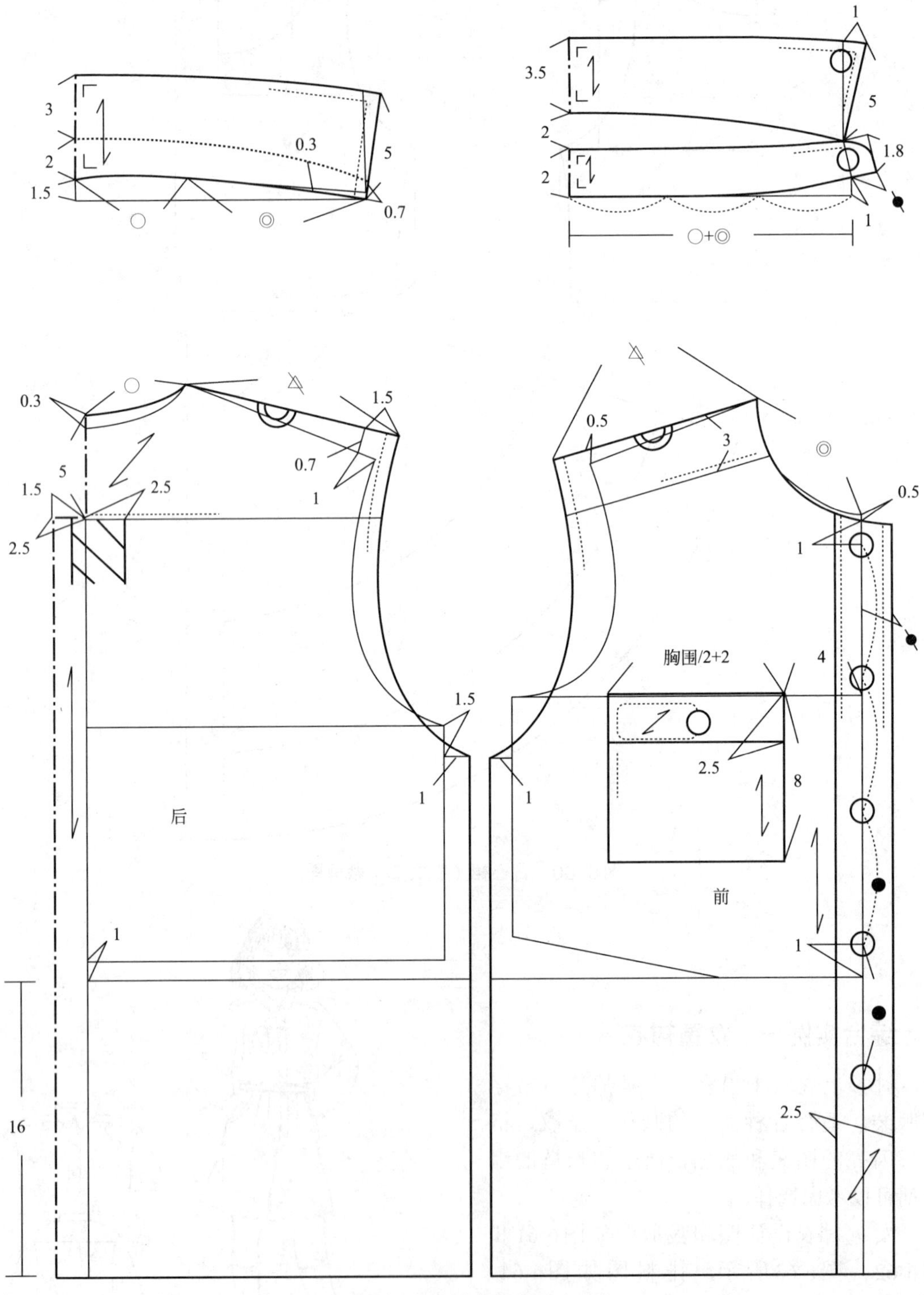

图6-62　女童衬衣裁剪图（一）

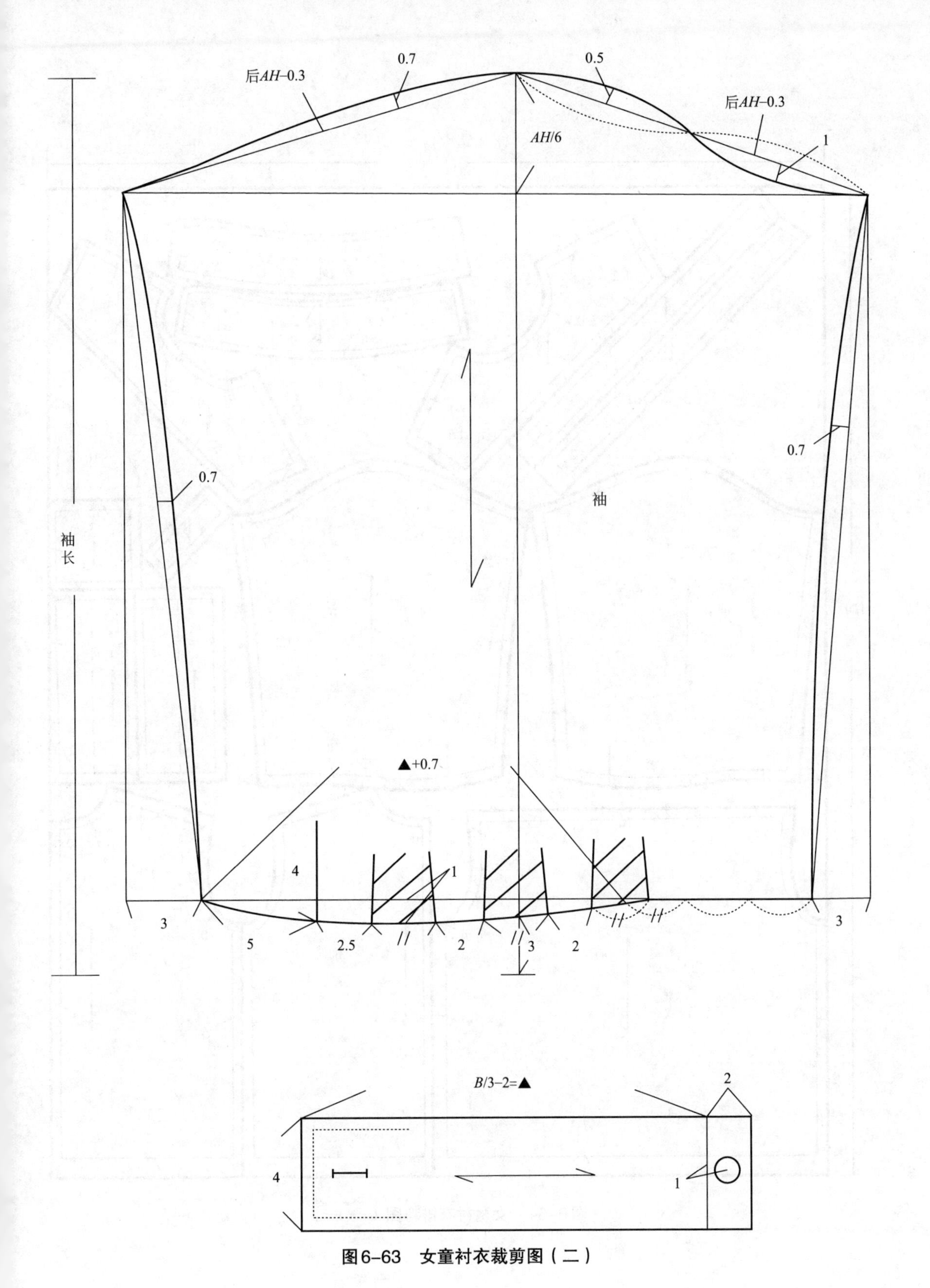

图6-63　女童衬衣裁剪图（二）

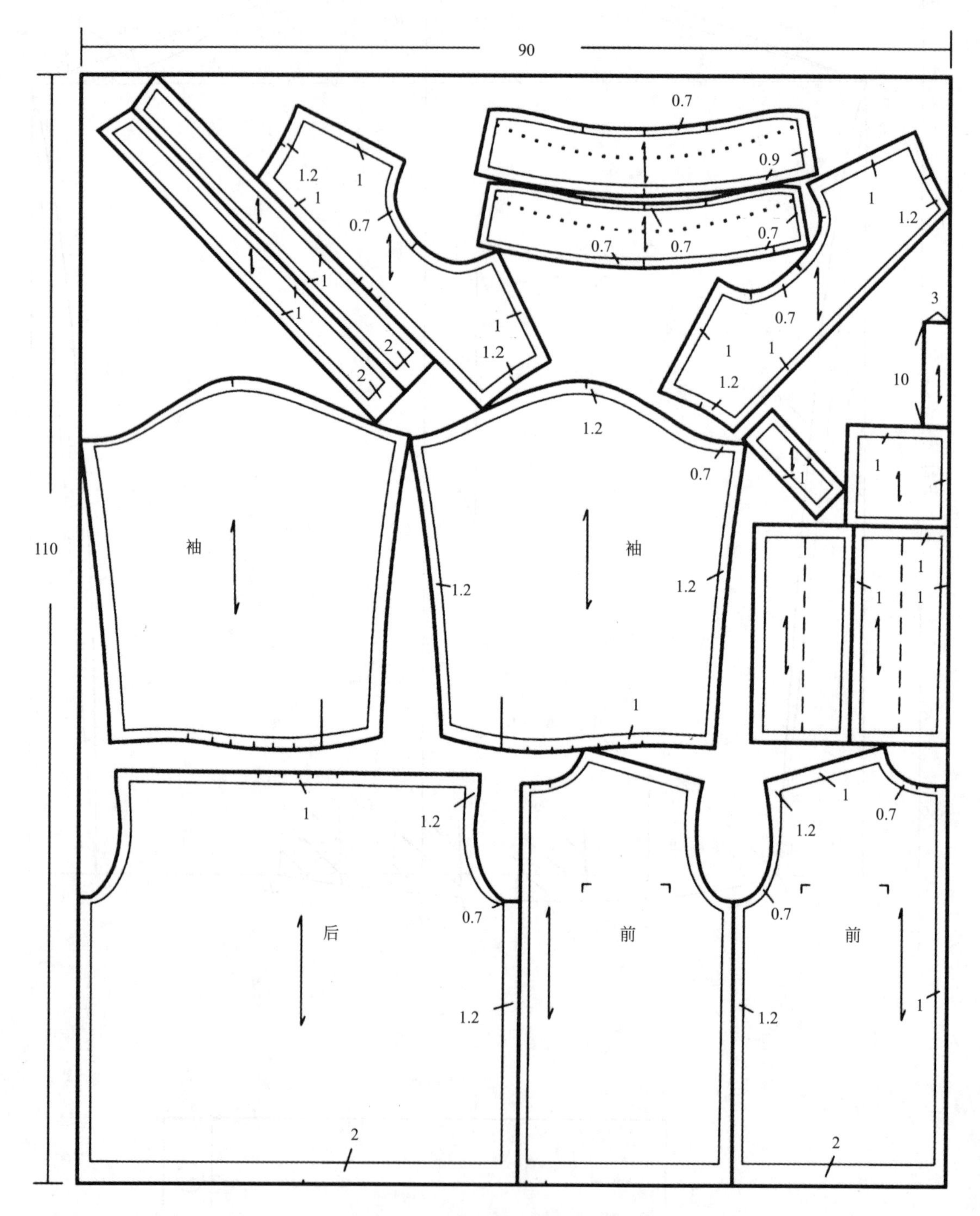

图6-64　女童衬衣排料图（一）

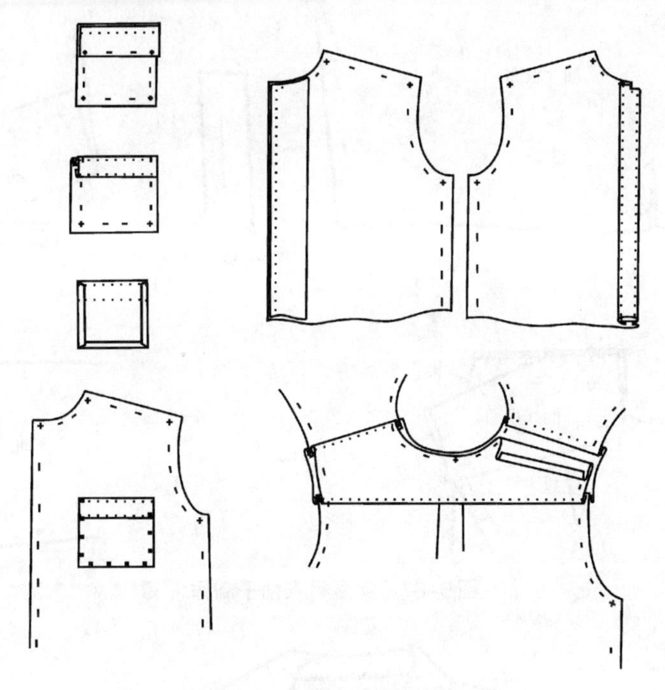

图6-65 女童衬衣排料图（二）

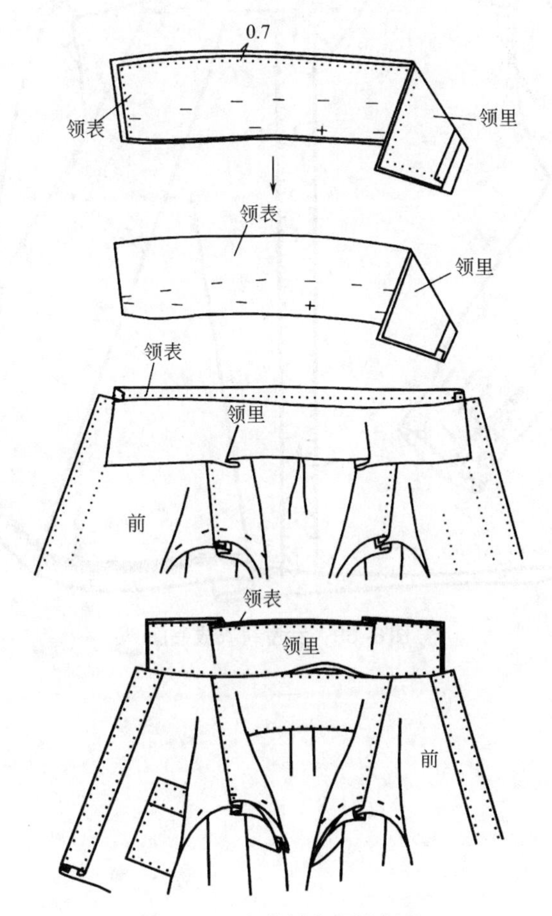

图6-66 女童衬衣领子制作

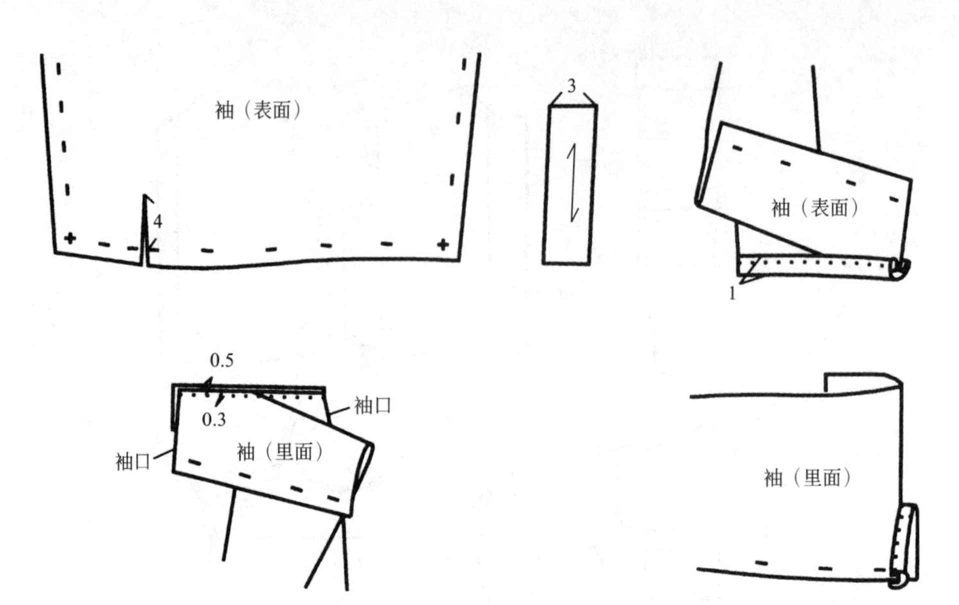

图6-67　女童衬衣袖子制作

图6-68　女童衬衣成品图

第七章　童装设计与制作实例

第一节　童装款式设计

一、童装面料上的选择

童装设计的首要工序是选择面料，由于儿童皮肤的娇弱性和身体成长的特殊性，因此一般要求其具有健康、安全的特点，其面料标准在舒适、柔软、轻盈、防撕、耐洗等方面比成人面料要求更高。童装面料以柔软、透气、伸展、轻松、刺激性小的材料为主，“绿色健康”是它的代言词，一般趋向于纯天然纤维面料和保健型面料。纯天然纤维面料以棉、麻、丝、毛等材质为主，在生产加工过程中尽可能地使用无污染、无毒素的染料加工。近年来研发成功的天然彩棉，因为回避了纺织过程的印染工序而以其安全健康的特点受到童装专用面料的追捧。而一些保健型面料，如具有抗静电、防辐射、抗菌、透气，以及具有保健功能等特点的面料，在一定程度上符合了消费者对安全、健康型童装面料的需要。另外，一些进行特殊缩水、固色以及柔软处理的天然面料在童装面料中也占有一席之地。

1. 婴儿装

这个时期的儿童缺乏体温调节能力，易出汗，排泄次数多且无自理能力，皮肤娇嫩，所以其面料选择以柔软轻盈、吸湿性好、透气性好、热传导度低、对身体无害的天然材料为好。婴儿服饰面料不宜采用太滑爽的，因为婴儿期的孩子要做动作练习，在很多情况下需借助外力，所以面料太滑爽会消减婴儿的力气。

2. 幼儿装

这个时期的儿童活泼、好动，没有保护衣服的意识，所以童装的布料应以结实、耐穿、不易损坏为主。同时，布料穿着的舒适度也应考虑。衣服紧贴皮肤，两者之间会产生摩擦，为了避免对儿童的皮肤产生刺激，就特别要求布料的吸湿透气性好，而纯棉面料恰恰满足这样的要求，因此多选用纯棉面料，特别是小朋友们穿的运动装，更要考虑这些方面的要求。有些文静的孩子在购买衣服时，可以向他们推荐一些面料柔软而又富有弹性的服装，例如棉、丝、毛等成分做成的衣服，这样穿在身上不仅舒服、自然，而且能极大地表现出孩子的纯洁和灵性，并且能给人一种飘逸、聪颖的感觉。对于比较淘气的孩子，推荐他们穿牛仔类衣服，这种衣服质地比较结实，极其耐磨，不容易损坏，好运动的孩子穿上这类衣服，既有型又显得身体结实，活泼可爱。

3. 小童装

这个时期的儿童活动能力和模仿能力都很强。童装的面料应尽量选用轻柔、耐洗涤、不褪色、不缩水的面料。除选择天然棉质面料之外，还需考虑面料的耐磨性。随着服装科学与技术的进步，人们已不仅仅满足于对服装的拥有，而是更加追求服装的科学实用，在美观的基础上考虑健康因素。体现在服装面料上则要求服装除了能够满足人体的基本需要之外，还要求满足人体的生理特点。儿童皮肤细嫩，身体发育变化快，再加上生理特征，决定了儿童服饰对身体的呵护和环境交融的特殊性。因此，对于儿童服装面料，其服用性能应好于其他服装面料，在服装消费方面有区别于其他群体的特殊要求。童装面料具有一定的特殊性，在面料的物化性能方面它要比成人服装有更优的舒适、柔软、轻盈、防撕、耐洗性能；在生化性能方面则更需要其具有吸汗透气、刺激性小的性能。儿童服装面料，在体现功能性方面有更高的要求，也是童装面料的基本需要。

4. 中童装

由于小学生活泼好动，每天会出很多汗，如果服装吸湿透气性不好，会使他们产生憋闷感，不利于其生长发育。因此，服装面料含棉量应在50%以上，以保证其具有良好的透气和吸湿性能。同时，面料的弹性也非常重要，可以满足学生在运动时所需的松量和张力，保证学生运动时不会产生不适感。

中童装最适宜选择针织棉或者莱卡棉的面料。针织面料是目前运用于童装生产的主要面料，也是童装至今为止的最佳选择。它弹性大，适合孩子运动的天性；不紧绷，给孩子最大的伸展空间；柔软舒适，与孩子娇嫩的皮肤进行最亲密的接触，给孩子以温柔的呵护。棉麻类的面料也可以，虽然外观粗糙，易皱，但比较透气、凉爽，适用于衬衫、短裤、长裤、外套、连衣裙等。牛仔布料不易皱、耐磨、耐穿、耐洗，适用于长裤、中裤、短裤、外套。

5. 大童装

这个时期的孩子已经逐步走向成熟，在服装穿着上开始走向新潮和时装化，可以选用既便于学生从事体育活动，又适于学生成长发育，不会对学生的运动产生拘束的服装。面料应具有良好的弹性和吸湿透气性。夏季面料选择透气吸汗性好的，穿在身上不憋闷；冬季选择保暖性好的，在操场上运动时不会感觉到非常寒冷；服装材料要足够结实，接缝不松散，不发生开裂、跳线等问题。面料的弹性也非常重要，可以满足学生在运动时所需的松量和张力，保证学生在运动时不会产生不适感。

二、童装色彩上的选择

童装的色彩设计也不容忽视。特别是孩子，他们对颜色有着原始的敏感和自己独特的喜好，而且童装色彩的应用会直接影响到儿童的心理。在特定的环境中童装色彩还起到呵护儿童的作用。

1. 婴儿装

婴儿视觉神经尚未发育完全，色彩心理不健全，不宜采用大红、大绿等刺激性强的色彩。婴儿的皮肤娇嫩，浅淡色不仅能避免染料对皮肤的影响，还可衬托出婴儿清澈的双眸和粉滑的皮肤，所以婴儿装宜采用明亮柔和系列的色彩。

颜色鲜艳是儿童服装的特点，但同时也应注意的是，颜色鲜艳的衣服往往含铅量高，因为其中添加了很多染色材料，儿童长期穿着色彩缤纷的内衣，内衣中的铅可以通过皮肤被吸收，容易造成孩子铅中毒。铅中毒会影响儿童的胃肠道和牙齿发育，引起腹痛，甚至会影响孩子的智力发育。所以在选择孩子内衣时，一定不要贪图服装颜色鲜艳，选购以白色为基调的浅蓝、浅绿、粉红、奶黄等色为佳，一则视感洁净，二则衣物上沾有污物、异物也容易被发现。

2. 幼儿装

幼儿的智力增长较快，能认识四种以上的颜色，区分浑浊暗色中明度较大的色彩。色彩可以选用较活泼的色组，可以选择浅色组。这个年龄段有好学、好动的特点，也可以选择较鲜艳的色调，红、黄、蓝、绿色皆可，还可以用镶拼的色调。装饰上可选用有一定趣味性的、抽象动植物以及有启蒙性内容的图案。

也可选择色彩纯度较低的，朴素淡雅的色彩系列，如淡淡的紫色、蓝色、未经渲染的本白色与简约的风格结合应用。条纹、格纹、小圆点以及小碎花的图案散发着宝宝们的单纯可爱。

3. 小童装

童年阶段是培养儿童德智体全面发展的关键时期，以素雅、活泼、整洁和健康为主。颜色以明亮为宜，不要过于刺眼，既可选用中间色或稍深一些的颜色，也可选用小格或印花图案的衣料。花色仍然以知识性、趣味性的表现为好。

4. 中童装

小学生服装的色彩设计要给人以清新大方的印象，不宜采用强烈的对比色调（运动装除外），以保持原配色的基调，避免绚丽的色彩分散儿童学习注意力。其主题配色可用深蓝色或清淡的浅灰和白色组合，偶尔出现新鲜亮丽色彩也会增加服装的整体魅力。

5. 大童装

大童服装色彩以活泼、明快为主，红、黄、蓝、绿、白色是这一时期的主流色。这个时期的色彩搭配已趋于社会化，可以根据自己的喜好来选择服装色彩，从而形成自己的独特风格。

三、童装款式和功能上的选择

1. 婴儿装

婴儿装基本不受流行趋势及心理因素的影响，它以保护婴儿身体为第一目的。婴儿睡眠时间长，快速的生长发育在睡眠过程中完成，因此，婴儿装造型设计简单，为长方形，并且预留较大的宽松量，便于婴儿活动。但衣服的尺寸还应尽量合身，以发挥其保暖的作用。

在婴儿装款式中安全性设计第一重要。安全性设计指的是儿童在正常使用产品的过程中，不受到来自产品方面的任何伤害，即使在无意识中进行了错误的操作，也能将伤害降到最低限度，从而保证儿童的安全。之所以把安全性原则放在首位，是因为婴儿的生理特征决定了他们比一般年龄的人更容易受到外来的意外伤害。他们的生理、心理发育尚不成熟，对事物的认知也不完全，缺乏自我保护意识，他们在穿着服装时，任何潜在的问题都可能造成严重的后果。因此，安全性是婴儿装体现人性化的首要条件，也是最基本的条件。

婴儿装在设计时要注意以下事项。

① 领口、帽边尽量选择没有绳带的，如果有绳带，绳带外露长度不得超过14cm。

② 印花部位不要含有可掉落的粉末和颗粒。

③ 绣花或手工缝制装饰物不要有闪光片和颗粒状珠子或可触及性锐利边缘及尖端的物质。

④ 婴儿套头衫领圈展开（周长）尺寸不得小于52cm。

⑤ 拉链及金属附件、纽扣、装饰扣应无毛刺、无可触及性锐利边缘或尖端及其他残疵等。

出生3个月之内的新生儿服饰，下装不必太多考虑，主要是上衣和襁褓等“宽松式包裹”，冬日则要考虑用小帽子保护宝宝的头。上衣要照顾到新生儿整日平躺的姿势，所以上衣前襟略长，遮住脐部，以免受凉；后片则需短，以免屎尿污染浸湿。3个月以前的宝宝颈椎还没有发育，完全不能支撑头部，最好选择前开款式的服装；裤子也要选择前面系带设计的，以方便穿脱和较好地调节腰部的松量；他们自己不能控制手的运动，经常会抓伤脸，选择袖口连带护手的宝宝和尚服是最适合的。8～9个月的宝宝开始爬行，连体爬服是这个时期最好的“伙伴”，宝宝晚上睡觉穿连体衣还可以防止蹬被子时露出肚子而着凉。婴儿和尚服和护肚和尚服如图7-1和图7-2所示。

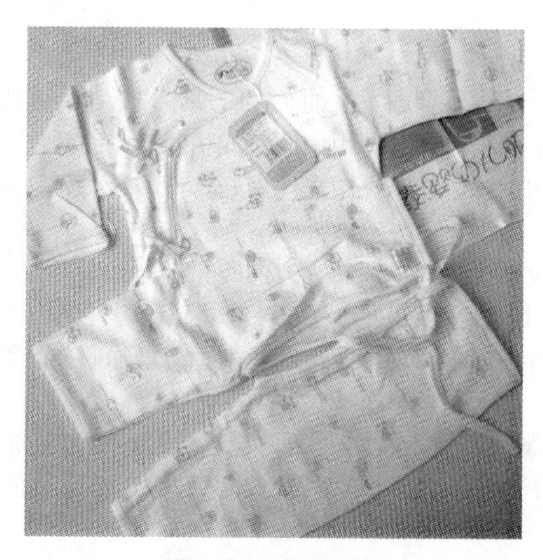

图7-1　婴儿和尚服

图7-2　婴儿护肚和尚服

婴儿PP裤是宝宝学爬和行走的时候绝好的可爱点缀，既保暖、耐脏，又好看，如图7-3所示。与一般裤子比较，最大的区别就是臀部上的面料是单独的，臀围比较宽松，特别是穿纸尿裤的宝宝，裤子不会把臀部捂得紧紧的，透气性好，不容易得“红屁股”。

图7–3 婴儿PP裤

2. 幼儿装

在服装款式上从幼儿期就应开始注重形体造型的设计。所以，服装的造型可采用方形、长方形、A字形，分割线在胸部，衣服有时长至大腿，形成错视，使下肢有拉长的感觉。

儿童天生情感丰富，他们喜欢接近一些具有亲和力，或是充满生命力的趣味形象的产品。因此，一些色彩绚丽、造型夸张、卡通化，或模仿动物造型的儿童服装（图7-4、图7-5），通常容易吸引孩子的注意力，能使他们获得精神的愉悦，满足他们的心理需求。如可以体现或带有动物造型的衣服、帽子等是这个时期孩子最喜欢的服装。

图7–4 小牛造型衣

图7–5 老虎造型衣

在童装设计时要注意以下事项。

① 夏季童装以方领口、圆领、小尖领为好。

② 最好在前面开襟，纽扣不宜过多，以便于儿童自己穿、脱衣服。

③ 衣裙要设计成宽腰式的，以便把儿童挺腹、无腰的外形掩饰住，并且能起到宽松、凉爽的作用。

④ 上衣设计时，袖子不宜过长，袖子太长，不方便孩子的手臂活动，使他们不能做一些精细的动作，减少了手指活动的机会，对孩子的大脑发育不利。

设计童装首先要考虑到儿童的天性，在玩的过程中，衣服的舒适程度是很重要的一个因素，应以休闲服装的宽松自然为主要特征。儿童的身体正在发育，穿着外观精致、洒脱、宽松的休闲类衣服，平时做游戏或跑动等都方便，既有利于身体的发育，还能给人一种活泼可爱、舒适随意的特别印象。

幼儿体型凸肚、头大，所以在板型设计中要考虑“撇腹”的设计，“撇腹”的概念源于女装纸样设计中的“撇胸”，“撇腹”则适用于儿童的腹凸。童装的结构特点是宽松随意，有良好的服用功能，因此造型严谨合体的设计在童装中是非常必要的。在一般情况下，“撇腹”结构只用于领型为翻领或V字开领的套装、外套的纸样之中。操作方法：按住童装基本型（原型）前中线上A点，向左倾倒基本型，使前颈点处偏移0.5～0.7cm（V字开领）或0.5～1cm（翻领），重新修正腰线、前中线。“撇腹”量的大小，可依面料的薄厚和设计对象的腹凸程度来确定。

3. 小童装

小童装在款式设计上要选择活泼、健康、美观大方的式样，造型应宽松以适于运动，设计应突出实用性、功能性。男女童装不仅在品种上有所区别，在规格尺寸上也各有不同。

3～6岁的孩子正是上幼儿园的年龄，所以这个时期的服装也要适合在幼儿园穿着。在幼儿园中午要自己穿脱衣服，所以为了方便孩子自己可以穿脱，最好选择扣子少的衣服，或者是直接套头进去的衣服更好。另外，有一些孩子的头较大一点，应充分考虑，选择颈部弹性较好的、较宽松的套头衣服，或是选择V形领的或肩上有肩扣的衣服。3岁半以后的孩子，可以逐渐增加各式各样的衣服，如扣扣子的、拉拉链的、系绳子的等。不管是何年龄段的孩子，都应该选择宽松的衣服。衣服上不要有太多的装饰，一是会分散宝宝注意力，有可能老师在上课时而宝宝在玩衣服上的小配饰；二是宝宝做游戏时有可能会发生意外，如连帽的衣服，在帽子上有时会有小带子，宝宝滑滑梯时，如果后面的小朋友交叉拽住带子，前面的小朋友就会窒息或被勒伤。还有，如果衣服上有带子或大兜兜等，宝宝在玩耍时可能会挂住而摔倒。

在幼儿园的宝宝大多发生过穿错衣服之类的事情，尤其是幼儿园统一发的服装，这让家长非常烦恼。现在带有名字条的衣服深受孩子家长的喜爱（图7-6），它们轻松解决了这一难题，但这种带有名字条的童装大多是国外品牌，而且价格不菲，所以这也是中国童装人性化发展需要考虑和改善提高的地方。

裤子要设计成宽松的，腰头不应太紧。如吊带裤（工人裤）、喇叭裤、紧身裤等，当孩子们穿着这样的裤子参加幼儿园生活时会出现很多的不便。吊带裤虽然可爱，但在幼儿期孩子无法自己穿脱、上厕所，所以不宜穿。大部分的喇叭裤都不便于活动，裤裆太浅又不保暖。紧身裤不利于孩子的身体成长，裤子太紧不透气，出汗后孩子穿、脱裤子也更困难了。裤子的布料应柔软舒适，不宜粗糙过硬。

图7–6　带名字条的服装

天冷穿的外衣或棉衣，不能太长。太长，过膝盖活动就十分不方便。如果离家近，就可以穿刚盖过臀部的羽绒服。如果离家远，怕孩子路上冷，需要穿长款的，就要另外再准备一件合身的放在幼儿园，以便白天活动时穿。人性化产品一个重要的方面是不能忽视对人的“终极关怀”。下摆带拉链的加长棉服可以解决棉衣过长或过短的问题，如图7-7所示。

在人们环保意识越来越增强的今天，设计师也应增强自己的环保意识，组合、可调节大小、多功能的产品，可以减少很多资源的浪费。“随儿童一起成长”的概念成为儿童产品的一种设计潮流，通过组合设计、系统设计，将一系列标准组合件通过不同的组合方式，从而获得完全不同的产品功能，以适应儿童在不同成长期对产品功能的不同要求。多功能可以组合搭配的服装如图7-8所示。

图7–7　可以加长的棉服

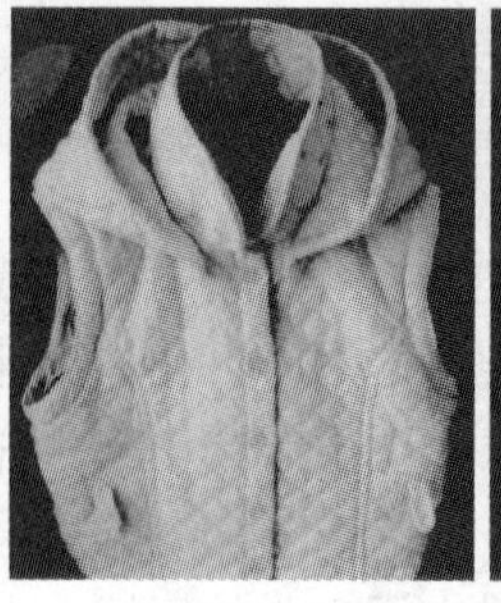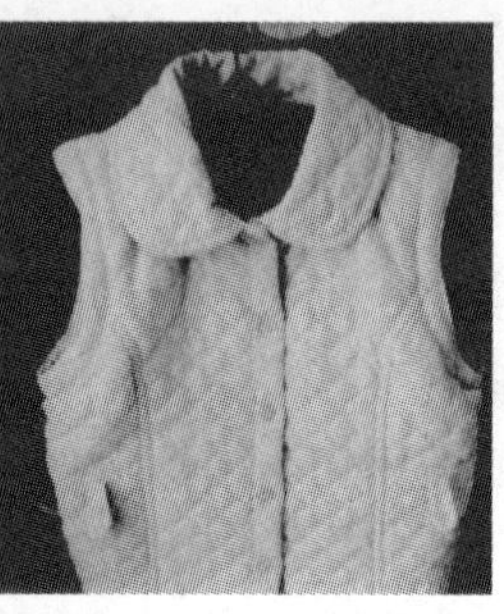

图7–8　多功能可以组合搭配的服装

小一些的宝宝最好不要穿裙子上幼儿园，以免活动不方便，而且小宝宝不会照顾自己，比如蹲下拿东西或做游戏，站起来时有可能踩到自己的裙子而摔倒，或者裙子被其他小朋友踩到。

夏天宝宝虽然穿短裤凉快，但爱运动的宝宝总免不了磕碰，一旦摔倒，首先受伤的部位是膝盖。膝盖摔伤后，由于夏天炎热，伤口又位于关节部位，伤口不易恢复，所以夏天最好给宝宝穿及膝的七分裤。

4. 中童装

中童装指的是小学阶段儿童的服装。小学儿童已具有一定的独立性，常在学校和伙伴中度过大部分的活动时间，他们的运动功能有很大的提高，对体育活动极感兴趣。这一阶段儿童对服装的最大要求是能被同伴接受，从一开始要求不被同伴取笑，逐步发展到喜爱同某一集体相联系的制服或有其他标记物的服装。服装对小学儿童的行为有很大影响，一般认为穿着得体的儿童更自信，更有礼貌，更少粗鲁行为；另一方面，如果儿童不得不穿被别人取笑的衣服或自己认为与别人不一致的服装，容易产生过强的自我意识和自卑感。小学儿童喜爱的服装特征为：颜色，对明亮鲜艳颜色的爱好下降，变得喜欢柔和的色彩；质地，仍然喜欢柔软的衣服；舒适，要求允许自由活动，不妨碍运动功能的发展；式样，对饰物的兴趣下降，9岁后开始对服装式样有所认识，10～12岁开始较为喜爱简洁的设计。小学儿童一般不关心服装的整洁、数量及全身服装的协调。小学生服装如图7-9所示。

图7–9　小学生服装

5. 大童装

十多岁的孩子正是审美观念逐步形成的时期。清一色的运动装以及过于成熟的成人装，显然已经不能满足他们的审美需求。他们迫切需要拥有对自己着装的选择权。成人装与大龄童装在设计上还是有着显著的区别。

两者相比，童装的衣服出手以及肩宽明显较成人装要短，而且这个年龄的孩子活泼好动，因此，裤装的腰部明显要高、臀部要宽松，这与当前成人流行的低腰、紧身裤显然是背道而驰的。童装设计得时尚一点、亮眼一点，借鉴一点成人服装的元素，无可厚非，但一切都必须以舒适、安全为基准，否则，将不利于儿童的穿着舒适和健康成长。

少年在心理上向往成为成年人，对服装的关心程度越来越高，而且也懂得了如何使自己的衣着适合不同的目的和场合。所以在这个年龄段设计服装除了要以经济、美观、实用为原则以外，还要有意识地通过服装穿着引导少年树立正确的审美观。

第二节 童装款式设计与制作实例

综合设计与制作实例：系列设计主题“童话森林”

一、款式设计

（一）设计主题

设计主题“童话森林”（图7-10），想传达这样一种感觉：简单、自然、清新，在冬去春来的二月，寒冷的一切即将退去，春日的阳光就在眼前。初春，也是最像小孩子的季节，一切都是新生，一切都在等待着发芽，等待开放。

本系列共三套服装，分别将孩子化为小鸟的精灵、花儿的精灵和小溪的精灵，她们带着笑脸，迎接温暖的明天；她们无拘无束，在草地上歌唱，奔跑，大声欢笑；她们喜欢皑皑白雪，把它们堆成雪人，捏成小动物；她们好奇地看着泥土里的嫩芽，期待着未来它们的模样；她们累了就倚在大树下，健壮的树干是她们温暖的依靠……

图7-10 主题插图——“童话森林”

（二）设计方案

1. 廓型与配色

由于是春装，在大的廓型上力求简洁，不想有多余的累赘，设置了较为富裕的松量，这样穿起来才不会让孩子觉得不舒适。舒适的A字形、O字形都是本设计的选择。

在配色上，选择了贴合流行趋势又很适合儿童的珍珠白、草绿、奶油黄、浅鹅黄、浅天空蓝和浅丁香紫（图7-11），并且打算在基础的造型上做一些造型夸张的立体装饰设计。

图7-11 配色参考

2. 搭配方案

在做这个系列的时候，希望系列之中的三套衣服之间可以互相搭配，一来增添了多元化和可穿性，二来也给购买的消费者更多的选择方案。搭配策略图如图7-12～图7-16所示。

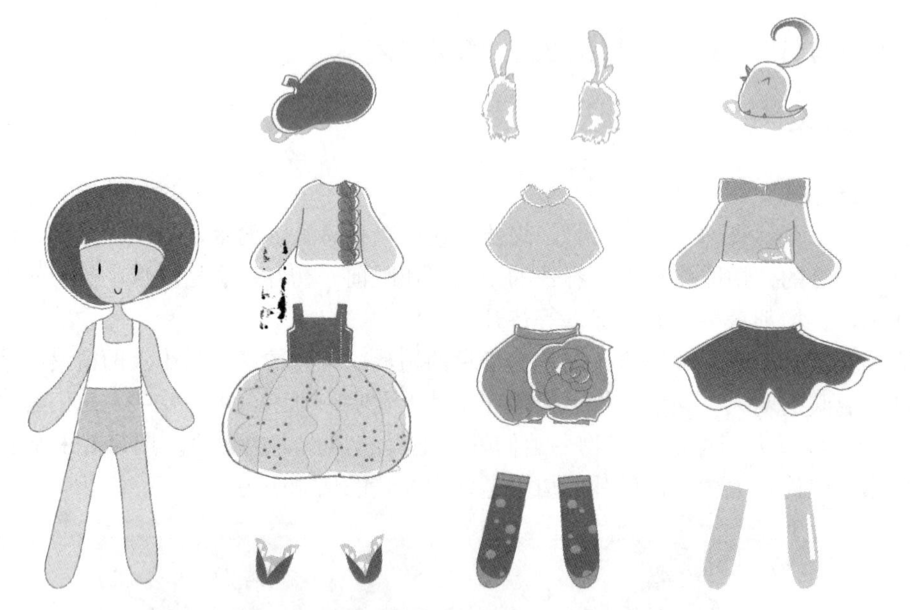

图7-12 “童话森林”系列服饰搭配总策略

图7-13 “童话森林”系列服饰搭配策略——精灵小鸠的搭配

图7-14 “童话森林”系列服饰搭配策略——精灵小槿的搭配

图7-15 “童话森林”系列服饰搭配策略——精灵小水的搭配

图7-16 “童话森林”系列服饰搭配策略其他推荐

（三）设计效果图

1. 第一套——精灵小鸠

精灵小鸠是这一系列中代表小鸟的造型服装，如图7-17所示。里面是一条灯笼形裙摆的连衣裙，外面是一件浅木槿紫的针织毛衣。连衣裙上紫下白，并且有珍珠、小花、绒毛和玻璃纱的立体装饰。连衣裙的上身是简单的背心，裙子部分采用O字形的廓型，力求打造蓬松的感觉，正式投入生产后里面将填充羽绒，既保暖，又帮助撑起裙子的外轮廓，达到设计造型的目的。

图7–17 精灵小鸠

2. 第二套——精灵小槿

花儿精灵小槿的头发颜色是木棉花的橘红，相比小鸠的温柔可爱，小槿更为开朗、活泼。小槿的经典搭配是白色的披肩配上绿月季造型的灯笼形短裤，如图7-18所示。

图7-18　精灵小槿

采用现实里很稀有的绿色月季作为造型的亮点，一方面，绿色本身就是希望的象征，这个寓意很适合小孩子；另一方面，淡绿色的月季花语是“纯真、春意盎然之意”，也是设计者想赋予精灵小槿的代表精神，希望借此来传达纯真和青春的美好寓意。另一个亮点搭配是袜子的设计，棕色背景下的绿色圆点，象征着泥土中长出的小芽，也是“希望”和“新生”的寓意。另外，圆点也是童装中的经典设计元素。

3. 第三套——精灵小水

小水是代表小溪的精灵，她的经典造型是蝴蝶结大领子的上衣，还有银杏树叶廓型的半裙，如图7-19所示。小溪与大海的区别就在于：大海是辽阔的、沉静的，而小溪总像是欢快地唱着叮叮咚咚的歌曲，在小石子和草丛中顺流前进。蝴蝶结的大领子是上衣最别致的地方，摒弃了传统的各种领型，而腰部的针织装饰是系列造型中的呼应元素（披肩扣子上的装饰和针织毛衣后背上的装饰）。裙子的设计亮点在于廓型，不过把银杏原本的黄色借用到上装，裙子则用了丁香紫，因为在小孩子的世界里，月亮可以是红色的，云朵也可以是蓝色的，一切没有那么多的拘束，随心而至。

图7-19　精灵小水

二、款式图

第一套款式图——精灵小鸠针织上衣与连衣裙如图7-20所示。

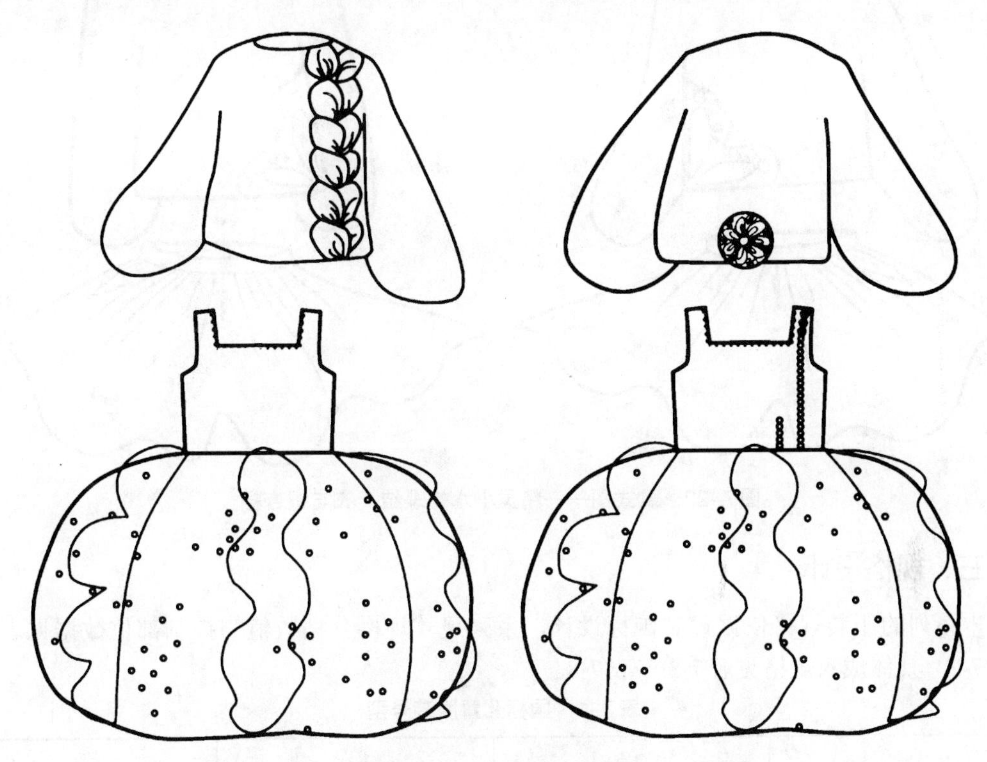

图7-20 款式图——精灵小鸠针织上衣与连衣裙

第二套款式图——精灵小槿披肩、灯笼裤与袜子如图7-21所示。

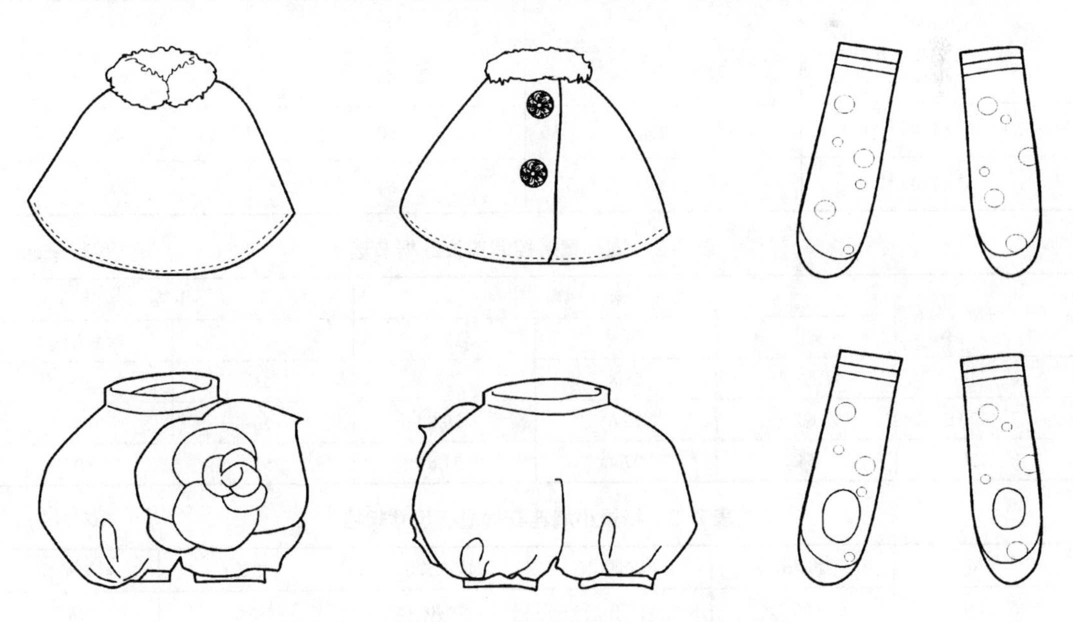

图7-21 款式图——精灵小槿披肩、灯笼裤与袜子

第三套款式图——精灵小水蝴蝶结上衣与银杏裙如图7-22所示。

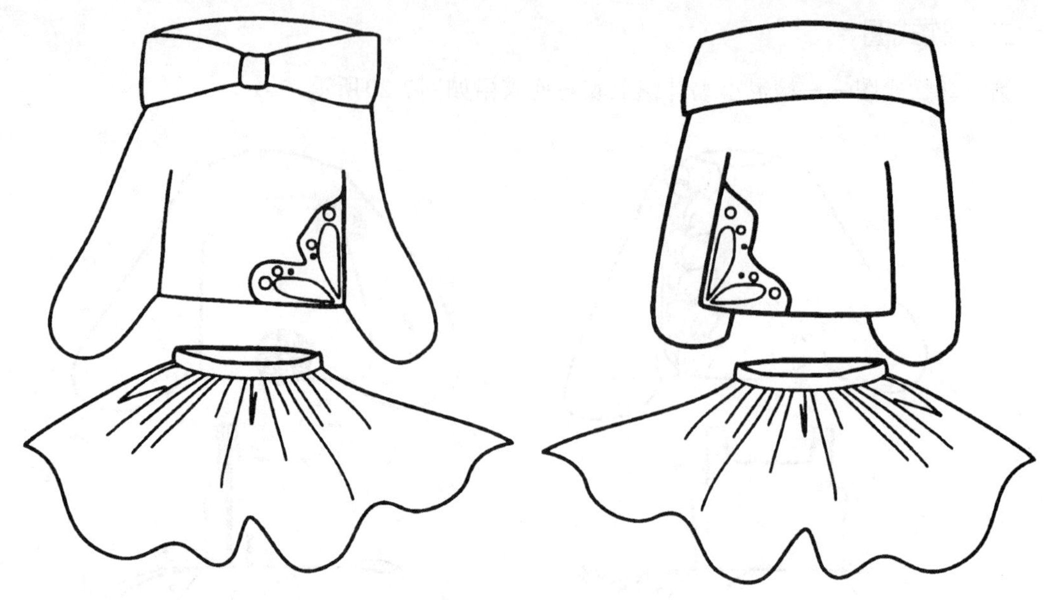

图7-22　款式图——精灵小水蝴蝶结上衣与银杏裙

三、规格设计

本系列的服装规格依据童装国标设计，系列尺寸规格分档数值与控制部位数据见表7-1与表7-2，具体成衣规格见表7-3～表7-8。

表7-1　国标儿童服装号型　单位：cm

号型	身高	上装	下装
4#（90）	90	48	47
5#（100）	100	52	50
6#（110）	110	56	53
7#（120）	120	60	56
8#（130）	130	64	59

表7-2　国标童装控制部位数据节选　单位：cm

号型	上装			下装	
	胸围	颈围	总肩宽	腰围	臀围
6#（110）	56	25.8	28	53	59
7#（120）	60	26.6	29.8	56	64
8#（130）	64	27.4	31.6	59	69

表7-3　精灵小鸠连衣裙成衣尺寸规格　单位：cm

号型	净胸围	成衣胸围	成衣腰围	裙长	衬裙裙长
6#（110）	56	70	70	36.5	28
7#（120）	60	74	74	40.5	30
8#（130）	64	78	78	44.5	32

表7-4　精灵小鸠针织上衣成衣尺寸规格　　单位：cm

号型	净胸围	成衣胸围	衣长	袖长	成衣领围
6#（110）	56	74	38.5	35	40
7#（120）	60	78	42.5	38	42
8#（130）	64	82	46.5	41	44

表7-5　精灵小槿米白披肩成衣尺寸规格　　单位：cm

号型	净胸围	前衣长	后衣长
6#（110）	56	27	31
7#（120）	60	31	35
8#（130）	64	35	39

表7-6 精灵小槿灯笼裤成衣尺寸规格　　单位：cm

号型	净腰围	成衣腰围（不含松紧带）	裤长
6#（110）	53	80	34.5
7#（120）	56	84	39.5
8#（130）	59	88	44.5

表7-7 精灵小水蝴蝶结上衣成衣尺寸规格　　单位：cm

号型	净胸围	成衣胸围	衣长	袖长
6#（110）	56	72	37	34
7#（120）	60	76	41	37
8#（130）	64	80	45	40

表7-8　精灵小水银杏裙成衣尺寸规格　　单位：cm

号型	净腰围	成衣腰围	裙长
6#（110）	53	65	28
7#（120）	56	68	32
8#（130）	59	71	34

四、纸样裁剪

1. 结构分析

放松量出于两个考虑，本系列服装的松量较大：一是考虑到儿童平时活泼好动，衣服所需的活动量较大；二是因为是春装，从舒适角度考虑，适当加大了松量，不贴身的设计可以让父母根据需要为孩子增添衣物。从设计角度来说，宽松的款式也体现了无拘无束、贴近孩子天性的设计初衷。

2. 服装纸样

第一套精灵小鸠连衣裙纸样，如图7-23和图7-24所示。

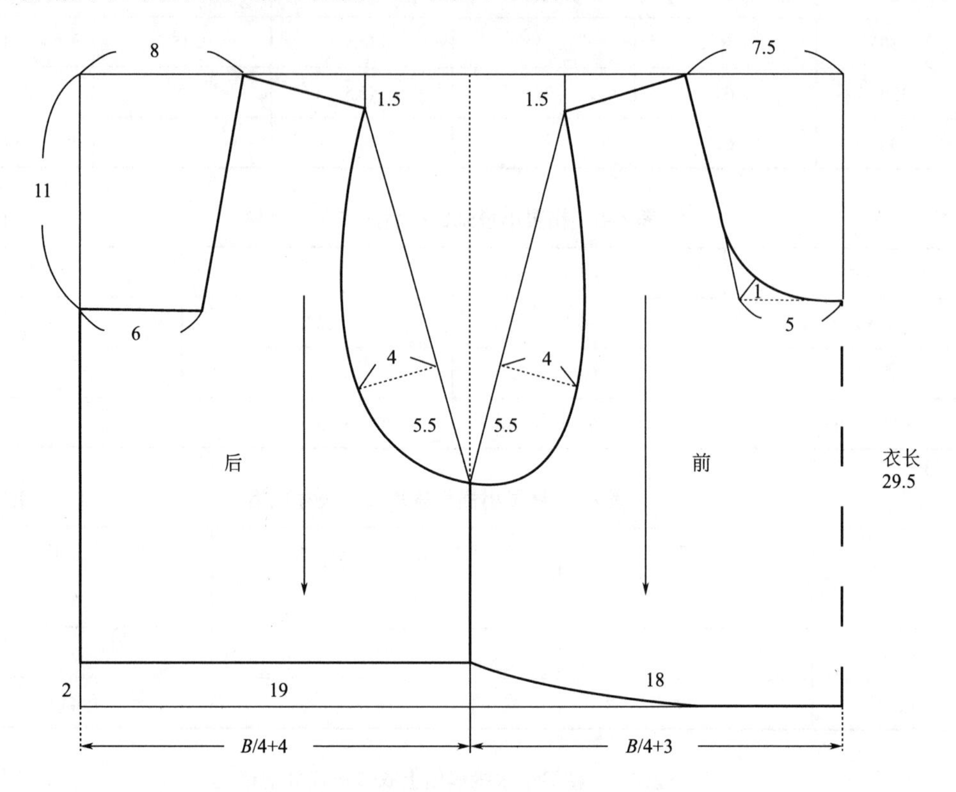

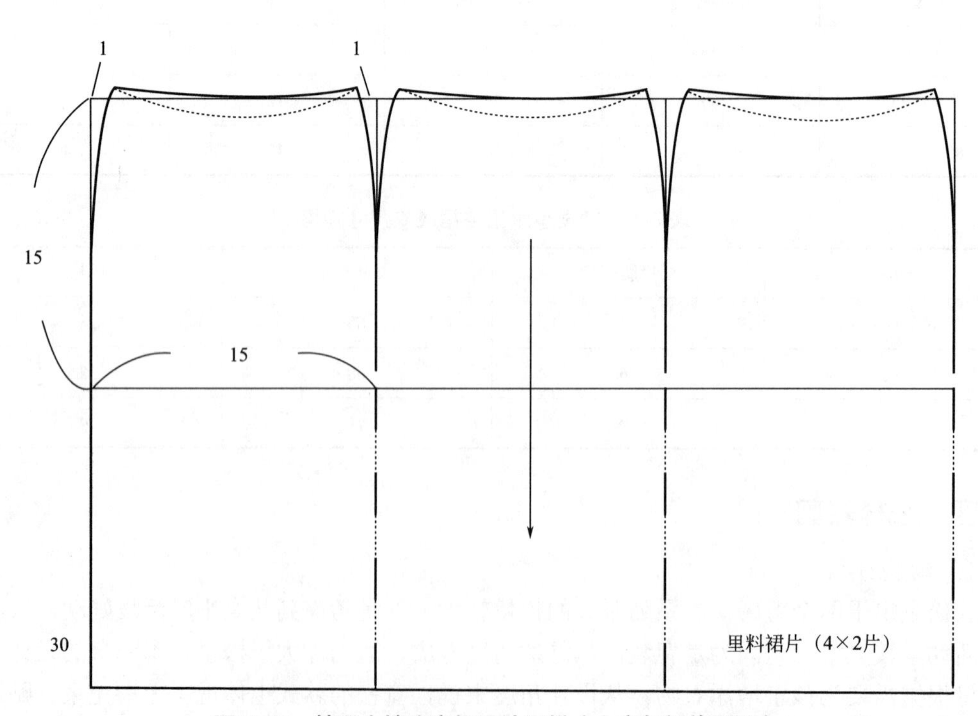

图7-23　精灵小鸠连衣裙设计纸样（上衣与裙片里子）

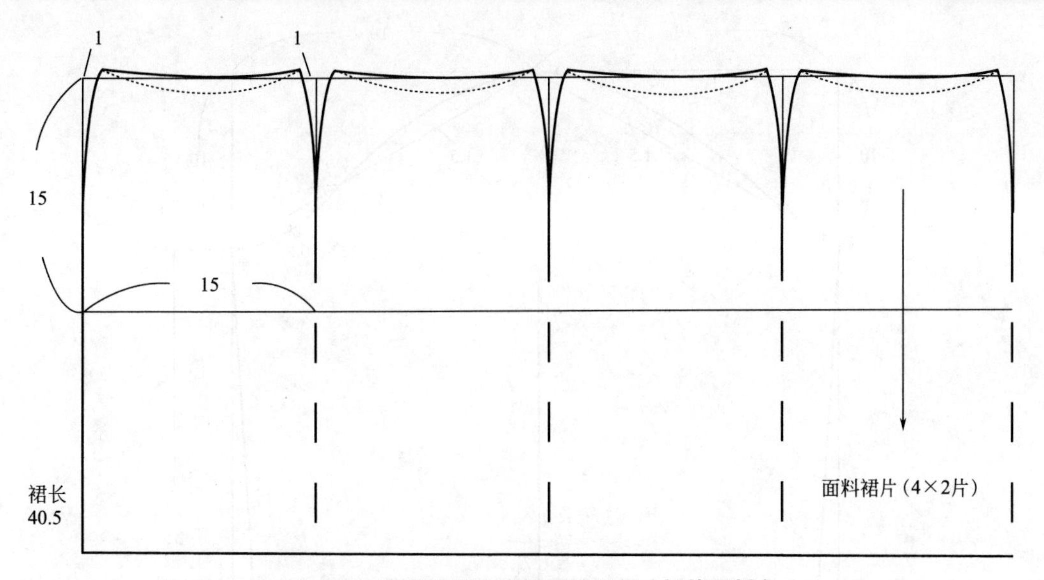

图7-24　精灵小鸠连衣裙设计纸样（裙片面料）

第二套精灵小鸠针织上衣纸样，如图7-25所示。

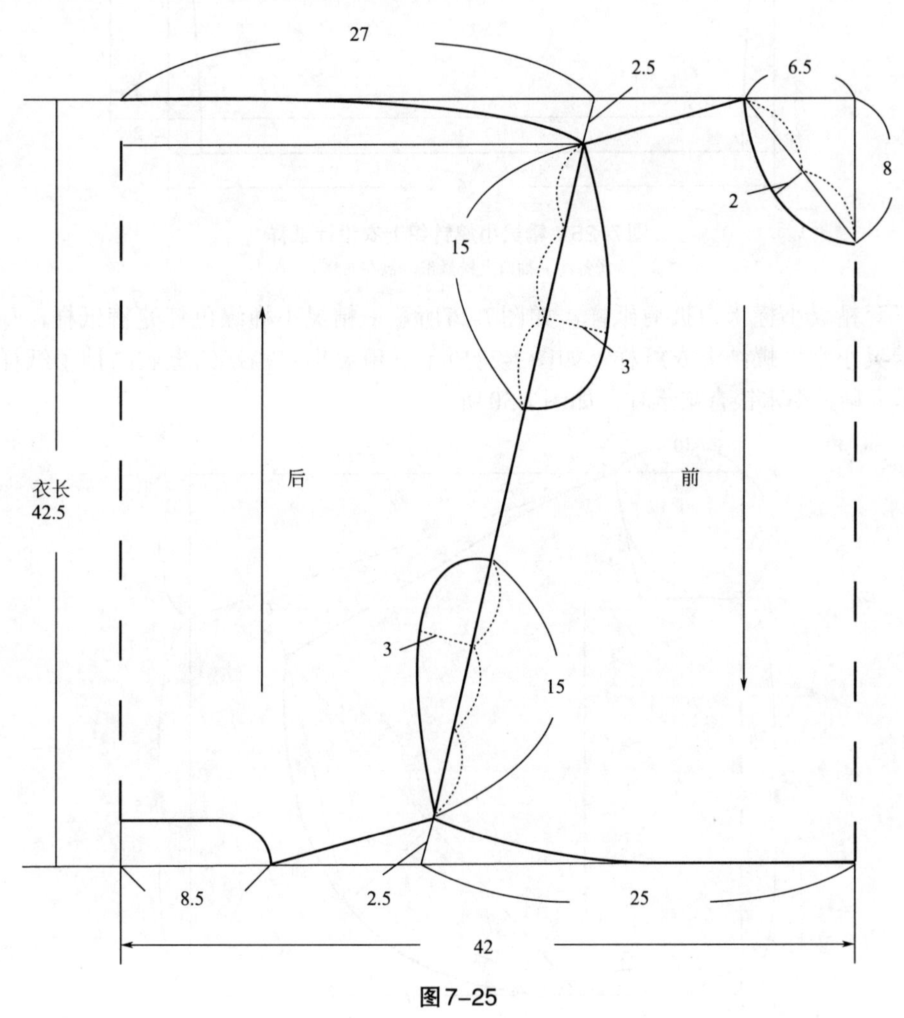

图7-25

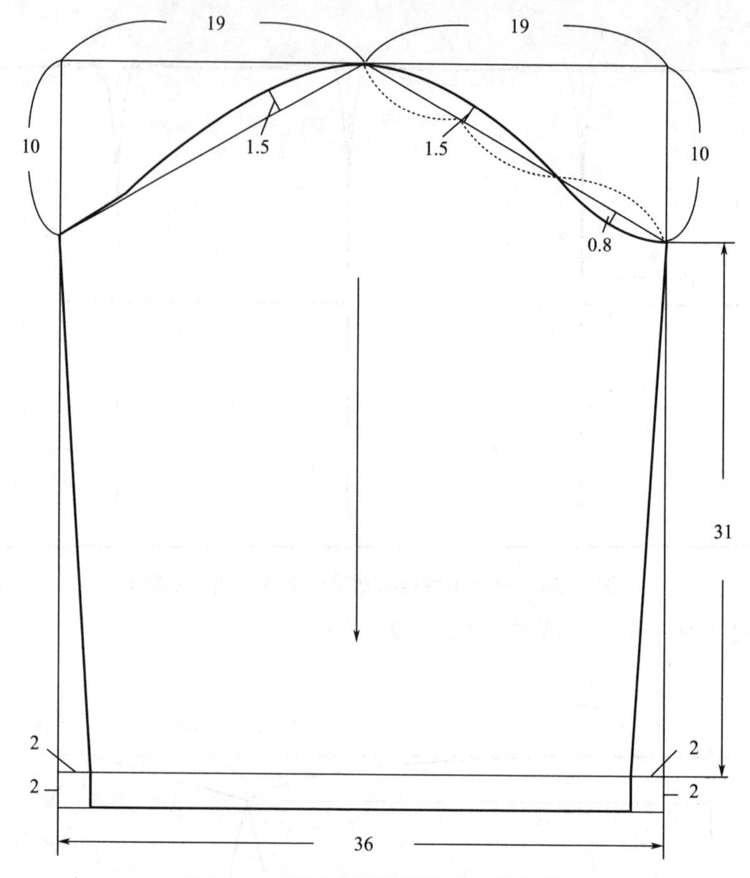

图7-25　精灵小鸠针织上衣设计纸样

（备注：袖口上松紧带，包在布里）

第三套精灵小槿米白披肩纸样，如图7-26所示；精灵小槿绿色灯笼裤纸样，如图7-27所示；精灵小水蝴蝶结上衣纸样，如图7-28所示；精灵小水蝴蝶结上衣的袖子纸样，如图7-29所示；精灵小水银杏裙纸样，如图7-30所示。

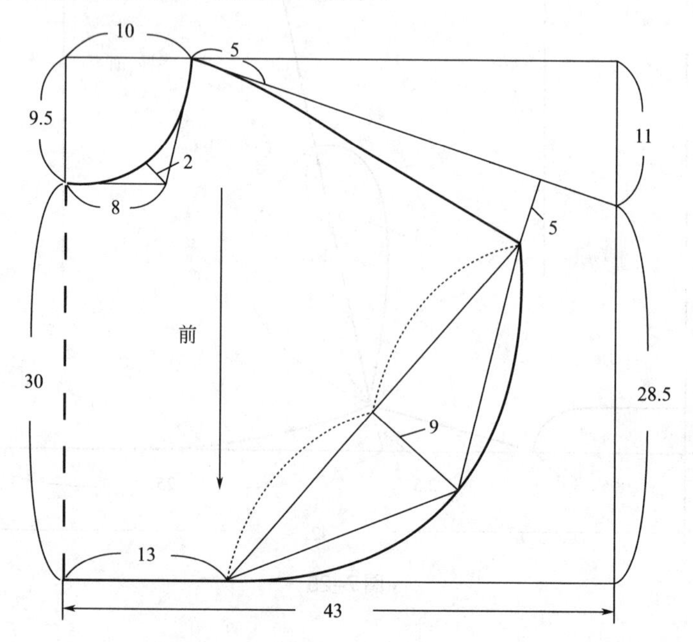

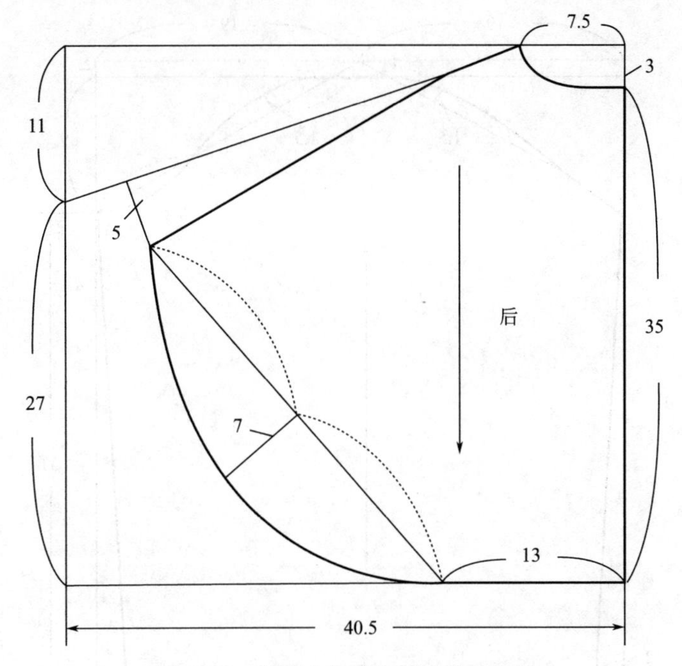

图7-26　精灵小槿米白披肩设计纸样

（备注：在做小鸠连衣裙和小槿披肩时，要注意按纸样图所示的布料顺倒毛的方向）

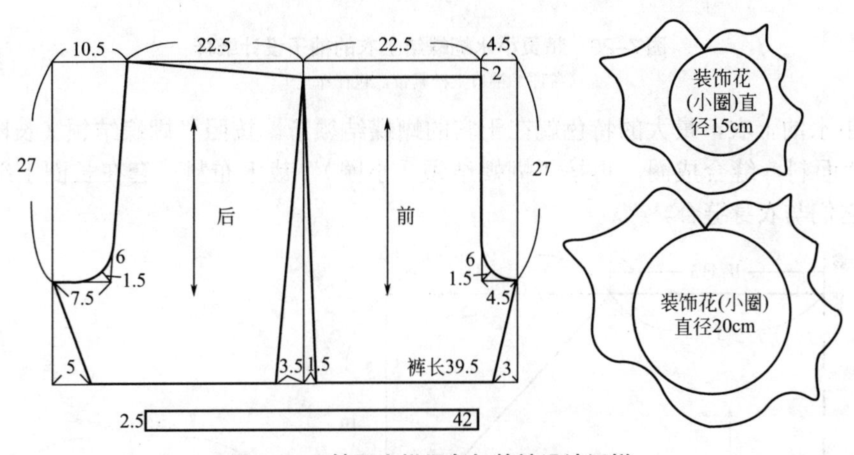

图7-27　精灵小槿绿色灯笼裤设计纸样

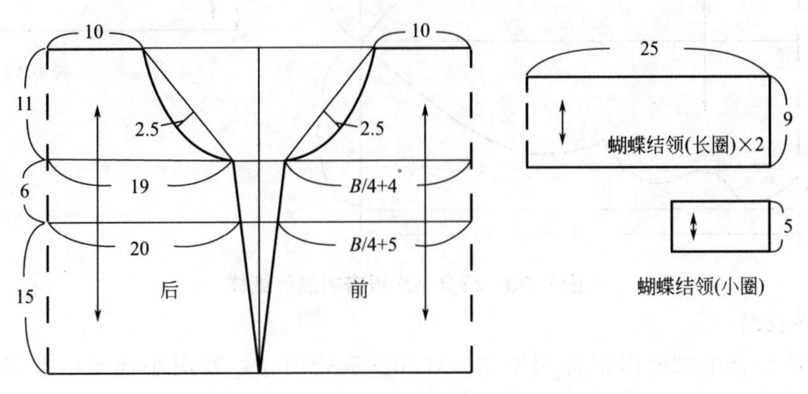

图7-28　精灵小水蝴蝶结上衣设计纸样

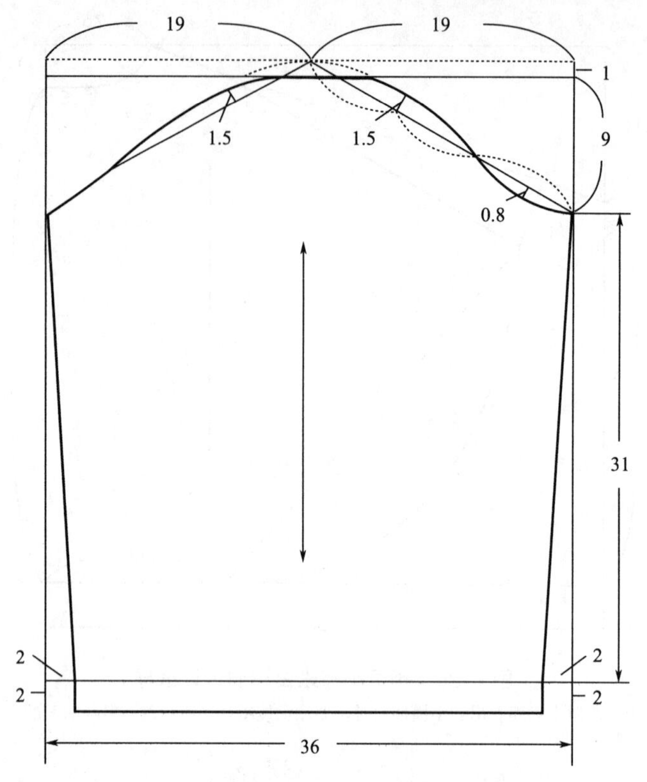

图7-29　精灵小水蝴蝶结上衣的袖子设计纸样

（备注：袖口上松紧带，包在布里）

精灵小水的上衣，最大的特色就在于它的蝴蝶结领子。按照“蝴蝶结领（长圈）”的纸样裁下2片面料，缝合成圈，再按“蝴蝶结领（小圈）”裁下布料，套在长圈上缝合即可。之后再将它们与衣身缝合。

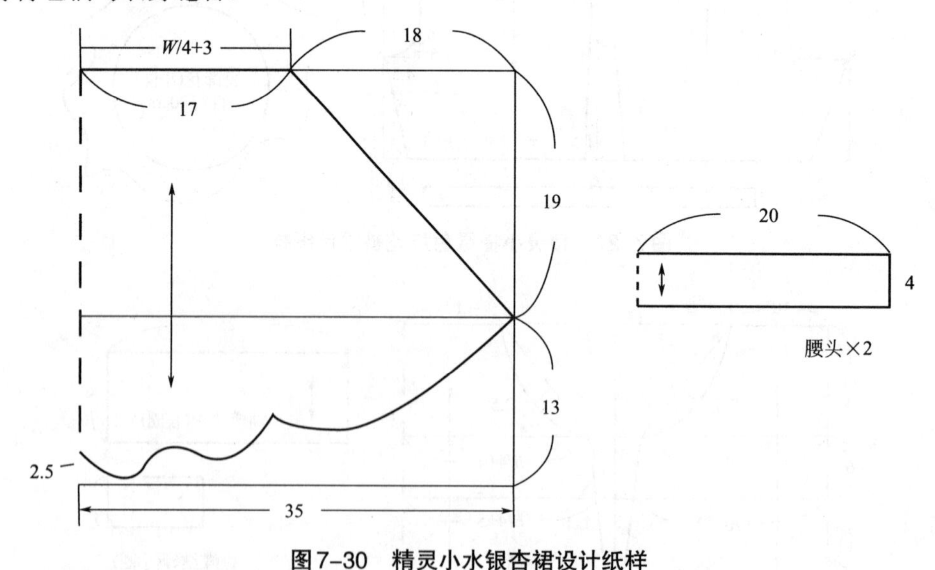

图7-30　精灵小水银杏裙设计纸样

3. 纸样放缝

精灵小鸠连衣裙加缝份纸样图如图7-31和图7-32所示。精灵小槿米白披肩加缝份纸样图如图7-33所示。

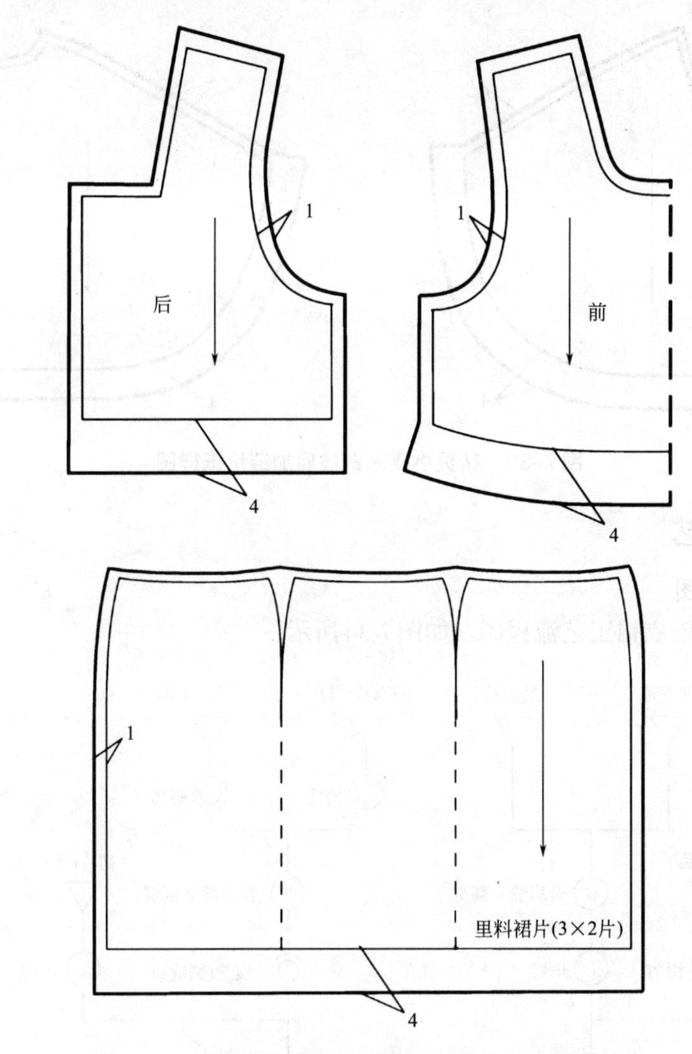

图7-31　精灵小鸠连衣裙加缝份纸样图（上衣与里料）

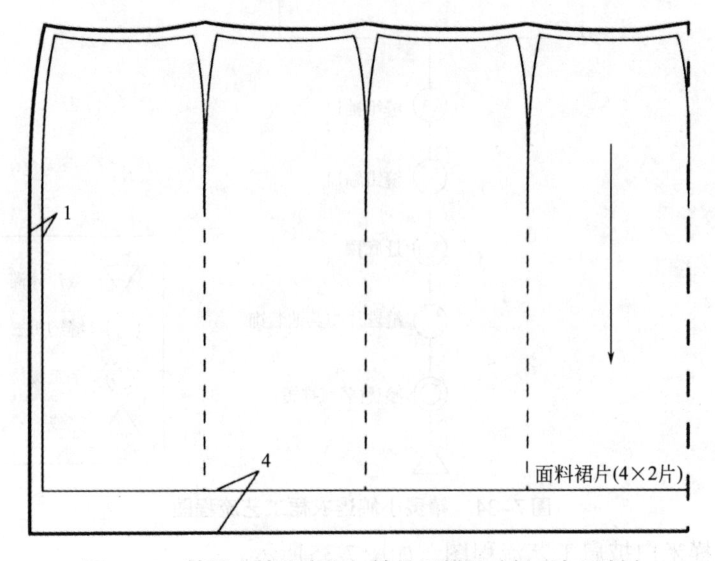

图7-32　精灵小鸠连衣裙加缝份纸样图（裙子与面料）

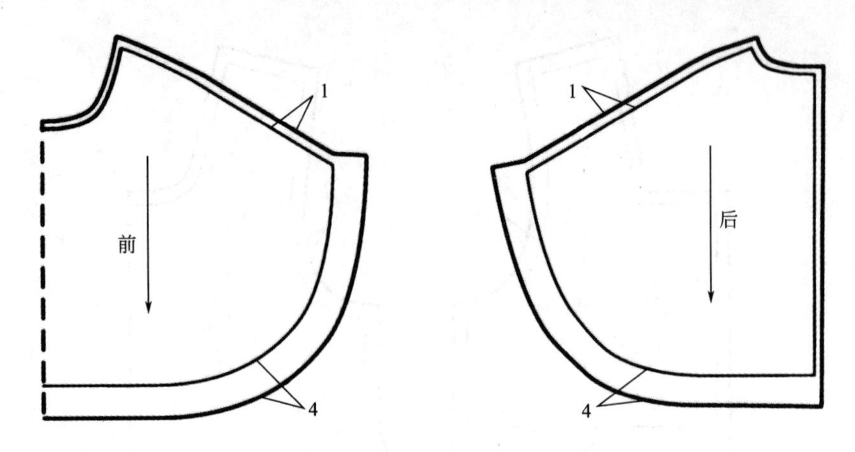

图7-33　精灵小槿米白披肩加缝份纸样图

五、缝制工艺

1. 工艺流程图

（1）精灵小鸠连衣裙工艺流程图　如图7-34所示。

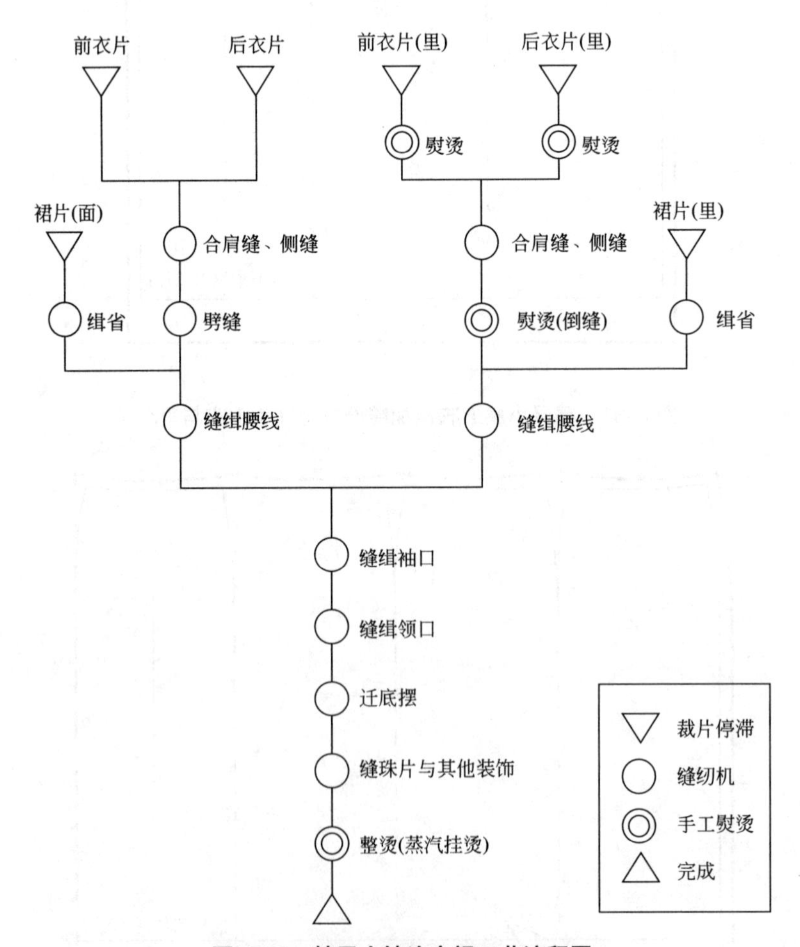

图7-34　精灵小鸠连衣裙工艺流程图

（2）精灵小槿米白披肩工艺流程图　如图7-35所示。

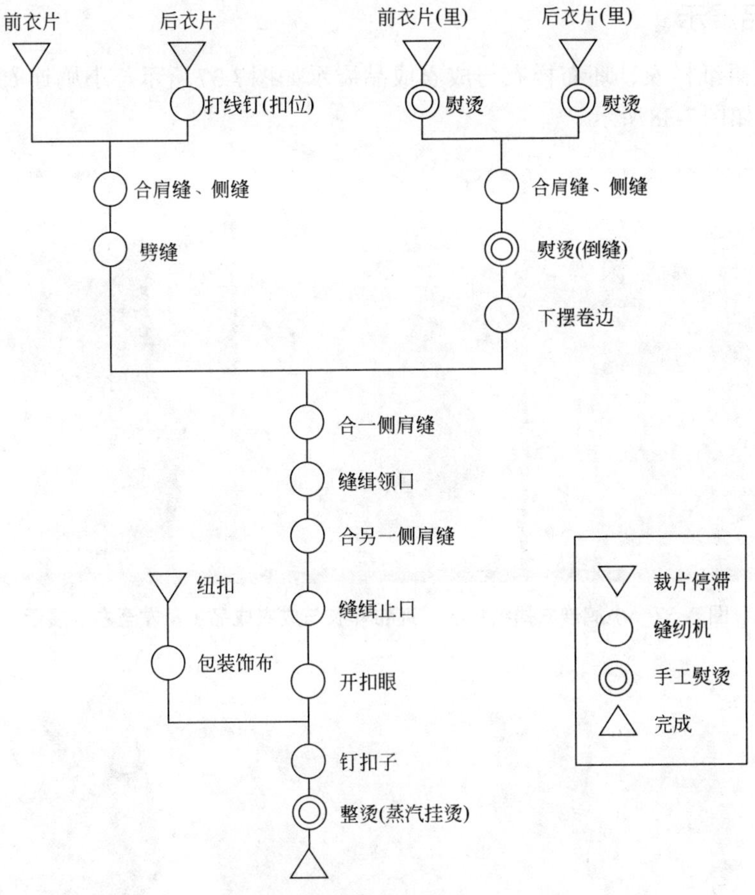

图7-35　精灵小槿米白披肩工艺流程图

2. 工艺细节

手缝、包边、试缝与抽褶等工艺细节如图7-36所示。

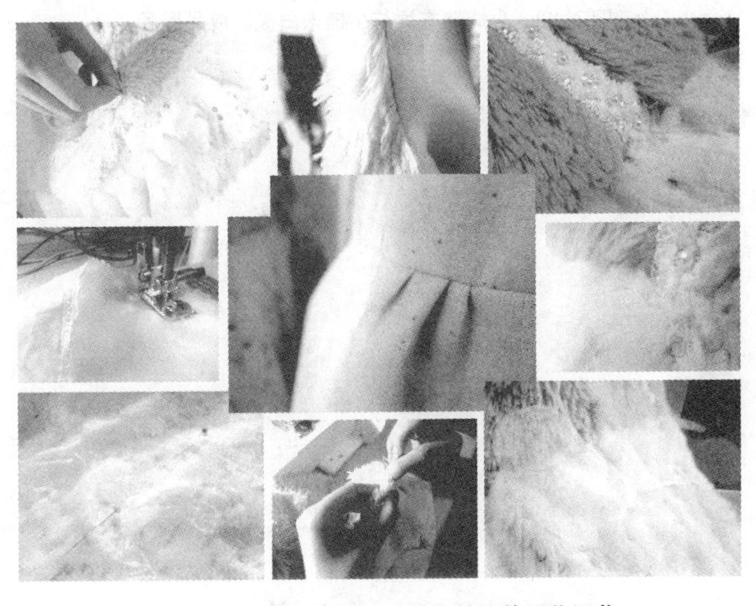

图7-36　手缝、包边、试缝与抽褶等工艺细节

六、成品展示

小鸠连衣裙纸样衣、坯布样衣与成衣成品展示如图7-37所示。小鸠连衣裙与小槿米白披肩成品展示如图7-38所示。

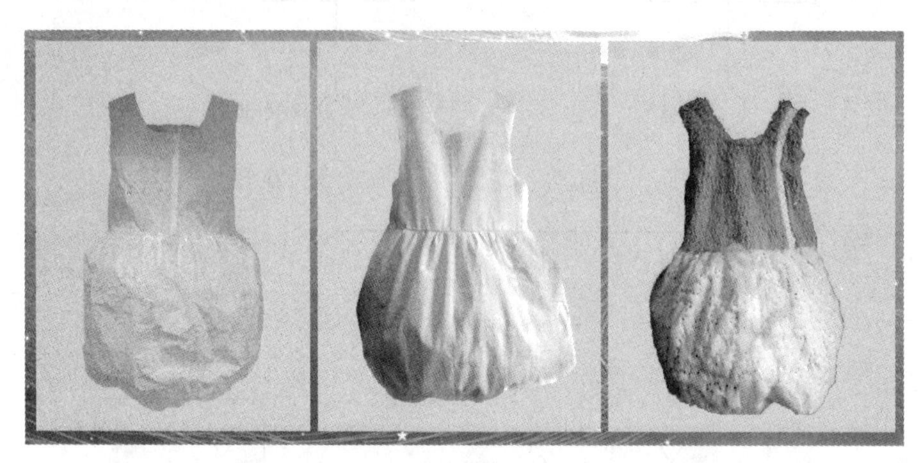

图7-37　小鸠连衣裙纸样衣、坯布样衣与成衣成品（从左至右）展示

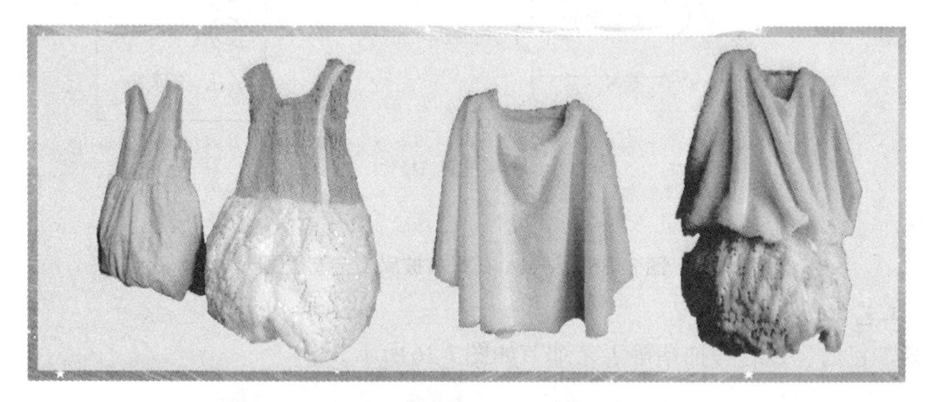

图7-38　小鸠连衣裙与小槿米白披肩成品展示

参考文献

[1] 中华人民共和国国家标准．服装号型．北京：中国标准出版社，1998.

[2] 马芳．童装纸样设计．北京：中国纺织出版社，2008.

[3] 王强．儿童服装设计与裁剪．天津：新蕾出版社，1990.

[4] [英] 娜塔列·布雷．英国经典服装纸样设计（提高篇）．刘驰，袁燕等译．北京：中国纺织出版社，2000.

[5] 吴清萍．经典童装工业制板．北京：中国纺织出版社，2009.

[6] 吕学海．服装结构制图．北京：中国纺织出版社，2002.

[7] 袁燕．服装纸样构成．北京：中国轻工业出版社，2001.

[8] 潘波．服装工业制板．北京：中国纺织出版社，2003.

[9] 文化服装学院．文化ファッション讲座（童装篇）．日本：文化出版局，1998.

[10] Helen Joseph. Patternmaking for Fashion Design. The Fashion Center Los Angeles Trade-technical College，2001.

参考文献

[1] [illegible]
[2] [illegible]
[3] [illegible]
[4] [illegible]
[5] [illegible]
[6] [illegible]
[7] [illegible]
[8] [illegible]
[9] [illegible]
[10] Helen [illegible]. Patternmaking for Fashion Design. [illegible]
[illegible]